# 新型肥料与施肥技术

张卫峰　季玥秀　等编著

中国农业大学出版社

·北京·

## 内 容 简 介

本书分为八章,系统介绍了当前最新的肥料产品和施用技术的原理、功能和应用方法,包括绪论、新型氮肥、新型增效剂、新型磷肥、新型中微量元素肥料、典型微生物肥料、作物专用复合肥料、新型施肥技术等。本书特别增加了近年来农业绿色发展的典型案例,让同学们掌握各种土壤-气候-作物的产品甄选、配伍和施用技术,厚植爱农情怀、练就兴农本领。本书为本科生"新型肥料与施肥技术"课程教材,也可用于科技小院专业学位研究生学前培训。

**图书在版编目(CIP)数据**

新型肥料与施肥技术/张卫峰,季玥秀等编著.--北京:中国农业大学出版社,2024.11. --ISBN 978-7-5655-3303-7

Ⅰ.S14

中国国家版本馆 CIP 数据核字第 202435HL96 号

| | | | |
|---|---|---|---|
| 书　　名 | 新型肥料与施肥技术 | | |
| 作　　者 | 张卫峰　季玥秀　等编著 | | |
| 策划编辑 | 梁爱荣 | 责任编辑 | 梁爱荣　刘彦龙 |
| 封面设计 | 李尘工作室 | | |
| 出版发行 | 中国农业大学出版社 | | |
| 社　　址 | 北京市海淀区圆明园西路 2 号 | 邮政编码 | 100193 |
| 电　　话 | 发行部 010-62733489,1190 | 读者服务部 | 010-62732336 |
| | 编辑部 010-62732617,2618 | 出　版　部 | 010-62733440 |
| 网　　址 | http://www.caupress.cn | E-mail | cbsszs@cau.edu.cn |
| 经　　销 | 新华书店 | | |
| 印　　刷 | 涿州市星河印刷有限公司 | | |
| 版　　次 | 2024 年 11 月第 1 版　2024 年 11 月第 1 次印刷 | | |
| 规　　格 | 170 mm×228 mm　16 开本　18.5 印张　338 千字 | | |
| 定　　价 | 68.00 元 | | |

# 编 委 会

主要编著者：张卫峰　季玥秀

其他编著者（按姓氏拼音顺序排列）

# 前 言 ●●○○

　　肥料是粮食的"粮食",大量生产实践证明,全球有一半新增粮食产量来自肥料的使用。在人多地少的中国,肥料的贡献更大。然而,随着化肥的大量使用,肥料利用率不高、资源浪费、环境污染等问题日渐加剧。目前,发达国家肥料利用率已经达到60%～70%,而我国仅有40%,其中肥料产品和施用技术落后是主要原因。为了提高肥料利用率,新型高效肥料创新与应用蓬勃发展,而这些新产品与新技术却没有被充分收录于教材中,造成教学与产业发展脱节。

　　党的二十大报告指出,"教育、科技、人才是全面建设社会主义现代化国家的基础性、战略性支撑""科技是第一生产力、人才是第一资源、创新是第一动力"。教材在人才培养中扮演者重要角色,在实施科教兴国、人才强国和创新驱动发展中起着不可或缺的作用。

　　本书以"粮食安全、资源高效、环境友好"绿色发展理念为指导思想,紧密结合我国土壤和气候变化背景下的作物高产优质需求及机械化需求,系统梳理了最新的肥料产品和施用技术,包括硝化抑制剂、脲酶抑制剂、聚磷酸铵、贝钙、微细硫等新型缓控释肥料,腐殖酸、氨基酸、海藻酸、微生物菌剂等生物增效剂,以及水肥一体化、机械施肥和无人机施肥等。这些新产品和新技术充分融入现代纳米技术、生物技术、信息技术、营养信号功能等,实现了肥料效率、作物产量和品质、农民收入的同步增长。本教材使用简洁明了的语言,利用大量实际案例展示了新产品和新技术的原理、功能、应用方法,以期为农业资源与环境、农业绿色发展相关学科的本科生和研究生,以及扎根生产一线的科技人员提供创新的基础理论知识与实用技术。

　　绪论部分介绍了肥料发展历程、当代肥料产品的现状与不足以及新型肥料与施用技术发展方向,以期让读者建立创新辩证思维,并知悉肥料发展前沿。本部分由中国农业大学张卫峰教授和研究生丰智松、陈嘉涛、沈云鹏、陆远、郑立等共同整理完成。

　　"新型氮肥"介绍了不同氮肥增效物质,包括包膜材料、硝化抑制剂、脲酶抑制剂以及不同氮形态配伍增效的途径,读者从本章可以了解到氮高效利用技术创新

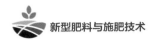 

方向。本部分由中国农业大学刘蕊副教授、张卫峰教授和研究生李冬佳、曾子鑫、陈嘉涛、刘家欢共同撰写,张雪儿整理,后经茂施公司钟成虎董事长修改完成。

"新型增效剂"介绍了氨基酸类、腐殖酸类和海藻酸类增效物质的分类、制备提取工艺和功能特性,读者从本章可以了解到生物增效物质因地制宜的选用方法。本部分由北京新禾丰农化资料有限公司季玥秀农艺师和中国农业大学研究生安娜、范琪、廖薇撰写。

"新型磷肥"介绍了磷酸脲、聚磷酸铵、亚磷酸盐和磷酸铵镁等新型磷肥,对磷形态及其产品性质、功能及应用特点进行了阐述。本部分由中国农业大学黄成东副教授、李扬阳副教授、吕阳副教授和研究生籍婷婷、聂素杰、贺彬彬、陈路路共同撰写。

"新型中微量元素肥料"介绍了牡蛎壳、老虎硫、混合态镁肥、硫酸钾钙镁、有机硅和新型螯合微量元素肥等新产品,对产品的产生背景、功能及特性进行了概述。本章由北京新禾丰农化资料有限公司季玥秀农艺师、中国农业大学左元梅教授、以色列化工集团(ICL)李国华博士、中国农业大学博士后鲁振亚、研究生丰智松、崔冬明、刘帆一、安娜以及福建农林大学张卫强共同撰写。

"典型微生物肥料"介绍了根瘤菌、荧光假单胞菌和木霉菌的作用原理、产品性能及应用技术,阐述了微生物菌肥在提高农作物产量、增强植物抗逆性、改善土壤健康和减少化肥使用方面的潜力。本部分由中国农业大学田静副教授整理完成。

"作物专用复合肥料"介绍了如何根据土壤、作物、气候确定氮磷钾含量,如何根据原料和工艺设计工艺配方,如何根据机械施肥的需求进一步调整肥料颗粒并形成作物专用复合肥料的全新思路。本部分由中国农业大学张卫峰教授和研究生李增源、李月帅、刘楚豪整理完成。

"新型施肥技术"介绍了水稻侧深一次性施肥、小麦浅埋滴灌施肥技术、无人机施肥技术、水肥一体化技术的原理、优势和效果,并列举了典型案例供读者参考学习。本部分由中国农业大学张卫峰教授和博士后段志平以及相关研究生叶松林、张凯烨、李月帅、廖薇和宋宇共同撰写完成。

感谢中国农业大学—新禾丰抗逆实验室、中国农业大学—红四方绿色智能复合肥研究院、中国农业大学—金仓稼定性肥料研究院。感谢丰智松在全书统筹协调方面作出的突出贡献,感谢中国农业大学出版社梁爱荣等编辑老师不厌其烦修改。

由于编者水平有限,加之时间仓促,不足或错误之处还请读者指正。

编　者

2024 年 10 月

# 目　录

# ① 绪 论

　　肥料和施用技术创新是一个持续进行的过程,中国的肥料创新史与人类社会发展史是相伴而生的。万年农业发展史产生了很多新产品和新技术,包括灰肥、粪肥、绿肥以及当代化肥。但面对绿色发展新需求,现有肥料仍有不足之处,因此仍需不断创新。本章回顾了中国肥料发展的主要阶段,同时对现阶段的需求和发展思路进行展望。期望学生能够在理解中国传统文化和国家大政的基础上,着重理解每项肥料技术的优势和劣势,以及革新方向,形成清晰的辩证思维和绿色发展观。

## 1.1　有机肥料发展

### 1.1.1　肥料发展历程

　　中国肥料经历了灰肥、粪肥、绿肥和化肥四个大的阶段,前三个阶段都可称之为有机肥。中国在夏朝以前的游牧阶段,农业技术相对简单,人们定期开垦荒地,刀耕火种,利用火烧之后的灰分为土壤提供有效性更高的养分。随着定居和圈养动物的出现,春秋时期(公元前770年至公元前222年)黄河流域出现了有关粪肥施用的记录,《管子·地员篇》提到了粪灌,《说苑·建本》记载:"粪田莫过利苗得粟",这些都是早期粪肥应用的有效证明。先秦至北宋阶段,肥料种类逐渐增多,如畜禽粪便、秸秆、绿植等,这些肥料都可以称之为有机肥,它们都来源于土壤上生长的植物或者活动的动物。各地根据动物养殖类型和资源差异,也诞生了以各种动物骨头、蚕矢、蚕蛹当肥料的技术,并将一些植物掺于其中制肥,形成了"割蒿沤肥"的习惯。明代李时珍等学者提出了"六兽施肥"(野猪、猪、牛、羊、驴、马)和"九种调料"(泥炭、石灰、硝石、硫黄、藤粉、枯树皮、灰、沙子、向日葵)等施肥方法,这些方法结合了动物粪便和矿物元素,提高了施肥效果。这一时期,农民已经意识到不同作物和土壤对肥料的需求差异,也发现了不同的肥料配比和施肥方式的差异。

从矿物中用化学方法提取肥料是近代主要方式,这一方式率先诞生于西方国家。1800年左右英国即开始应用硫酸铵,此后1842年劳斯用骨粉制取过磷酸钙,开辟了化肥施用新纪元。这一时期,南美发现富含氮的鸟类粪便(鸟粪)是解决肥料短缺的重要资源,将其用作肥料可显著提高农作物产量。19世纪末至20世纪初,随着化学工业的兴起,人们开始大规模利用化学方法制造肥料,化学制取的磷肥、钾肥相继问世,化肥品种和产量不断增加。20世纪初,哈珀与弗里茨·博施合成氨的发明将化肥生产推进到大规模生产阶段,化肥逐渐成为肥料的主导品种(图1-1)。我国对含有养分的矿物开采其实很早就出现了,但并未大规模用于制取肥料,尤其是用化学方法进行提取浓缩。如我国在宋朝时期就有了使用硝石制取火药的记载,但对其在农业上的应用并没有重视。硫黄等矿物在农业生产中也有一定的应用。《王祯农书》明确记载了使用硫黄防治病虫害的方法。这表明在宋代或稍后的时期,硫黄作为一种防治病虫害的手段已经得到了认可和应用。我国化肥工业的发展起始于1935年,但真正实现产业化则是中华人民共和国成立后(图1-2)。目前,我国拥有全球主要的化学肥料类型,已经成为最大的生产国。同时,化学肥料在农田养分供应中的比重也已经超过了有机肥。截至2023年,我国农用

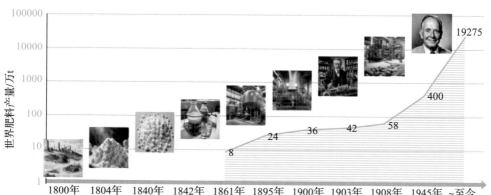

图1-1　世界近代化学肥料发展阶段

氮、磷、钾化肥的产量达到了 5713.6 万 t,其中氮肥占比超过 60%,磷肥占比约 18%,钾肥占比约 13%。

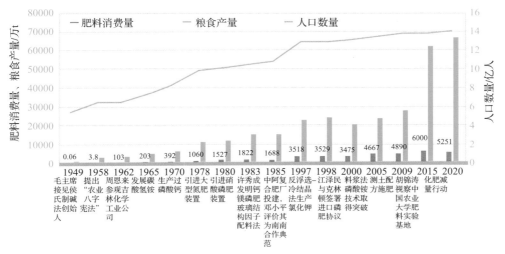

图 1-2　中国近代化学肥料发展阶段

## 1.1.2　各类有机肥料的特征

目前我国仍在应用灰肥、粪肥、绿肥和化肥,但是因为各种肥料特性不同,其在农业生产中的地位和应用方向也不相同。如何合理发展、合理应用这些肥料是当前的主要任务。我们从每种肥料的资源供应、营养特性、物理特性等方面进行总结,以便于更好地理解。

**1. 草木灰类**

草木灰是指植物体经过焚烧后剩余的灰分。在古代刀耕火种时期,其主要由焚烧树木和野草获得,目前在亚马孙流域仍存在焚烧热带雨林进行耕种的做法。但这种模式可持续性低,一般烧荒后可耕种 3 年,而且 3 年中供应能力持续降低,因此我国有"菑、新、畬"的说法。如《尔雅·释地》有"田,一岁曰菑,二岁曰新田,三岁曰畬"的记载。随着林地和荒草地不断减少,人类也不断迁移,刀耕火种也是人口扩张和迁移的过程。但这种烧荒种植必然无法持续。在近现代,一部分灰肥也包括农作物秸秆焚烧获得,如西北地区火炕取暖,炕灰最后拿出来作为肥料。现代也有工艺途径可以获得大量草木灰,主要方法是收集生物质燃料燃烧所产生的副产物。随着对生物炭(biochar)认识的深化,通过厌氧制作的生物炭其实也属于草

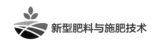 

木灰的范畴。

　　草木灰是一种古老的有机肥料,是植物材料(如枝条、叶子和木屑)燃烧后的残留物。燃烧过程会导致植物体中的多种元素以气体形式损失,如碳素、氮素和硫等,但会留下一些矿物质和营养元素在灰烬中(表1-1)。其中,磷素虽然保留较多,但大部分是枸溶性形态的,只有极少部分(不到1.5%)是水溶性的,因此草木灰供应磷的能力很弱。草木灰中主要是阳离子,如钙、镁等,因此草木灰具有强碱性,能中和土壤酸性,增强作物抗病、抗倒伏能力,有利于农作物生长(郭鹏飞等,2023)。但需要注意适量使用,因为过量可能会导致土壤过于碱性,从而影响土壤中其他元素的有效性。

表 1-1　主要植物源草木灰的养分含量　　　　　　　　　　%

| 灰类 | $K_2O$ | $P_2O_5$ | CaO | 有效磷占比 | 有效钙占比 |
|---|---|---|---|---|---|
| 一般针叶树灰 | 6.00 | 2.90 | 35.00 | 0.5～1.5 | 2～5 |
| 一般阔叶树灰 | 10.00 | 3.50 | 20.00 | 0.5～1.5 | 2～6 |
| 小灌木灰 | 5.92 | 3.14 | 25.09 | 0.2～0.8 | 1～3 |
| 稻草灰 | 8.09 | 0.59 | 5.90 | 0.2～0.5 | 1～3 |
| 小麦秆灰 | 13.80 | 0.40 | 5.90 | 0.2～0.5 | 1～3 |
| 棉籽壳灰 | 5.80 | 1.20 | 5.90 | 0.2～0.5 | 1～3 |
| 糠壳灰 | 0.67 | 0.62 | 0.89 | 0.2～0.5 | 1～3 |
| 花生壳灰 | 6.45 | 1.23 | — | 0.2～0.5 | — |
| 向日葵秆灰 | 35.40 | 2.55 | 18.50 | 0.2～0.5 | 1～3 |

(引自 李港丽等,1988)

　　总体来看,草木灰的供应量可持续性不强,养分类型不全,缺乏关键大量元素,产品pH过高不适于部分土壤条件,也不适于与氮肥和磷肥配合施用。草木灰制取过程中也存在能耗高和环境污染问题,不是一个可以广泛生产应用的产品。随着气候变化,为了将更多的碳储存于土壤中,黑炭引起了广泛关注。现代制取黑炭通常是在高温无氧或低氧条件下对植物材料(如木材、秸秆等)进行热解或炭化而得到的。这个过程通常称为生物质炭化或生物炭生产。在这个过程中,植物材料在缺乏氧气的环境中被加热至较高温度,大部分的有机物质会被分解成碳,并在炭化过程中释放出气体和液体产物。一般来说,黑炭的pH在中性到碱性之间,可以达到7.0以上,但具体数值取决于原料和生产工艺。在使用黑炭作为肥料时,同样需要根据土壤测试结果和植物需求来确定适当的施用量。

　　作为生物质燃烧后的产物,草木灰的结构极其复杂,含有大量植物所需要的钾、钙、镁、硫、铁和硅等元素,是农家肥料的重要来源,但不同种类作物产生的草木灰之间又存在着极大的养分差异。作物吸收的营养物质不同,作物的不同生育期产生的草木灰也有不同。此外,土壤类型、土壤肥力、施肥情况和气候条件也会影响植物灰分中的成分和含量。如盐土地区的草木灰中含氯化钠较多,含钾较少。所以需要准确测定草木灰的营养成分,以便根据不同性质的草木灰添加不同的调节物质,以更好地保护土地。

**2. 粪尿类**

粪尿是目前广泛施用的一类有机肥,具有悠久的历史和丰富多样的产品种类。在古代,由于饲料缺乏,动物数量稀少,动物粪尿也是紧缺资源,而人粪尿与动物粪尿混合施用是主流模式。到了现代,随着规模化养殖发展,动物粪尿供应充足,甚至在部分地区由于太多,反而成为环境污染物,动物粪尿还田应用成为紧迫需求。随着城镇化发展,越来越多的人远离农田,而人粪尿经过污水处理系统,反而更加难以还田利用。

粪尿类有机肥具有养分种类多的特点,不仅含有氮磷钾等大量元素,还含有钙镁硫等中量元素,尤其含有大量有机物质。新鲜粪尿中的有机物质组分主要为纤维素、半纤维素、木质素、蛋白质、酶等(郑延云等,2019)。加工类的有机肥(如堆肥)含有一定腐殖酸(如富里酸),对改良土壤保水性和结构具有重要作用,因此是一种全元肥料。但是粪尿类也会因为饲喂过程中使用添加剂、兽药等导致盐分、重金属、抗生素残留等问题。动物粪尿的养分形态大部分以有机形态存在,无机态占比一般较低,有机形态需要经过矿化为无机态才能被作物迅速吸收,因此其肥效缓慢,但持久。为了提高养分速效性,同时杀灭其中的病原菌和草籽,粪尿类需要经过腐熟才能使用。古代的腐熟技术往往长达半年,也导致氮素等大量损失;而现代工厂化服务可以缩短到一个月以内。

总体来看,粪尿类资源丰富,而且养分全面、综合性能良好,可广泛应用于各种生产体系。但需要经过腐熟等条件,也需要考虑其盐分等带来的风险。另外,粪尿类种类差异较大,其养分含量也存在巨大的波动。例如,鸡粪中氮素含量可达2%～4%,一般无机氮可以占总氮的50%以上,而牛粪中氮的含量相对较低,且无机氮含量只占总氮的10%～20%(表1-2)。因此鸡粪大多不能在播种期大量施用,否则会存在烧苗风险。如何精准加工、精准施用有机肥反而成为现在主要需要解决的问题。

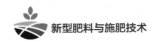

表 1-2　目前我国主要动物粪便养分构成

| 项目 | 猪粪 | 奶牛粪 | 肉牛粪 | 蛋鸡粪 | 肉鸡粪 |
|---|---|---|---|---|---|
| 水分/% | 71.99±9.65 | 75.59±9.22 | 75.66±7.82 | 72.26±9.95 | 63.88±8.79 |
| 挥发性物质/% | 66.12±9.08 | 60.60±12.55 | 64.58±8.14 | 62.56±7.09 | 62.47±11.02 |
| 灰分/% | 24.18±11.14 | 28.20±16.28 | 22.64±11.88 | 32.44±9.80 | 27.76±13.56 |
| 碳/(%,干基) | 37.74±6.43 | 34.42±8.96 | 37.64±6.16 | 33.02±6.18 | 33.62±8.83 |
| 氢/(%,干基) | 5.62±1.00 | 4.91±1.39 | 5.26±1.12 | 4.81±1.14 | 5.06±1.94 |
| 氧/(%,干基) | 28.90±5.68 | 30.44±8.54 | 31.90±6.81 | 25.74±6.95 | 30.75±7.29 |
| 氮/(g/kg,干基) | 27.90±7.10 | 19.2±5.00 | 21.60±6.40 | 33.90±12.50 | 37.00±12.60 |
| 磷/(g/kg,干基) | 19.86±8.18 | 6.00±3.33 | 6.07±4.12 | 12.83±5.27 | 11.07±5.47 |
| 钾/(g/kg,干基) | 15.35±6.01 | 9.39±7.30 | 12.04±8.16 | 23.86±7.63 | 23.35±7.63 |
| 钙/(g/kg,干基) | 18.44±9.92 | 16.01±15.59 | 12.40±11.05 | 45.17±24.67 | 23.46±15.09 |
| 镁/(g/kg,干基) | 12.08±4.12 | 8.59±3.72 | 6.54±3.07 | 10.47±5.61 | 7.88±3.31 |
| 硫/(g/kg,干基) | 6.30±3.00 | 6.50±4.10 | 5.90±2.80 | 8.10±3.90 | 8.90±5.50 |
| 铁/(g/kg,干基) | 3.61±2.85 | 4.04±3.14 | 3.23±2.8 | 2.95±2.37 | 3.68±3.99 |
| 铜/(mg/kg,干基) | 657.94±606.04 | 66.42±173.24 | 56.17±87.94 | 82.22±113.21 | 87.90±122.48 |
| 锌/(mg/kg,干基) | 1391.81±2607.29 | 156.83±130.89 | 132.62±65.44 | 350.59±345.43 | 318.59±196.2 |

(引自 Shen et al.，2015)

注:数据来源于 2011—2013 年全国 552 个城中的 838 个粪肥样本;"±"表示平均值和标准差。

### 3. 绿肥类

绿肥特指专门种植作为肥田的一类植物,其中常用的有三叶草、苜蓿、毛叶苕子等,这类植物可以固定大气中的氮素或者高效活化土壤中的元素,待其生长成熟时翻压还田,为下一季作物提供营养。绿肥种植在汉代就有记载,主要利用青草。氾胜之在他的书中写道:"春气未通,……慎无早耕,须草生。至可耕时,有雨即耕,土相亲,苗独生,草秽烂,皆成良田"。魏晋时期利用绿肥开始成熟,《广志》介绍了种苕作为绿肥,但指的是水田。在旱田栽培绿肥,始见于《齐民要术》:"凡美田之法,绿豆为上,小豆、胡麻次之。悉皆五六月概种,七月八月犁杀之。为春谷田,则亩收十石。其美与蚕矢熟粪同。"绿肥不仅比施粪肥省工,而且有效解决了动物养殖少、粪尿资源稀缺的问题。现阶段绿肥是国内外普遍采用的一种方式,尤其是在欧美国家,绿肥种植成为种植体系中的重要一环。进入 21 世纪以来,我国绿肥种植日渐减少,原因是绿肥种植需要与粮食种植竞争土地,尤其随着化肥的普及,依靠绿肥相对而言周期太长、费工费时,而且绿肥只能为作物生长前期提供营养,很难解决后期营养供应需求。

绿肥的功能不仅是提供营养(表 1-3),而且其中氮素的利用率更高。豆科绿肥作物可与根瘤菌共生固氮,将空气中的氮气转化成含氮化合物,在满足豆科植物所需氮素营养的同时,固定的氮素也会释放到土壤中,从而提高土壤肥力和作物产量(王峥等,2024)。绿肥作物还田后植株残体也会分解产生部分矿质氮,从而促进后茬作物的氮素吸收(常单娜等,2023)。生物固氮过程中释放氢离子也是活化土壤磷素和其他微量元素的有效途径。豆科绿肥还可与混作植物在根际产生磷养分利用的空间差异,从而改善根际磷素养分供应(赵书军等,2011)。绿肥翻压能明显改变土壤微生物的群落,具有重要的土壤培肥能力。土壤理化性状的改善增强了土壤蓄水保墒能力,降低了土壤侵蚀,抑制了土壤水分无效蒸发(樊志龙等,2023),提高了作物对水分的利用,进而增加光合同化物的积累(杨昭等,2022)。在果树行间种植绿肥还可以调节果园小气候,与清耕相比,果园种植绿肥后对园内温度、湿度、风速、光照等气象因子均能起到调节作用,可形成良好、稳定的生态循环系统(惠竹梅等,2004)。相较于传统肥料,抑制果园杂草也是绿肥的一大优势。南方果园种植绿肥后,能有效抑制马唐、苋菜、飞蓬、马齿苋、狗尾草、鸭跖草等杂草生长,

表 1-3  主要绿肥的养分含量

| 绿肥 | 鲜草成分/(%,鲜重) | | | | 无机态养分占比/% | | |
|---|---|---|---|---|---|---|---|
| | 水分 | N | $P_2O_5$ | $K_2O$ | N | $P_2O_5$ | $K_2O$ |
| 紫云英 | 88.0 | 0.33 | 0.08 | 0.23 | 2~4 | 0.2~0.5 | 1~3 |
| 光叶紫花苕 | 84.4 | 0.50 | 0.13 | 0.42 | 2~4 | 0.2~0.5 | 1~3 |
| 毛叶苕子 | 86.7 | 0.47 | 0.09 | 0.45 | 2~4 | 0.2~0.5 | 1~3 |
| 黄花苜蓿 | 83.3 | 0.54 | 0.14 | 0.40 | 2~5 | 0.2~0.5 | 1~3 |
| 蚕豆 | 80.0 | 0.55 | 0.12 | 0.45 | 2~4 | 0.2~0.5 | 1~3 |
| 箭舌豌豆 | — | 0.54 | 0.06 | 0.32 | 2~4 | 0.2~0.5 | 1~3 |
| 紫穗槐 | 60.9 | 1.32 | 0.30 | 0.79 | 2~4 | 0.2~0.5 | 1~3 |
| 田菁 | 80.0 | 0.52 | 0.07 | 0.45 | 2~4 | 0.2~0.5 | 1~3 |
| 绿萍 | 94.0 | 0.24 | 0.02 | 0.12 | 2~4 | 0.2~0.5 | 1~3 |
| 水花生 | — | 0.15 | 0.09 | 0.57 | 2~4 | 0.2~0.5 | 1~3 |
| 水葫芦 | — | 0.24 | 0.07 | 0.11 | 2~4 | 0.2~0.5 | 1~3 |
| 水浮莲 | — | 0.22 | 0.06 | 0.10 | 2~4 | 0.2~0.5 | 1~3 |

减少果园除草的劳力投入和除草剂的使用。随着绿肥生物量的增加,其对杂草的抑制效果也明显增强(郝保平等,2017;李国怀等,1995)。还有很多绿肥是利于授粉和生物防治的。如在果园中种植油菜、蒲公英等能够丰富植物种类,改善群落结构,开花时会吸引传粉昆虫,为访花昆虫提供了重要的季节花蜜和花粉资源,有利于果树授粉结实和提高品质(Wignall et al.,2023)。生物防治方面,小麦间作油菜、豌豆能够增加天敌丰度,抑制麦长管蚜种群增长(Wang et al.,2011;董洁等,2012)。果园种植绿肥能够为中华草蛉、小花蝽、食蚜蝇等果树害虫天敌创造适宜的生活环境,有利于保护害虫天敌,减轻病虫害的发生;能够在果园内形成相对稳定的生态系统,减少用药次数和剂量,实现果园生态防治,从而降低农药成本和产品的农药残留(严毓骅等,1988)。

总的来说,绿肥是我国实现农业绿色、高效、可持续发展的重要手段和途径。绿肥间作不仅对农作物提质增效具有重要的影响,也对改良土壤结构、减少施用农用化学品带来的潜在风险、降低人工投入成本、维持和保护果园生态环境等起到积极的作用。绿肥种植利用的经济效益主要通过提高土壤肥力、减少化肥投入等方式表现出来,利用模式相对单一,直接经济效益不明显。如何从绿肥的生态产品功能方向,建立全面、权威的绿肥种植利用综合效益评价指标体系,充分体现不同绿肥种植利用模式的效益是当前亟须解决的问题。要根据气候特点、土壤条件因地制宜地选择适应当地条件的绿肥品种,建立适应不同生态区、不同类型果园的绿肥生产与利用技术体系,通过种类和品种的选用,构建根系(深根系+浅根系)、功能(豆科+禾本科+十字花科等)、株型(匍匐+直立)等多类型绿肥作物复合体(鲁艳红等,2020)。

# 1.2  当代肥料产品的现状与不足

中国化肥生产起源于1935年,一路走来,尽管困难重重,但在全国人民一致努力下,攻坚克难,历经80余年,取得了辉煌的成绩,实现了从无到有、从小到大、由弱变强的跨越式发展,从资源勘探到开发、从生产到流通、从国内到境外,建成了从生产、流通到消费的庞大产业体系,完成了由进口大国向制造大国再到出口大国的历史性跨越,生产技术和单套生产能力均接近或达到国际先进水平。但面向绿色发展需求,整个肥料产业目前仍存在以下问题。

### 1.2.1 肥料产业绿色化程度低

从整个产业来看,目前主要产业在 5 个方面绿色化程度低:①矿产资源储量少、消耗大、可持续供应能力低;②矿产资源综合利用率低(合成气、磷矿和钾矿伴生资源利用率低);③生产过程排放高(温室气体、磷石膏、废水减排压力);④二次加工无效消耗高;⑤肥料施用过程损失高。

**1. 资源消耗大,可持续性供应能力不高**

我国庞大的化肥产业依赖于大量矿产资源的支撑,但我国资源储备并不丰富,随着化肥的大量消耗,资源储量日渐枯竭。如图 1-3 所示,我国的磷矿储量仅占全球的 5%,但用量占全球的 50%,其中大约有 85% 的磷矿用于肥料生产。随着肥料生产消耗,我国磷矿品位逐渐降低。在钾盐产业中,我国钾矿储量也仅占全球的5.2%(Brownlie et al.,2024),约 1.8 亿 t,而每年消耗量达到 1100 万 t,可利用年度不足 50 年。为此,青海盐湖已经开始控制钾肥生产量。硫是化肥生产的必要资源,目前我国 60% 的硫资源靠进口,占全球硫资源贸易量的 33%。由于进口量巨大,价格的剧烈波动时常发生,对肥料价格和农业生产影响较大。此外,我国化肥生产还消耗了大量的煤炭和天然气,其中天然气消耗量占全国总量的 3% 左右,而我国天然气有 43% 需要进口。我国肥料及相关原料实物量约 1.7 亿 t,其运输占用大量资源。据估计,铁路运输量的 11% 用于肥料,还有大量公路和水运能力也

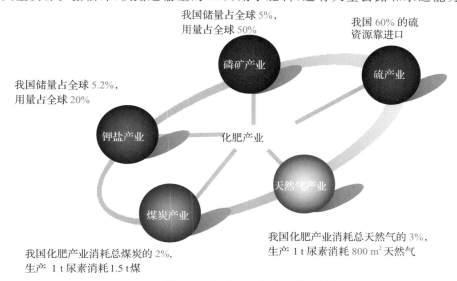

我国储量占全球 5%,
用量占全球 50%

我国 60% 的硫
资源靠进口

磷矿产业

硫产业

我国储量占全球 5.2%,
用量占全球 20%

钾盐产业

化肥产业

天然气产业

煤炭产业

我国化肥产业消耗总煤炭的 2%,
生产 1 t 尿素消耗 1.5 t 煤

我国化肥产业消耗总天然气的 3%,
生产 1 t 尿素消耗 800 m² 天然气

图 1-3 我国各产业对化肥产业的供给规模

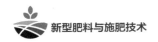

用于肥料运输。总体而言,我国肥料目前存在资源消耗大,可持续性保障能力不高的问题。

**2. 资源利用率低**

我国肥料生产过程中,大量的资源未被充分利用,例如磷肥生产中磷的回收率为78.8%,仍有大量的磷存在于磷石膏、尾矿、渣淤酸中,而磷矿中大量的钙、镁等元素分别只有12.7%和14.6%进入肥料中,剩余则以磷石膏和浮选产生的碳酸镁形式废弃(张守逊等,2024)。磷矿资源的共伴生资源全量化利用工艺是重要突破方向。同时,随着我国环保工作的加强,含硫尾气回收用于肥料生产有待加强,目前仅供应了我国需硫量的10%~15%。而通过制取硫酸铵回收硫已成为主要途径,目前我国硫酸铵产量达到了1800万t,但是绝大部分硫酸铵没有用于农田,而是出口,导致大量优质肥料资源浪费。再如,我国钾资源开采中有大量的伴生资源,如镁、硼和锂资源等,尚没有完全资源化利用。而农业生产中的废弃物作为肥料潜力更大,我国动物废弃物中蕴含的氮、磷和钾资源分别有1380万t、450万t和920万t,但是只有20%~40%的氮,30%~60%的磷,30%~65%的钾被回收利用(Bai et al.,2016),其余被废弃。

**3. 肥料产业能耗高、温室气体排放高**

如图1-4所示,我国合成氨能耗相对较高。我国煤多气少的能源结构决定了我国生产合成氨主要以煤为原料,其碳排放因子较天然气高50%。另外,我国合成氨节能技术仍有待提升,许多先进的技术工艺还未得到有效应用,导致我国吨氨能耗仍高达1386 kg标准煤。我国肥料产业还存在大量的二次加工,目前我国

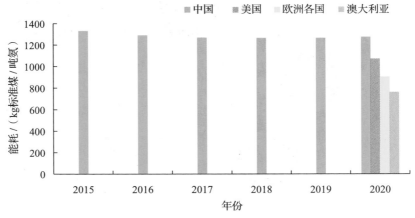

图1-4 "十三五"期间我国合成氨能耗及其与各国的对比

复合肥产量约5000万 t/年,每吨加工能耗约为100 KW·h 电,折合二氧化碳排放达到550万 t,如果考虑化肥生产与运输、有机养分(动物废弃物)生产和运输等多个环节的碳排放,我国肥料相关碳排放总量达 15.2 亿 t/年,占全国温室气体排放总量的15%,远高于土壤碳固定的 2.3 亿 t/年,实现"双碳"目标,任务艰巨。

**4. 产品施用过程排放高,不绿色**

我国肥料利用率较低是长期存在的问题,例如 2022 年三大粮食作物氮素利用率仅为41.3%,磷肥利用率常年在25%以下。大量未利用肥料存留于土壤中,或者损失进入大气、水体中,产生了巨大的影响。我国氮素年盈余量达 1900 万 t,其中铵态氮累积导致 1980—2000 年农田土壤 pH 平均下降 0.5 个单位,酸化面积增加了 1.2 亿亩,总计达 2.9 亿亩;我国农田活性氮损失达 892 万 t/年,约占化学氮肥投入的 1/3,其中氨排放贡献了大气 PM$_{2.5}$ 的 10%～18%(刘四义,2020)。活性氮损失相关的环境及人类健康损害成本高达 2800 亿元/年。肥料利用率低一方面在于我国常年以撒施、冲施等方式施用,施肥不精准导致;另一方面也在于我国大量肥料本身具有活性高、易损的特点。如尿素占氮肥产品的 68%,而尿素是利用效率较低、对环境影响最大的氮肥产品,其综合环境因子要比硝酸铵等高 1 倍(图 1-5)。

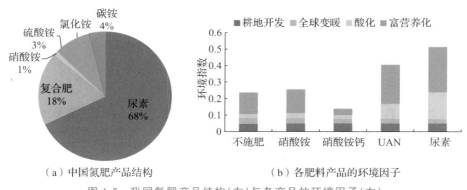

(a)中国氮肥产品结构　　　　(b)各肥料产品的环境因子

图 1-5　我国氮肥产品结构(左)与各产品的环境因子(右)

## 1.2.2 养分释放不智能、利用率低

我国肥料利用率低的问题主要体现在肥料产品几个不可控:①养分释放不可控;②养分转化不可控;③养分损失不可控;④养分固定不可控;⑤养分移动不可控。除此之外,还存在肥料配方不精准,肥料施用不高效等问题。

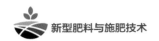

**1. 养分释放不可控**

化学肥料一般分为固体和液体类型,液体产品会迅速被作物吸收,而固体产品中一般有水溶性成分、枸溶性成分和难溶性成分。其中枸溶性成分和难溶性成分只有变为水溶性成分才会被作物吸收,但这一变化过程存在很多影响因素。肥料颗粒粒径大小、颗粒强度、表面光滑度、球形率、填料、包膜材料、包裹材料、原料形态等都会影响水解过程及养分释放过程。以颗粒大小为例,大颗粒尿素的颗粒强度是小颗粒尿素的 6～8 倍,一般大颗粒尿素粒径分布在 2.00～4.75 mm,因其颗粒强度高、水解慢、养分释放慢、具有缓释作用,通常作为缓释掺混肥料的原料,适合用作底肥;而小颗粒尿素粒径分布在 0.85～2.80 mm,因其颗粒强度低、易溶于水、养分释放快,因此常用作追肥。目前,大部分肥料的颗粒大小分布范围约为 1.70～4.70 mm,不同商品中分布差异很大,有的产品中粒径均匀,如会有 80% 集中到 2.50～3.50 mm,有的产品粒径差异较大,这就导致养分释放存在极大的差异。

随着包膜技术的发展,不论是普通的包裹油和包裹粉,还是二次加工的树脂包衣,都对养分释放产生了极大的影响,释放期可能会延缓到 100 d 以上。何时正确使用以满足作物的需求成为一个重大挑战,而作物需求的规律也是不断在发生变化的,例如玉米从播种到拔节吸收 2.5% 的氮,从拔节到开花吸收 51.15% 的氮,从开花到成熟吸收 46.35% 的氮。随着高产品种的发展,花后占比越来越大,已经达到 60% 以上(图 1-6)。目前农户普遍采用播种时一次施肥,那么所施用的肥料释放如何与作物动态结合就成为高产的关键。

**2. 养分转化不可控**

大部分肥料在土壤中会发生形态转化,例如尿素在土壤中会经历水解、硝化、反硝化等过程,会从酰胺态转变为铵态和硝态,这些转变过程受到土壤中脲酶、硝化细菌等微生物的影响,也受到土壤中水分、温度、pH 等因素的影响,整个转化过程存在极大的变异性,进而影响了作物的养分供应。例如,尿素水解为铵态氮,在高温下可能 3 d 全部完成,也可能在低温下经历 15 d 以上;铵态氮转变为硝态氮的过程可能在 3 d 完成,也可能需要半个月以上。这种变异对作物养分吸收和生长造成了极大的影响,可能导致关键期养分供应不足或者导致关键期养分供应过多。同样,不同作物的养分形态偏好也很难保障。例如,甘蔗根部吸收的氮 85% 以上为铵态氮,但是在高 pH 土壤中铵态氮迅速转变为硝态氮,则对甘蔗而言产生了铵态氮饥饿(图 1-7)。

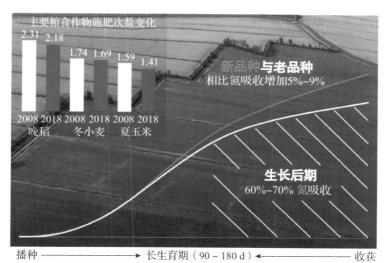

图 1-6　玉米全生育周期氮足迹

（引自 Ying et al.，2019）

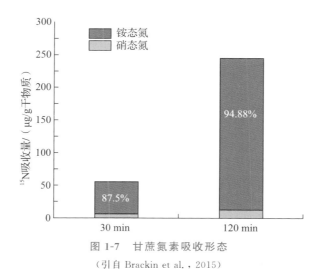

图 1-7　甘蔗氮素吸收形态

（引自 Brackin et al.，2015）

### 3. 养分固定不可控

很多形态的养分会在土壤中产生固定甚至无效化，例如磷素、铵态氮以及金属元素。其中，磷素的固定是无效化的重要过程，水溶性的 $HPO_4^{2-}$ 或者 $H_2PO_4^-$ 会和土壤中的 Ca、Al、Fe 等元素结合为难溶性的磷酸盐，甚至变成闭蓄态的磷酸矿物，由此导致磷肥的利用率很难突破30%。由图1-8可知,磷肥施入土壤,水溶性磷浓度随着天数增加迅速减少,较第1天,磷养分浓度在第2天减少了40%,在第4天减少了70%,在第8天减少了80%。随着距施肥中心距离的扩大,土壤有效磷浓度呈大幅下降趋势。这一过程受土壤中金属离子的浓度、活性等影响,也受土壤微生物影响。解决这一问题的办法目前只有集中施用、与有机物料一起使用、酸化土壤环境或者包裹肥料等。其中近根施用在一定程度上缓解了固定,但并不能完全避免。

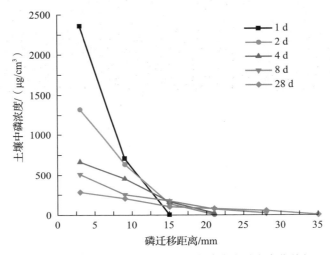

图1-8　肥料颗粒周边土壤中有效态磷浓度时空变化特征

### 4. 肥料施用不高效

我国化肥以固体颗粒为主,过去的施肥方式以手工撒施为主,因此对于肥料颗粒要求不高,大部分肥料产品颗粒标准只强调了粒径分布及水分含量,对于颗粒的强度、吸湿性、球形率等指标未做强制要求,这使得农业机械化作业过程中出现了很多肥料与施肥机械不匹配的现象。肥料与施肥机械不匹配现象主要体现在肥料在肥箱中结块、分层,在输肥管中流动速度大小不一,在施肥口容易粉化、结块(图1-9)。上述问题导致机械作业效率较低,清理肥箱、管道淤积的肥料往往需要花费2 h以上,更重要的是肥料施用均匀性和施肥量控制极差。由于肥料颗粒与机械匹配性标准缺失,根据不同肥料调试机械往往需要几百米或者几亩地的下肥探索,才能掌握精准的下肥控制参数。这一问题随着无人机施肥的发展也日趋凸显。不同肥料的比例不同,粒径范围不同,播幅出现极大变化,根据不同的肥料调试飞行参数也成为费时费力的工作。

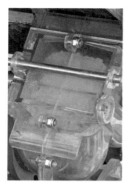

图 1-9　机械堵塞及下肥不匀

　　水溶性肥料在滴灌施肥设施中的溶解慢、溶解不彻底,进而导致堵塞和作业效率低的问题已成为制约其发展的瓶颈。而现代肥料标准中仅设置了水不溶物含量,却未能充分考虑溶解速度等因素。以滴灌施肥体系为例,目前大部分普通肥料在施用时存在堵塞问题,也存在肥料溶解慢,难以配套高效作业需求的问题,如硫酸钾在高质量农产品生产中的需求愈发迫切,但市场上出售的硫酸钾有许多小杂质,导致在使用比例施肥器时叠片式过滤器容易堵塞,同时其溶解性不佳,溶解缓慢。水溶肥目前快速发展,但由于价格高昂,难以替代传统化肥。液体氮肥虽然能够显著提高养分利用效率,但相应的运输、储存和施用设备尚未建立,其应用也受到限制。

**5.肥料配方不精准**

　　近些年我国肥料生产和施用以复合肥产品为主。中国统计年鉴数据显示,2022 年农业化肥施用量中,复合肥料占全部农用化肥施用量的 46.63%。复合肥产品多样化,据 2015—2019 年我国肥料产品登记公告信息,按照氮磷钾配方统计,合并相同配比的产品,目前登记的产品配方达到 5478 个。在一项涉及全国 12 个省份的县乡级肥料经销商门店的研究中发现,复合肥料的养分配比与农业农村部推荐的养分配比匹配度不足 5%(邹秦琦等,2024)。大部分复合肥养分含量并没有根据特定作物和特定区域进行供应,而是以满足多种作物和多种地区的通用型产品为主,其原因是缺乏区域化精细的土壤、作物数据,精细化的配方设计供应不足,其他原因是配肥和服务网络不够健全,精细化的配方供应能力受限制。

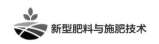

# 1.3　新型肥料及施用技术发展方向

### 1.3.1　绿色智能肥料的概念

针对我国肥料产业不绿、产品不智能的问题,张福锁院士提出了绿色智能肥料的概念,期望通过绿色智能肥料创新与产业化实现农业提质增效、产业升级和绿色发展。绿色智能肥料是指根据作物-土壤-环境相匹配的植物营养调控原理,采用大数据智能算法进行有针对性的定向匹配设计,应用先进绿色制造工艺生产的具有作物根际效应激发、养分精准匹配和矿产资源全量利用的一类新型高品质肥料,具有养分高效、低碳环保、低排无废、资源全量利用的绿色特点;施用后具有能高效挖掘作物的生物学潜力、与根系"对话"激发根际效应、响应气候和土壤条件、精准匹配作物需求的智能特点。绿色智能肥料改变传统给土施肥的方式,注重调节和调动根系生长的能力,强调根际生命共同体对养分高效的应答与生物互作级联放大效应,能够最大化作物生物学潜力,绿色智能复合肥是其产业化的高端物化产品。绿色智能肥料不仅具有更好增产提质和培肥土壤作用,而且是引领工农全链条融合与化肥产业绿色转型的重要切入点。

绿色智能肥料的核心是生物互作,级联放大。合理施用绿色智能肥料不仅能定向调控根系扩展空间、强化根际效应、提升活化能力,而且可以激发根际生物互作增效、级联放大的功能,高效活化利用土壤养分(图 1-10)。研究发现,植物可通过根系形态改变、根分泌物释放、菌根系统高效活化利用土壤养分,它们之间存在明显的权衡机制。根层养分供应与根系、根际养分效率呈"倒 U 形"规律:相对于根层养分盈余,优化根层养分供应能够增强根系密度与长度、提高根际分泌物释放与酶活性、促进菌根效应及菌丝生长,最大化根系高效活化利用养分的生物学潜力。局部养分供应不仅能为根系提供矿质营养,还能定向调控并提升根层微域增效功能:局部供应的养分可作为信号促进根系生长(包括根系长度、根系密度、菌根菌丝长度等),增强根际酸化和分泌物作用,进一步激发根系-微生物、微生物-微生物互作,从而形成养分调控的级联放大效应,系统提升作物养分利用效率。研究表明,局部氮、磷供应能刺激玉米根系增生,促进质子分泌,降低根际 pH,增强磷酸酶活性。利用根际少量磷的起爆效应,调控菌丝分泌物信号,促进解磷细菌与菌根真菌的协同互作,土壤养分活化效率可提升 30%。因此,调控作物根层的养分形态与精准供应能有效耦合根系、根际、生物互作等过程,逐级放大效能,实现养分高效利用。

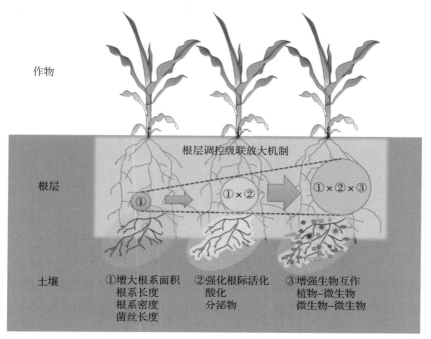

根层调控级联放大机制

图 1-10　作物根层调控与联动机制

## 1.3.2　绿色智能肥料的五大内涵

绿色智能肥料的主要构成因素和五大内涵见图 1-11。

**1. 作物**

生物感知。根肥互馈作物根系或土壤微生物可以强烈感知养分的供应,作物根系、根际效应与肥料能产生互馈增效作用,并通过根际生命共同体的级联放大效应最大化肥料的功能(Jing et al.,2022;Wang et al.,2020;Wen et al.,2022;Zhang et al.,2020)。例如,硝态氮能促进根系伸长,而铵态氮可促进根系分支,提高侧根数量和增生能力,从而大幅度提高作物生长(Meier et al.,2020;Remans et al.,2006)。改变复合肥中的铵硝比可有效调控作物的地上部与地下根系生长。磷肥中速效与缓效磷的匹配可显著影响植物的根系生长,如澳洲坚果拥有一种特殊的根系——排根(Zhao et al.,2021,Zhao et al.,2019),它是低磷诱导形成的像毛刷一样由大量有限生长的小侧根形成的根簇,可分泌大量柠檬酸,高效活化根际土壤中的难溶性磷,提高植物对土壤磷资源的活化、吸收和利用效率,而供

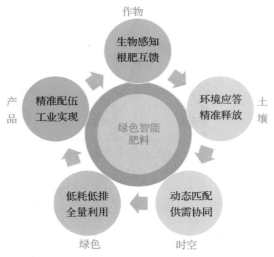

图 1-11　绿色智能肥料的主要构成因素和五大内涵

应过量的水溶性磷,会抑制澳洲坚果排根形成与柠檬酸分泌,甚至产生磷的奢侈吸收,造成植株磷毒害(Zhao et al.,2021)。农民施用过量的水溶性磷肥不仅浪费严重,还造成澳洲坚果排根生长受到抑制,影响植株的正常生长,进而降低果实的产量和品质。依据澳洲坚果自身的特点,在磷肥供应中,可以使用部分难溶性磷或枸溶性磷,优化氮肥形态,激发根系生长,强化根际效应,提高地上部对养分资源的利用效率,形成智能养分促根,根系生长强化根土界面效应,根际效应激活土壤养分,形成根肥互馈,提高作物的产量和品质(Zhao et al.,2019)。

**2. 土壤**

环境应答,精准释放。作物生命活动受环境条件的显著制约。在低温条件下,作物的生长发育速度显著降低,其养分吸收量和吸收速度均显著下降;土壤含水量显著影响根系发育以及养分迁移,几乎所有养分的有效性均受到土壤含水量的影响,对于硝态氮、磷、钾尤其如此。绿色智能肥料可根据环境条件的变化,自主调节养分释放的强度,以便与作物营养需求相匹配。它既注重对土壤障碍因素的调控,也注重根际微域的智能响应和反应。如采用分子亲水材料制作包膜,肥料只有在土壤含水量达到一定的阈值时才能充分吸水崩裂从而释放养分(Tian et al.,2019;Xie et al.,2019)。除水分外,土壤 pH 也是影响养分有效性的重要因素,绿色智能肥料的养分释放也依赖于土壤 pH 的变化(Heuchan et al.,2019),甚至会对根分泌的有机酸、土壤环境温度做出反应,通过对环境应答的控制与调节,实现养分的精准释放。

**3. 时空**

动态匹配,供需协同。绿色智能肥料需要从时间与空间上实现与作物需求的高度匹配。由于作物生长发育速率以及不同发育时期(营养生长与生殖生长)的动态变化,不同时期的养分需求差异很大,而肥料产品施入土壤后,养分释放规律也随着施肥时间和空间位置的变化而改变。为了实现养分利用效率的最大化,需要考虑新型肥料产品的养分供应与根系发育、作物需求在时间、空间尺度上的动态匹配,同时需要考虑土壤环境对养分转化、损失与植物生长速率的影响。另外,养分主要通过根系被作物吸收,随着作物不断生长,其根系在土壤内的分布不断发生变化,不同养分在土壤中的移动特征存在很大差异。肥料施用需要结合机械化精准施用装备,将养分施用在根系分布区域,提高其空间有效性。作物根系也可通过优化养分施用被定向调控,如局部施肥促进根系增生和根际的强烈酸化,提高根系与肥料养分的接触范围,发挥互作增效潜力,增强作物对根层养分的活化吸收与利用效率,促进地上部生长。良好的地上部发育又反馈增强根系的生长,实现在时空上的动态匹配,供需协同(Wang et al.,2020)。

**4. 绿色**

低耗低排,全量利用。绿色智能肥料产品中的绿色主要是从产品全生命周期中资源利用和环境排放两个维度来考量的。全量利用指的是矿产养分资源的利用强度和效率,强调尽量保留原料中各种养分并高效利用;在原料开采和肥料制造过程中要求主要养分损失少,利用率高,其他养分如中微量元素也要通过各种途径加以利用,既可以直接将矿产资源中各种养分一次性保留在肥料产品中,也可以通过延长产业链,将各种副产品中的养分资源通过二次或多次加工制成新的肥料产品,提高养分资源利用效率。低耗低排是指肥料产品全生命周期中能源消耗和环境排放要低,首先在原料开采和产品制造过程中能耗低,温室气体和各种废弃物排放少;同时在肥料施用后养分利用效率要高,有利于作物对养分的高效利用,土壤残存少,环境负效应低,最终实现绿色低碳、全量利用(张福锁等,2022)。

**5. 产品**

精准配伍,工业实现。作物对养分的偏好已被诸多研究证实,但由于精准配伍的难度及工业制造上的复杂性,有关理论在肥料科学领域的应用非常少。硝酸盐对于多数作物既是一种良好的氮源,又是营养信号物质,在调节地上、地下部发育及激素响应方面发挥着重要作用。因此,对于很多作物而言,采用铵硝搭配往往优于单一氮素形态的肥料效果。磷酸根离子与钙、镁等金属离子易发生沉淀反应,从而降低养分的有效性和肥料的水溶性。因此,在复合肥生产中,如何高效加入中微

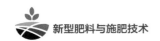

量元素肥料一直是肥料行业的难点之一。在某些情况下,肥料的生产加工过程也可能会使初始养分配伍发生飘移,改变肥料产品中的养分配方。绿色智能肥料通过优化工业设计,尤其是造粒工艺、螯合等技术创新,使中量元素肥料能在肥料颗粒中与水溶性磷肥实现分隔,磷素与中量元素共存,从而提高钙镁缺乏地区(通常是酸性土壤)肥料的整体利用效率;如通过原位螯合中微量元素实现磷与中微量元素的协同,创制含中微量元素低 pH 的水溶性磷酸一铵,从而适应北方硬水条件下的碱性缺素土壤,提高磷与中微量元素的利用率。创新绿色生产工艺,可以实现肥料产品中养分形态的精准配伍和高稳定性(张福锁等,2022)。

### 1.3.3 绿色智能肥料创新方向

**1. 物理形态增效**

首先,肥料粒径的大小决定了肥料颗粒的比表面积,进一步决定了养分释放速率。我国大多数肥料产品的颗粒规格不统一,对不同肥料粒径的养分效率差异以及针对不同施用方式设计相应的粒径考虑不足。另外,当粒径达到纳米级之后,不仅改变了养分释放效率,而且会作为信号物质调节作物养分吸收能力,但我国纳米级物料的研发还未进入实质性操作阶段。其次,调整肥料硬度和表面特性。肥料的硬度与肥料水解及养分的释放具有重要关系,颗粒紧密,不易破损有利于产品的运输,在施用时不容易堵塞施肥机械,施肥后能够较好地保持一定的空间形态,有助于养分缓慢释放,这些都是提高肥料的施用效率和养分利用效率的关键。最后,优化肥料颗粒中不同元素的空间布局。肥料颗粒中多种养分的空间布局关系到养分的释放速率和相互作用关系。例如,美可辛复合肥颗粒中采用养分分层包裹,合理分布硫、磷、锌的位置和形态,肥料颗粒由外到内分别包裹氮、磷、硫、锌,使养分在释放过程中更均匀且符合作物吸收规律;同时,硫元素处于磷和锌之间,避免磷和锌之间的拮抗作用,在释放过程中达到互相增效的结果(张卫峰等,2018)。

**2. 化学形态增效**

同等元素的不同形态对作物具有显著的差异,而很多元素具有多种形态,如何发挥各种形态的作用是养分增效的重要途径。例如,氮素中发挥酰胺态、铵态、硝态的互作就是增效的重要途径。尿素硝铵溶液中硝态氮、铵态氮、酰胺态氮 3 种形态的氮并存,实现了缓释和速效结合,利用率高。由于复配性好,作为水溶肥的原料逐渐得到应用。硝酸铵钙等固体氮肥中也存在铵态和硝态氮素,并且由于损失率低,可以提升氮素利用效率。磷素中发挥水溶性磷、枸溶性磷、聚合态磷、亚磷酸的互作增效作用也非常重要。水溶性磷肥和枸溶性磷肥相互配合,既能够满足作物及时需要,又具有长效性。挪威海德鲁的产品一直占据我国复合肥的制高点,原因之一是其中的水溶性磷含量为 9.11%,低于我国常规产品,但由于增加了聚磷酸铵等产品,不仅溶解度高,而且聚磷酸盐具有缓释性。通过多种形态磷素的配合,实现肥料产品高水溶性与养分长效释放的高度融合是挪威海德鲁成功的奥秘之一。聚磷酸铵作为配制高浓度液体复合肥料的原料,在美国和欧洲广泛应用,在我国才刚刚起步(张卫峰等,2018)。

**3. 加强元素间的互作增效**

很多种元素之间不仅可以影响肥料的物理化学性状,也可以影响其在土壤中以及作物体中的循环转化和代谢,进而实现互作增效的作用。例如,硫与氮(硫酸铵)作为中量和大量元素在作物生长中存在互作关系,氮、硫配施促进同化作用,硫溶解产生酸性溶液,也容易降低氮素的挥发损失;硫酸根还可以降低硝化速率,调控铵硝转化。因此,欧美国家选择硫酸铵作为原料与其他氮肥产品进行混配以提高肥料利用效率。又如,硫、磷与锌,在作物的养分吸收上,磷和锌之间存在拮抗作用,特别是施用高浓度的磷肥有时会抑制锌的吸收,在施入磷肥的同时加入硫元素,可降低土壤 pH,提高磷素效率的同时也能够保证锌元素的吸收利用,如美可辛复合肥产品(N-$P_2O_5$-$K_2O$-S-Zn:12-40-0-10-1),将锌和硫加入配方促进元素的吸收转化。再如钾与镁(硫酸钾镁)的配合,钾元素和镁元素之间存在拮抗作用,钾离子的存在抑制了镁离子对通道的抢夺能力,只有钾离子降低后镁离子才能更好被吸收。因此,硫酸钾镁的施用必须充分考虑其中的元素配比关系,避免 2 种元素的拮抗,增强元素互作增效(张卫峰等,2018)。

**4. 加强新材料增效**

调控养分的释放还需要考虑材料创新,如包膜控释肥。现有的包膜材料主要有无机包裹材料、聚合物包裹材料等。当前的材料成本高,养分控制不好,且材料的降解往往不完全。新型包裹材料的研发是缓/控释肥研究的一个重点,尤其是包裹性好、控制性好和降解彻底的新材料。①纳米肥料与养分增效:纳米粒子因为具有较小的粒径,正逐渐广泛应用于肥料的开发和利用。氧化锌纳米粒子粒径小于 100 nm,能够在根际缓慢而稳定地释放养分。②吸附性物质与养分增效:在肥料的创新发展中,膨润土、蛭石、生物炭这类吸附性材料可以在阳离子交换性较低的土壤上控制养分释放,在新型肥料的研发上具有较大的潜力。③环境响应敏感型材料:针对植物对养分需求特性,设计合成能够精准响应温度、pH 的高分子材料、高吸水性/纳米多孔道材料(如高吸水性树脂、金属-有机骨架材料、分子筛、层状氢氧化物等),将这些具有环境敏感特性的材料通过官能团自组织、靶向敲除等手段

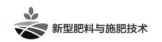

进行表面物理化学性质的改性,强化材料对温度、湿度、pH 的敏感性,从而具有更强的养分保持和释放能力,成为智能型肥料的主要载体(张卫峰等,2018)。

**5. 生物学增效**

另一类新材料是生物信号物质或微生物制剂材料。深入理解根际生命共同体互作过程中的物质产生与合成、微生物的生命活动规律,以及这些物质或微生物在作物生长过程中所起到的核心调控作用已经成为绿色智能肥料创新的重要方向。因此,应利用现代生物合成、新材料合成、生物源材料提取等手段,在系统理解根际生命共同体调控原理与技术的基础上,创新合成技术与有效降低合成成本,制备新型高效生物信号物质,或者重组土壤微生物群落,将理论与技术以产品的方式落地应用(张卫峰等,2018)。

**6. 智能化施肥技术**

肥料施用是影响肥料效率的重要环节,控制肥料施用的时间、位置能最大限度满足作物高效吸收、且能在一定程度上诱导作物生长是重要技术问题。另外,在大田中确保施肥均匀,让每株植物都能得到等量养分,进而尽可能降低养分供应不均对群体的影响也尤为重要。随着机械化施肥技术的发展,着重在创新现代化肥料施用机械与装备(如农业大机械、水肥一体化设备、无人机等)、作物根际/根层生物高效调控相配套的绿色高效施用技术是主要方向。例如在玉米生产上,我国通常采用播种施肥一体化,通过播种机上的施肥装置,将全生育期所需的肥料施到种子侧下方,促进根系"向肥性"生长,最终提高养分利用率(Liu et al.,2015)。美国在玉米生长中期普遍追施肥,在播种时只施入较少的肥料,称为"启动肥"(starter fertilizer),施在播种行中或距种子侧方和下方各 5 cm 的位置(米国华等,2018)。启动肥以磷为主,主要满足幼苗阶段对养分的需要,促进早期玉米生物量的积累。在水稻生产上,日本、韩国采用插秧施肥一体化(Yao et al.,2017),在插秧机上附带种肥/基肥施肥装置,将肥料呈条状集中施在秧苗侧下方(距离秧苗 3～5 cm,深 4～5 cm),防止肥料损失。我国水稻上也开始使用侧深施肥技术,而小麦上仍在播前整地时撒入肥料,然后通过旋耕与土壤混合,播种时不再施肥,这一技术没有实现肥料与根系的精准匹配。

保证施肥的均匀性是目前机械施肥迫切需要解决的问题,现有深施机械易出现下陷严重和排肥管堵塞等问题,机械作业效率低、施肥均匀度保障差。另外,可以将不同生育期专用产品、多种功能性肥料搭配施用、套餐施用,以满足作物生产全程高效的养分需求,如施用土壤调理剂调控土壤 pH,施用微生物制剂提高土壤生物肥力、破解障碍性因素,在极端气候条件下应用生物刺激素等调控作物生长以适应气候。通过这些综合措施,优化土壤结构-养分供应-生物过程之间的关系,强化肥沃根层、蓄水保肥、生物活力,增强土壤健康与整个系统的弹性,实现根层养分供应与高产群体的匹配,提高系统的可持续生产能力。

# 参考文献

常单娜,王慧,周国朋,等,2023. 赣北地区稻-稻-紫云英轮作体系减施化肥对水稻产量、氮素吸收及土壤供氮能力的影响. 植物营养与肥料学报,29:1449-1460.

董洁,刘英杰,李佩玲,等,2012. 间作与 MeSA 释放对麦长管蚜及其优势天敌的生态效应. 应用生态学报,23:2843-2848.

樊志龙,胡发龙,殷文,等,2023. 干旱灌区春小麦水分利用特征对绿肥与麦秸协同还田的响应. 中国农业科学,56:838-849.

郭鹏飞,芦娟,陈翠莲,等,2023. 草木灰传统知识及其克服连作障碍原理. 甘肃林业科技,48:44-47.

郝保平,张鑫,张延芳,等,2017. 对山西省发展果园绿肥的思考与建议. 山西农业科学,45:1193-1196.

惠竹梅,李华,张振文,等,2004. 行间生草对葡萄园微气候和葡萄酒品质的影响. 西北农林科技大学学报(自然科学版),32(10):33-37.

刘四义,2020. 土壤氮素转化过程与作物氮吸收和氮损失的关系研究. 南京:南京师范大学.

李港丽,张光中,1988. 农业化学. 北京:北京农业大学出版社.

李国怀,1995. 农田杂草防除新法. 植物杂志(3):9-10.

鲁艳红,廖育林,孙玉桃,等,2020. 关于湖南果园绿肥发展的思考. 湖南农业科学(3):39-42.

米国华,伍大利,陈延玲,等,2018. 东北玉米化肥减施增效技术途径探讨. 中国农业科学,51:2758-2770.

王峥,常伟,李俊诚,等,2024. 紫花苜蓿还田对饲料玉米产量和氮素吸收转运的影响. 草业学报,33:63-73.

杨昭,柴强,王玉,等,2022. 河西绿洲灌区减量灌溉下绿肥对小麦光合源及产量的补偿效应. 植物营养与肥料学报,28:1003-1014.

严毓骅,段建军,1988. 苹果园种植覆盖作物对于树上捕食性天敌群落的影响. 植物保护学报(1):23-27.

张福锁,申建波,危常州,等,2022. 绿色智能肥料:从原理创新到产业化实现. 土壤学报,59:873-887.

张守逊,吴雨瑶,郭永杰,等,2024. 磷尾矿综合利用研究现状. 化工矿物与加工,53(7):27-36.

张卫峰,李增源,李婷玉,等,2018. 化肥零增长呼吁肥料产业链革新. 蔬菜(5):1-9.

赵书军,秦兴成,张新然,等,2011. 不同绿肥翻压量及施肥条件下土壤酸性磷酸酶活性的变

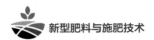

化. 中国烟草科学，32：99-102.

郑延云，张佳宝，谭钧，等，2019. 不同来源腐殖质的化学组成与结构特征研究. 土壤学报，56：386-397.

邹秦琦，姚澜，江敬安，等，2024. 复合肥料养分含量和配比与农业需求的匹配度研究. 中国农业大学学报，29(12)：1-11.

Bai Z，Ma L，Jin S，et al.，2016. Nitrogen，phosphorus，and potassium flows through the manure management chain in China. Environ. Sci. Technol.，50：13409-13418.

Brackin R，Näsholm T，Robinson N，et al.，2015. Nitrogen fluxes at the root-soil interface show a mismatch of nitrogen fertilizer supply and sugarcane root uptake capacity. Science reports，5：15727.

Brownlie W J，Alexander P，Maslin M，et al.，2024. Global food security threatened by potassium neglect. Nat Food，5：111-115.

Heuchan S M，Fan B，Kowalski J J，et al.，2019. Development of fertilizer coatings from polyglyoxylate-polyester blends responsive to root-driven pH change. J. Agric. Food Chem.，67：12720-12729.

Jing J，Gao W，Cheng L，et al.，2022. Harnessing root-foraging capacity to improve nutrient-use efficiency for sustainable maize production. Field Crops Research，279：108462.

Liu T Q，Fan D J，Zhang X X，et al.，2015. Deep placement of nitrogen fertilizers reduces ammonia volatilization and increases nitrogen utilization efficiency in no-tillage paddy fields in central China. Field Crops Research，184：80-90.

Meier M，Liu Y，Lay-Pruitt K S，et al.，2020. Auxin-mediated root branching is determined by the form of available nitrogen. Nat. Plants，6：1136-1145.

Remans T，Nacry P，Pervent M，et al.，2006. The Arabidopsis NRT1.1 transporter participates in the signaling pathway triggering root colonization of nitrate-rich patches. Proceedings of the National Academy of Sciences，103：19206-19211.

Shen X，Huang G，Yang Z，et al.，2015. Compositional characteristics and energy potential of Chinese animal manure by type and as a whole. Applied Energy，160，108-119.

Tian H，Liu Z，Zhang M，et al.，2019. Biobased polyurethane，epoxy resin，and polyolefin wax composite coating for controlled-release fertilizer. ACS Appl. Mater. Interfaces，11：5380-5392.

Wang G，Cui L L，Dong J，et al.，2011. Combining intercropping with semiochemical releases：optimization of alternative control of Sitobion avenae in wheat crops in China. Entomologia Experimentalis et Applicata，140：189-195.

Wang X，Whalley W R，Miller A J，et al.，2020. Sustainable cropping requires adaptation to a heterogeneous rhizosphere. Trends in Plant Science，25：1194-1202.

Wen Z，Li H B，Shen Q，et al.，2019. Tradeoffs among root morphology，exudation and

mycorrhizal symbioses for phosphorus-acquisition strategies of 16 crop species. New Phytologist，223：882-895.

Wen Z，White P J，Shen J，et al.，2022. Linking root exudation to belowground economic traits for resource acquisition. New Phytologist，233：1620-1635.

Wignall V R，Balfour N J，Gandy S，et al.，2023. Food for flower-visiting insects：appreciating common native wild flowering plants. People and Nature，5：1072-1081.

Xie J Z，Yang Y C，Gao B，et al.，2019. Magnetic-sensitive nanoparticle self-assembled super-hydrophobic biopolymer-coated slow-release fertilizer：fabrication，enhanced performance，and mechanism. ACS Nano，13：3320-3333.

Yao Z S，Zheng X H，Zhang Y N，et al.，2017. Urea deep placement reduces yield-scaled greenhouse gas（CH$_4$ and N$_2$O）and NO emissions from a ground cover rice production system. Sci Rep，7：11415.

Ying H，Yin Y，Zheng H，et al.，2019. Newer and select maize，wheat，and rice varieties can help mitigate N footprint while producing more grain. Global Change Biology，25：4273-4281.

Zhang D，Lyu Y，Li H，et al.，2020. Neighbouring plants modify maize root foraging for phosphorus：coupling nutrients and neighbours for improved nutrient-use efficiency. New Phytologist，226：244-253.

Zhang L，Feng G，Declerck S，2018. Signal beyond nutrient，fructose，exuded by an arbuscular mycorrhizal fungus triggers phytate mineralization by a phosphate solubilizing bacterium. The ISME Journal，12：2339-2351.

Zhao X，Dong Q，Ni S，et al.，2019. Rhizosphere processes and nutrient management for improving nutrient-use efficiency in macadamia production. HortScience，54：603-608.

Zhao X，Lyu Y，Jin K，et al.，2021. Leaf phosphorus concentration regulates the development of cluster roots and exudation of carboxylates in macadamia integrifolia. Front. Plant Sci. 11：610591.

# 2 新型氮肥

伴随全球人口增长和生态环境保护要求提高,提高氮肥利用效率、减少环境污染已成为农业可持续发展的关键。新型氮肥通过创新技术,不仅提升了氮肥的利用率,还显著减少了氮素流失和温室气体排放,对保障粮食安全、促进生态环境友好具有深远意义。

当前,新型氮肥种类繁多,其主要包括缓控释氮肥、多形态氮肥以及含有脲酶抑制剂和硝化抑制剂的稳定性氮肥等。缓控释氮肥通过调控养分的释放速率,氮肥供应能与作物需求同步,减少了养分浪费;多形态氮肥则根据作物对不同形态氮素的偏好,实现氮素的精准供应;而脲酶抑制剂和硝化抑制剂则通过抑制尿素水解和硝化过程,延缓氮素转化,提高氮肥在土壤中的保留时间和作物吸收率。

随着科技的不断进步和创新驱动发展战略的实施,新型氮肥将迎来更加广阔的发展前景。通过持续研发高效、环保的新型氮肥产品,结合智能化的施肥技术,我们有望进一步提升氮肥利用率,减少农业活动对环境的负面影响,为全球粮食安全和农业可持续发展贡献重要力量。

## 2.1 缓控释肥

缓控释肥料是指以各种调控机制延缓养分释放,或按照设定的释放率和释放期控制释放的肥料。所谓"释放"是指养分由化学物质转变成植物可直接吸收利用的有效形态的过程(如溶解、水解、降解等)。"缓释"是指化学物质养分的释放率远小于速溶性肥料转变为植物可吸收利用的有效态养分的释放率;"控释"是指以各种调控机制使养分释放按照设定的释放模式(释放率和释放期)与作物吸收养分的规律同步(张民等,2022)。

国际肥料工业协会(IFA)按照制作过程将缓控释肥料分成两大类:一类是尿素和醛类化合物,这类被称为缓释肥料(slow-release fertilizer,SRF);另一类是聚合物包膜肥料(coated or encapsulated fertilizer),称为控释肥料(controlled-release fertilizer,CRF)。生物或化学作用下可分解的有机氮化合物(如脲甲醛UF)一类的肥料通常被称为缓释肥料(SRF),而对生物和化学作用等因素不敏感的包膜肥料通常被称为控释肥料(CRF)。中国首次在国家标准《缓释肥料》(GB/T 23348—2009)、行业标准《控释肥料》(HG/T 4215—2011)中对缓释肥料、控释肥料在定义上做出了明确区分。近年来,随着控制化肥用量在各国越来越受重视,一些国家普通化肥用量出现负增长,但是缓控释肥料消费以每年高于5%的速度增长,其中包膜缓控释肥料的增长率超过10%(张民等,2022;胡树文等,2014)。

### 2.1.1　缓控释肥料膜材料的种类

　　根据生产过程,缓控释肥料主要有两个类型:①化成型微溶有机氮化合物,例如脲醛缓释肥料。②包膜型缓控释肥料(胡树文等,2014)。其中,包膜型缓控释肥料(coated slow- and controlled-release fertilizer)是指为改善肥料功效和(或)性能,在肥料颗粒表面涂以其他物质[聚合物和(或)无机材料]薄层制成的肥料,包膜材料是包膜型缓控释肥料的基础。根据包膜材料的来源不同,可主要分为有机物包衣、无机物包衣、有机无机物混合包衣三大类。其中,比较常用的包衣材料有硫包衣、树脂包衣、肥包衣(肥包肥)。下面以这三种包衣形式作为案例进行深入分析。

**1. 硫包衣材料**

　　硫包衣属于无机物包衣。硫是低价的中量植物营养元素,在156 ℃时可以熔化,因此可以喷涂于预先加热的尿素颗粒及其肥料颗粒表面作为包衣。尿素包衣后,用密封剂(蜡)涂封住包膜上的裂缝,以减少硫包膜的机械破损和生物降解。

**2. 树脂包衣材料**

　　树脂包衣材料可分为热塑性树脂包膜材料和热固性树脂包膜材料,属于有机物包衣,也常与硫包衣等无机物合成,制备有机无机混合包衣。热塑性树脂包膜材料大都为聚烯烃类树脂包膜材料,在生产过程中是将热塑性包膜材料(如聚烯烃)溶解于有机溶剂中(如四氯乙烯或松节油),在流化床反应器中喷涂在肥料颗粒上生产的包膜肥料。养分释放可通过将透水性较差的聚乙烯与透水性较强的树脂(如EVA)混合来控制,也可以通过在膜中添加矿物粉或淀粉来改进有温度控制的养分释放。

　　常用的热固性树脂类包膜材料有醇酸类树脂包膜和聚氨酯类树脂包膜两大

类。其在制备过程中使热固性有机聚合物作用在肥料颗粒上,由热固性的树脂交联形成疏水化合物膜肥料。聚氨酯类树脂包膜是在肥料表面上直接以异氰酸酯与多元醇反应生成聚氨基甲酸酯树脂包膜,这种包膜与其他树脂包膜的区别在于液体的异氰酸酯可以和多元醇或尿素肥芯在肥芯表面反应成膜,被认为是反应层包膜,形成了抗磨损的控释肥料(段路路,2009)。

**3. 无机包裹材料(肥包肥)**

无机包裹材料的包膜材料,也被称作肥包衣材料,主要利用含有植物所需的无机养分作为包裹材料。例如,通过高温加热将掺杂钾、钙、镁或硅氧化物的结晶磷转变为无定形玻璃无机物玻璃态包膜材料;或以钙镁磷肥、沉淀磷酸钙或骨粉等磷肥为包膜剂,用氮磷钾泥浆作为黏结剂的包裹材料(图 2-1)(侯翠红等,2019)。中国科学院南京土壤研究所二十世纪七八十年代研究成功了由钙镁磷肥包裹碳酸氢或尿素的包裹肥料。郑州工学院磷肥与复肥研究所也开发出了 3 种类型包裹型复合肥,即以钙镁磷肥为包裹层的第 1 类产品,以部分酸化磷矿为包裹层的第 2 类产品及以二价金属磷酸钾盐为包裹层的第 3 类产品。这类包衣材料含有作物所需养分,材料来源广泛,价格低廉,肥料养分释放完毕后包膜材料能够自行降解,不仅不会对土壤环境造成污染,还具有改善土壤结构、提供植物所需微量元素的作用(王好斌等,2017)。

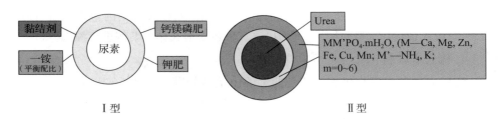

图 2-1　无机包裹型复合肥料(肥包肥)产品

## 2.1.2　缓控释肥料发展历程

自 20 世纪 80 年代起,美国、日本、德国等国家就把研究方向转向肥料的制作技术,力求从改变化肥本身的特性来提高肥料的利用率,相继研制并推出缓控释肥料新品种。1961 年,美国田纳西河流域管理局(Tennessee Valley Authority,TVA)国家化肥中心首次开发硫包衣尿素(sulfur-coated urea,SCU),并于 1967 年正式商业生产,全球缓控释肥料的新品种研发和生产稳步增长(张民等,2022)。

尽管我国缓控释肥料研究晚于美国、日本等国家,但是我国缓控释肥料产业的发展速度却远远快于其他国家。整体来看,从20世纪70年代开始,我国缓控释肥料产业发展历程包括三个发展阶段:探索起步阶段、初步发展阶段、快速发展阶段。

第一阶段:起步阶段。1970—1980年是我国缓控释肥料产业的探索起步阶段,这一阶段产业发展的特点是:产品研发单位少、产品种类少,未引起行业的重视。1974年,中国科学院南京土壤研究所以钙镁磷肥为包膜材料制出长效包膜碳铵,农田试验增产显著,但未形成规模生产。20世纪80年代,缓控释肥料研究提速,我国已有多家研究单位具备试制包膜肥料的实验设备。以郑州工业大学磷肥与复肥研究所为代表,其共开发出3类肥包肥复合肥料,在我国推广,并远销美国。

第二阶段:初步发展阶段。1980—2005年是我国缓控释肥料产业的初步发展阶段。这一阶段产业发展的特点是研发主体增多、产品类型增多、开始小规模产业化。一些单位相继开展有机高分子聚合物包膜肥料、涂层尿素、热塑性树脂、热固性树脂、硫包膜、硫加树脂包膜等包膜缓控释肥料的小试和中试。

第三阶段:快速发展阶段。2006年至今是我国缓控释肥料产业的快速发展阶段。这一阶段的特点是形成了比较完备的产品系列,产品实现了产业化,涌现出一批优秀的生产企业,如茂施、汉枫、施可丰等。近十年来,缓/控释肥被纳入《国家中长期科学和技术发展规划纲要(2006—2020年)》。国家缓/控释肥工程技术研究中心、缓/控释肥技术创新平台也相继成立,有力地推动了行业发展。

### 2.1.3 缓控释肥养分释放机制

**1. 概念模型**

影响包膜控释肥料控释性能最直接、最主要的因素是包膜材料的性质,包括膜质材料组分、包膜厚度、疏水性、膜孔隙度和空隙的曲折程度。大量研究表明,有机高分子聚合物包膜肥料的控释性能明显强于无机物的包膜肥料,主要是因为有机高分子膜材料的空隙少、致密性好、与肥料结合紧密。用疏水性材料包膜的肥料,尤其是聚合物包膜肥料,具有良好的控释性能,因为它们对土壤和环境因素不如有机氮缓释肥敏感。聚合物包膜控释肥料的养分释放曲线一般是S形的,说明养分释放规律比较复杂,不是线性过程。这一规律与作物吸收养分规律最为吻合(胡树文等,2014;杜建军等,2002)。

包膜控释肥料的控释膜层是阻隔膜内养分进入土壤环境的屏障,养分通过膜层的扩散机制与破裂机制释放到土壤环境中,如图2-2所示。

养分释放的第一个阶段为水(主要是水蒸气)渗透穿过膜层,水蒸气在固体肥

芯表面凝结并溶解其可溶部分,膜内蒸气压下降,膜内膜外形成压强差。在这个阶段之后存在两种不同的发展方向:如果内部压力超过了膜材的承受能力,膜材破裂,肥料的全部养分一次性释放完全,这一过程称为破裂机制;如果膜能够承受肥料内部压力,肥料养分则通过浓度或者化学势的压力差渗透出来,这一过程称为扩散机制。破裂机制的膜材料一般是易碎而无弹性的膜,养分释放为一步释放,能够延缓养分释放高峰期的出现。扩散机制的膜材料通常为高分子聚合物,如醇酸树脂、聚烯烃和乙烯乙酸乙烯酯等,养分释放为逐步释放,能够长时间为单个颗粒提供养分。

施入土壤中的包膜肥料颗粒,释放速率受土壤水分、温度、湿度和水汽渗透压力等外部环境因素的影响;同时,养分的溶解、扩散、流动行为还受膜材性能、膜层结构、溶液推动力和扩散系数等内部结构因素的影响。

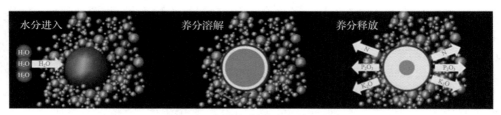

图 2-2　包膜肥料养分释放机制

### 2. 破裂机制

聚合物包膜肥料破裂机制的养分释放过程可以简单解释为一个包膜尿素颗粒投入水中,水通过膜深入肥料颗粒内部。水渗入的速率决定于驱动力的大小、膜厚度和包膜材料的特性。驱动力起源于膜内外不同的水汽压力。水汽进入肥料核芯溶解固体肥料,引起膜内部压力的累积增加,最终引起内部膨胀,进而导致膜破裂。膜的破裂导致肥料养分的迅速释放。破裂时间的长短取决于膜的机械强度、厚度、包膜颗粒的半径等(Shaviv et al.，2003)。

Shaviv 等(2003)分析了水分渗透进入颗粒个体内部的力和压力的形成,通过该分析可以得到单个颗粒包膜层破裂发生时间的表达式:

$$t_b = \frac{r_0 l_0 Y}{P_h \Delta \pi M} \tag{2-1}$$

式中,$r_0$ 为颗粒半径,mm;$l_0$ 为包膜厚度,mm;$Y$ 为包膜层的屈服应力,Pa;$P_h$ 为膜的水渗透系数,$cm^2/(d \cdot Pa)$;$\pi$ 为膜内外的渗透压差,Pa;$M$ 为包膜层的弹性模量,Pa。

### 3.扩散机制

Goertz 等(1995)提出有机高聚物包膜控释肥料养分释放是水分子以水蒸气形式通过包膜渗透进入肥料颗粒内部。水蒸气通过包膜进入包膜肥料内部后在肥料颗粒上凝聚,并使之部分溶解,这样在包膜肥料内形成渗透压力。在这个阶段,如果膜能承受内部压力,则肥料中的养分在浓度梯度推动下通过扩散释放,或者由渗透压力梯度通过质流形式释放,这种方式称为扩散机制,聚合物包膜肥料氮素释放的渗透压 $\pi_\mu$ 为膜层内外的蒸气压的对数差(Kochab et al.,1990。Kobayashi et al.,1997;樊小林等,2005)。

$$\pi V = RT \ln(p_0/p) \tag{2-2}$$

式中,$\pi$ 为渗透压差,Pa;$V$ 为溶液的摩尔体积,$18.0 \times 10^{-6}$ m³/mol;$R$ 为气体常数,8.314 J/(K·mol);$T$ 为温度,K;$p_0$ 为水的蒸气压,Pa;$p$ 为溶液的水蒸气压,Pa。

## 2.1.4 案例——典型产品的养分释放

### 1.硫包衣肥料

由于硫黄的独特性,其养分释放机理有多种解释观点。Lunt 等(1968)认为,土壤颗粒吸附密封蜡,从而形成释放尿素的开孔通道。McClellan 等(1975)认为聚合硫、无定形硫逐渐转化为结晶硫过程中导致硫壳出现破裂,从而使尿素释放出来。Hauck 等(1985)认为硫包膜尿素释放过程中,水蒸气渗入膜层溶解肥芯尿素,膜内尿素溶液的高渗透压将包膜层撕裂,使尿素溶出。Jarrel 等(1980)研究了硫包膜尿素颗粒大小、膜的厚度、膜上有无空隙等性质对养分释放的影响,将硫包膜尿素颗粒分为三类:第一类是膜上有微小空隙;第二类是膜上有大空隙,却有密封剂封闭;第三类是膜上无任何空隙或孔洞。第一类硫包膜尿素颗粒一旦浸湿,尿素分子就开始释放;第二类硫包膜尿素密封剂一旦破坏或被剥落,尿素分子就从膜内释放出来;第三类硫包膜尿素一旦硫黄部分被剥蚀,尿素分子就从内部释放出来。无论孔洞是如何形成的,包膜层上只要有一个孔洞,便足以使肥芯的全部养分释放出来。因此,硫黄等无机物包膜肥料只要膜上能够形成空隙或裂缝,养分就可以通过其空隙或裂缝扩散出来。硫包衣尿素在田间的实际氮素累计释放率呈倒"L"形,日平均氮素释放量呈逐渐降低的趋势(马泉等,2021)。在前 30 d,其日平均氮素释放量较多,30 d 后仍然有一定量的氮素养分能够持续释放,在 110 d 左右氮素累计释放率达 80% 以上(宗晓庆,2010)。

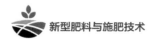 

简单来说,土壤中的水分、微生物活动使硫包衣分解形成硫酸根,这些硫酸根溶解迁移,硫包衣会逐渐变少,里边的尿素就会释放出来,如图 2-3 所示。硫包衣转化速率一方面与元素硫颗粒的大小、施用量、施用时间和方法有关,另一方面也深受环境条件的影响,增加元素硫和微生物的接触面积可以增加硫的氧化速率。

图 2-3　硫包衣尿素分解

## 2. 树脂包衣肥料

如图 2-4 所示,树脂包衣控释肥就是在肥料外围均匀地包裹一层树脂膜,包膜将膜内养分与膜外水分分离,对养分起到物理保护作用,但树脂包衣肥料一般不受微生物影响,土壤水分通过渗透作用进入包膜层内部,肥料核心溶解,养分通过微孔溶出,这一过程目前主要受温度和水分影响。

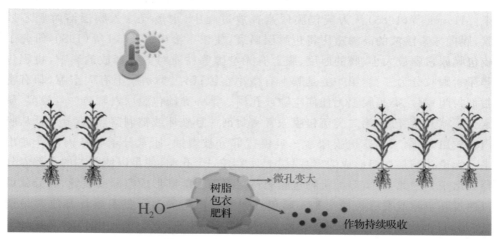

图 2-4　树脂包衣肥养分释放原理

树脂包衣控释肥料养分溶出曲线类型分为两种：一种是直线形释放。理论上讲如果包衣对象是尿素，在养分溶出 60% 之前溶出曲线是一条直线，之后向下弯曲，呈抛物线形（因尿素 25 ℃ 时饱和溶液浓度是 40%，在养分溶出 60% 之后包衣内为不饱和溶液，养分溶出速度自然减缓），实际上也有时是保持直线。溶出时间在 30～300 d，误差一般不超过 5%（时间越长的类型，误差越大）。另一种肥料溶出曲线为"S"形（延迟释放型）。即肥料施入田间后开始不释放或释放量很少，达到设定天数或积温后，养分快速释放，实现肥料养分释放与作物需肥同步，最大限度提高肥料利用率。土壤环境影响，例如土壤含水量、温度等都会影响树脂包衣的养分释放速率（樊小林等，2005）。

**3. 无机包裹型肥料（肥包肥）**

无机包裹肥料（肥包肥）采用无机材料作为缓释包裹层，为亲水性物质，与传统有机聚合物包膜材料相比，水分更容易穿透包裹层而溶解核心氮肥，更适合于大田作物使用。无机包裹肥料（肥包肥）具有一定的缓释性能，养分在水中 48 h 的溶出率约为 90%。尽管和聚合物包膜尿素初期溶出率相比高了很多，但在大田环境下，考虑到土壤的吸附、缓冲作用，产品中的氮在 48 h 内缓慢进入土壤，可大幅度提高土壤对氨离子的交换量，而被土壤交换的氮，存储于土壤中可减少流失，缓慢供应作物吸收。应用无机包裹肥料（肥包肥）多年的效果，也证明它可持续向作物有效供应养分 90～120 d（何振新等，1994）。

## 2.1.5　不同缓控释放的适宜应用场景

**1. 硫包衣肥料**

1）硫包衣肥料的优势

（1）硫包衣肥料为作物供应硫元素　硫包衣尿素中硫的包裹决定了养分的缓释性，所以硫的含量往往比较高，而硫也是植物需要的营养元素，实现氮和硫的协同增效的优势。近年来大量施用磷铵、尿素等高浓度无硫化肥，而过磷酸钙、硫铵等含硫化肥用量减少，有机肥及含硫农药用量也逐渐减少，致使每年施入土壤的硫量逐年减少。另外，随着环境污染治理力度的加大，大气和水体中硫浓度降低，作物从大气和灌溉水中得到的硫量随之减少，硫已成为作物产量限制因子之一。而施用硫包衣尿素可提高土壤中硫含量，对提高作物的产量与品质有着重要作用（李燕婷等，2008）。

（2）硫包衣肥料可降解，是环境友好型材料，且原料来源广泛，价格低廉，有利于降低包膜肥料成本。

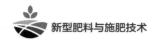

2)硫包衣肥料的劣势

(1)硫包衣材料机械强度低、弹性差,长距离的运输后可能导致膜破损,降低缓释效果。

(2)硫包衣材料易受土壤温度、湿度、微生物影响而降解,缓释性能不稳定。

(3)硫包衣中的硫元素将促进钙、镁等阳离子的淋溶,导致土壤中钙、镁元素供应不足,也会降低地下水体的质量。

(4)破坏土壤原有的酸碱平衡,造成不同程度的土壤酸化。这可能有益于某些元素的活化,并且破坏了土壤原有的稳定性,造成地表水体中硫酸根离子含量的升高,影响地表水体质量(张民等,2022)。

3)硫包衣尿素应用场景

(1)硫包衣尿素为喜硫作物提供硫元素 硫被列为仅次于氮、磷、钾的第四大植物营养元素,既是许多酶和辅酶的活性物质,又是氨基酸和蛋白质的构成组分,参与细胞内许多重要代谢过程。增施硫素不仅可显著提高大葱、洋葱、大蒜等葱属植物有机硫化物含量,还可促进植株生长,提高大葱、洋葱、大蒜的独特风味,对大葱、洋葱、大蒜优质生产也具有重要作用(张民等,2022)。

(2)硫包衣尿素应用在盐碱土中,改良土壤 硫包衣尿素适用于盐碱地土壤,在盐碱土壤中,硫包衣尿素对作物整个生育期的土壤 pH 均有降低的效果,尤其是在苗期作用效果明显,不仅可以改善土壤环境、调节氮肥的释放速度,还可以提高作物的出苗率,对盐碱土中作物高产起到至关重要的作用(张民等,2022)。

(3)硫包衣尿素应用于水分和温度适宜区域的短生育期作物 硫包衣尿素在水分、温度适宜的情况下,微生物把硫变成硫酸,然后释放出尿素,对水分、温度适宜区域短生育期作物(如石灰性土壤上的夏玉米)有良好作用,但是不适用于水分、温度不适宜的长生育期作物。例如,硫包衣尿素不适于施入东北春玉米上,因为东北温度低,土壤中的微生物不活跃,无法将硫包衣分解,从而无法释放出尿素,导致作物养分缺乏(汪强等,2006)。

**2. 树脂包衣特点**

1)树脂包衣肥的优点

(1)提高肥料利用率,降低施肥与作物吸收不一致而导致的养分损失;减少养分与土壤间的相互接触,从而能减少周围土壤的生物、化学和物理作用对养分的固定(汪强等,2006)。

(2)养分浓度含量高,可以灵活调整包膜材料的组分,能够按照植物需肥规律提供养分,肥效稳固,抗潮解,颗粒坚硬,具有良好的物理性状,存储安全(张民等,2022)。

(3)树脂包衣肥聚氨酯材料应用广泛(张民等,2022)。

2)树脂包衣肥的缺点

(1)包膜材料不易降解,污染环境。树脂包膜控释肥施用后,其表面的高分子聚合膜则会残留在土壤中。研究表明,当土壤中残膜量增加,土壤容重降低,土壤孔隙度明显增加,土壤的田间持水量也明显降低,透水速度明显加快,土壤保水性也随之降低(张民等,2022)。

(2)树脂包衣对包膜的均匀性、可控性以及包层的稳定性有较高要求,否则会影响肥料缓释效果(张民等,2022)。

(3)包膜工艺比较复杂,对生产设备要求高,同时原料成本较高,肥料价格高昂,推广应用时要充分设计系统的技术方案,例如一次性施肥技术体系,通过减少施肥次数节约劳动力而提高经济效益(张民等,2022)。

3)树脂包衣尿素的应用场景

(1)树脂包衣肥在水稻田应用  树脂包衣在水稻田中施用应该有较好的反应,因为水层中有较为稳定的水分和温度。在实际生产中,如果按照传统的施肥方式撒施,会导致肥料漂浮在水层表面造成硝态氮、铵态氮的损失,因此水稻田中施用树脂包衣肥料要采用机械施肥方法,施入土壤深层,防止肥料损失。树脂包衣肥不适合在干旱区雨养农业中施用,因为土壤中水分较少,水分无法进入树脂包衣肥内部,则养分无法释放出来供作物吸收利用(王海红等,2006)。

(2)树脂包衣肥不适于在极端温度下施用  树脂包衣肥在极端高温与极端低温条件下,都有养分释放不精准的问题。例如,温度上升到一定高度将会增加热塑性树脂包膜材料的水分子运动速率,而膜压强差变大直接缩短养分的释放速率(赵荣芳等,2009)。

### 3. 无机包裹肥料

1)无机包裹肥料优势

(1)完全植物营养包裹  无机包裹肥料(肥包肥)采用的包裹材料均为植物营养物质,通过改变不同特性肥料的空间结构及利用原料之间的化学反应,实现核心氮肥的缓释功能。磷作为缓释材料和配方成分,也具有缓释性。无机包裹肥料(肥包肥)产品中,无人为加入的任何有机聚合物,产品的所有元素构成均为植物必需的营养元素,同时含有多种中微量元素,使产品的养分更全面均衡(胡建民等,1999;李药萍等,1998)。

(2)同步实现产品的缓释化和复合化  无机包裹肥料(肥包肥)在实现核心氮肥缓释功能的同时,也实现了产品的复合化,即缓释肥的生产过程和复合肥的生产过程合二为一,简化了生产过程,节约了生产成本(王化琦等,1996;王好斌等,2017)。

(3)实现无干燥生产工艺  包裹肥料在生产过程中充分利用原料间的化学反

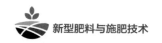

应能,实现生产过程中无干燥,节约能源。部分类型的产品由于原料配比及原料选型的不同,可能需要轻度的干燥,但相比普通复混肥料生产过程,干燥负荷大幅度降低(许秀成等,2002;王好斌等,2017)。

(4)便于肥料功能的扩展　包裹肥料的生产条件温和,包裹层占产品原料的比例较高,根据需要可在包裹层的不同位置加入植物生长调节剂、除草剂、杀虫剂、杀菌剂等,实现肥料的功能化,降低农业生产过程中的劳动力成本(许秀成等,2002)。

2)无机包裹肥料(肥包肥)劣势

养分释放性能可控性较差。无机包裹肥料(肥包肥)存在前期释放率较高、养分释放不可控的问题。为克服这一问题,在生产过程中尝试进行了复合化,以作物专用复合肥的形式供应终端用户,无须与其他任何肥料掺混,即可满足作物的需肥要求(许秀成等,2002)。

3)无机包裹肥应用场景

(1)应用于大田作物,实现一次性施肥,省工省时,提高肥效　无机包裹肥自20世纪90年代开始在水稻、玉米、小麦等大田作物上推广应用(王好斌等,2017)。在河北省夏玉米上推广密植减肥,每亩施用无机包裹肥Ⅱ产品在减肥30%的情况下,增产幅度达5%～15%。南方杂交直播水稻利用无机包裹肥作为追肥,表现出明显的节肥、抗病害、省工、增产的效果。小麦田间使用无机包裹肥,氮利用率达61.1%,产量提高8.4%(王好斌等,2017)。

(2)助力低碳农业的实现　无机包裹肥料在生产过程中充分利用肥料原料之间的化学反应,使其在核心肥料表面生成水不溶性的致密包裹层,实现了缓释的功能;同时,用化学反应的反应热,实现了产品的自干燥,生产过程中不需要干燥热源,不需蒸汽,每吨仅需动力电35 kW·h,生产过程综合能耗极低;生产过程中无返料或极少返料,无液、固体废弃物产生,少量的含尘气体经净化后达标排放,所含固相物返回生产过程,对环境无污染。2017年实施的《复混肥料(复合肥料)单位产品能耗限额及计算办法》(HG/T 5047—2016)规定了不同工艺复合肥料能耗的限定值、准入值及先进值,团粒法和塔式喷淋造粒工艺的先进值分别为每吨17 kgCE(CE为标准煤当量的缩写)和14 kgCE,而无机包裹肥料的实测值仅为4.5 kgCE,仅为普通复混肥料最低能耗的1/3,大幅度降低了生产过程中的能耗及碳排放量。无机包裹肥料应用于农业可大幅度提高肥料利用率。田间试验及推广应用证明,采用这种肥料与常规肥料相比可以节约用肥20%。也就是说,农业上每应用1 t包裹型复合肥,在同样产量条件下,可节约0.25 t普通复混肥料,以常规配方20-10-10的包裹肥料进行评估,节约0.25 t复混肥料,仅氮肥一项,相当于节约0.073 t标煤,减少 0.22 t 的二氧化碳排放,如果将我国 2015 年消费 6022 t 肥料的 10% 以无机包裹肥替代,将可节约能耗 110 万 t 标煤,减少 331 万 t 二氧化碳排放,节能减排效果明显,也将大幅度减轻由于化肥流失而造成的面源污染(王好斌等,2017)。

缓控释肥料通过各种调控机制使其养分缓慢释放,延长作物对其有效养分吸收利用的有效期,使其具有根据作物不同生长和发育阶段对营养的需求而释放养分的特征。缓控释肥料具有提高肥料利用率、减少化肥施用量、降低肥料对环境污染、减少劳动力投入、增产增效等多方面的特点,被称为"21 世纪的绿色环保型肥料"。如何通过缓控释肥料产品的创新、配套施用技术集成来更智能地释放,满足作物需求仍值得不断深入思考和学习。

## 2.2 新型硝化抑制剂肥料

### 2.2.1 抑制剂的发展历程

硝化抑制剂作为农业生产中的重要助剂,通过抑制硝化细菌的活性,有效减少土壤中铵态氮向硝态氮的转化,进而控制硝态氮的迁移和损失,并降低硝化过程中产生的氧化亚氮($N_2O$)等温室气体排放。硝化抑制剂主要分为生物硝化抑制剂和工业合成抑制剂两大类(Bending et al.,2000;Subbarao et al.,2007),后者又进一步细分为无机化合物和有机化合物。目前,有机化合物中的含硫化合物、氰胺类化合物、乙炔及乙炔基取代物和杂环氮化合物等研究较为深入,代表性产品有2-氯-6-(三氯甲基)吡啶(Nitrapyrin)、双氰胺(DCD)和 3,4-二甲基吡唑磷酸盐(DMPP)等(黄益宗等,2001;张忠庆,2020)。

硝化抑制剂作为现代农业技术中的重要创新之一,其发展历程如图 2-5 所示。自 20 世纪 50 年代中期起,科学家们便开始了对硝化抑制剂的探索,这一时期,美国学者 Goring 等的突破性发现标志着硝化抑制剂研究的正式启航,他们首次报道

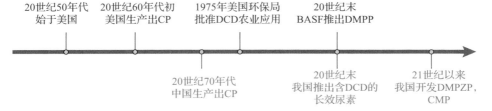

图 2-5　硝化抑制剂的发展进程

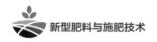

了 Nitrapyrin 具有显著的硝化抑制特性，为后续的研究奠定了坚实基础（Goring，1962）。

随着研究的深入，Nitrapyrin 在 20 世纪 70 年代被开发成商业产品 N-server，并迅速在全球范围内推广使用。然而，Nitrapyrin 在实际应用中遇到的溶解性差、毒性较大等问题，促使研究人员继续寻找更为理想的硝化抑制剂。随后，DCD 作为一种替代产品应运而生，它不仅解决了 Nitrapyrin 的水溶性问题，还展现出较高的稳定性，因此在 20 世纪 80 年代被广泛采纳（Amberger，1989）。DCD 的广泛应用，进一步推动了硝化抑制剂市场的扩大和技术的成熟。

进入 20 世纪 90 年代，德国 BASF 公司研发的 DMPP 成为硝化抑制剂领域的新宠。DMPP 以其高效的硝化抑制效果、较低的添加量以及无毒性等优势，迅速得到市场的青睐（图 2-6）。DMPP 不仅能够显著减少硝酸盐的淋洗损失，还能有效抑制 $N_2O$ 等温室气体的排放，对提升农业生产的环保效益具有重要意义（Zerulla et al.，2001；孙志梅等，2012；俞巧钢等，2011；殷建祯等，2013）。

图 2-6　硝化抑制剂 DMPP

与此同时，日本等国家在硝化抑制剂的研究与开发上也取得了显著成果，提出了硫脲（TU）、2-氨基-4-氯-9-甲基吡啶（AM）等一系列新型硝化抑制剂产品。这些产品的出现不仅丰富了硝化抑制剂的种类，还为不同土壤类型和作物需求提供了更多选择（Trenkel，1997；黄益宗等，2001）。

我国硝化抑制剂的研究起步较晚，但发展迅速。自 20 世纪 70 年代起，中国科学院沈阳应用生态研究所等科研机构便开始了对硝化抑制剂的深入探索，并在 90 年代成功开发出含有 DCD 的长效尿素和长效碳铵产品。进入 21 世纪后，我国对 DMPP 及其衍生物的研究更加活跃，推动了硝化抑制剂产品的不断创新与升级（Wu et al.，2007；Yu et al.，2007；Zhang et al.，2010）。不同时期国内外使用的硝化抑制剂产品对比如表 2-1 所示,表示不同硝化抑制剂的优缺点及用量。如今,我国硝化抑制剂市场已初具规模,各类产品广泛应用于农业生产中,为提高氮肥利用效率和保护生态环境作出了积极贡献(Shi et al.,2007;Sun et al.,2007;Shi et al.,2009)。

　　综上所述,硝化抑制剂的发展历程是一个不断探索、不断创新的过程。从 Nitrapyrin 到 DCD 再到 DMPP,每一种新型硝化抑制剂的出现都标志着技术的一次飞跃。未来,随着科学研究的深入和技术的不断进步,硝化抑制剂产品将更加高效、稳定、环保,为农业可持续发展提供更加坚实的支撑。

表 2-1　不同时期国内外使用的硝化抑制剂产品发展对比

| 类型 | 简称 | 研制/使用的时间、国家 | 稳定性 | 添加量 | 结构式 | 评价/优缺点 |
|---|---|---|---|---|---|---|
| 2-氯-6-(三氯甲基)吡啶 | Nitrapyrin | 20 世纪 60—70 年代美国 | 光解、热解、刺激性气味 | 纯氮(除硝氮)0.25%~0.5% | | 高蒸气压;气味大;腐蚀性;易爆;不水溶;具毒理学健康问题 |
| 双氰胺 | DCD | 19 世纪研发 20 世纪 70 年代使用美国 | 良好 | 纯氮(除硝氮)2.3%~4.5% | | 高剂量添加;易淋洗;价格高 |
| 3,4-二甲基吡唑磷酸盐 | DMPP | 20 世纪 90 年代德国 | 良好 | 纯氮(除硝氮)0.8%~1.6% | | 高效;低毒稳定;价格较高 |
| (3,4-二甲基吡唑-1-基)-琥珀酸与 2-(4,5-二甲基吡唑-1-基)-琥珀酸的同分异构体混合物 | DMPSA | 即将上市俄罗斯 | 良好 | 纯氮(除硝氮)0.8%~1.6% | | 高效;低毒稳定;价格较高 |

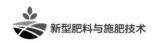

### 2.2.2 抑制剂的作用原理

硝化抑制剂的核心作用在于调控土壤中的硝化过程,即通过抑制硝化细菌的活性来减缓或阻止铵态氮($NH_4^+$-N)向硝态氮($NO_3^-$-N)的转化。硝化抑制剂已有产品的作用原理有所差异,主要包括影响亚硝化细菌的呼吸作用和色素氧化酶活性等生物途径(Zacherl et al.,1990),以及影响氨氧化酶的金属离子,改变土壤微域环境等化学途径(Vannelli et al.,1992)。

**1. Nitrapyrin 的作用机理**

Nitrapyrin,化学名为 2-氯-6-(三氯甲基)吡啶,是一种具有高效硝化抑制特性的有机化合物。其作用机理主要体现在对氨氧化细菌(AOB)和氨氧化古菌(AOA)的活性抑制上。这些微生物是土壤硝化过程中的关键参与者,负责将$NH_4^+$-N 氧化为$NO_2^-$-N,并进一步氧化为$NO_3^-$-N(Pereira et al.,2010)。具体而言,Nitrapyrin 能够通过多种途径影响 AOB 和 AOA 的生理活动。它能够螯合氨氧化过程中相关酶的 Cu 组分,这些酶在氨氧化过程中起着催化作用。①Nitrapyrin 与 Cu 的螯合作用破坏了酶的结构,降低了其催化活性,从而减缓了氨氧化反应的速率。②Nitrapyrin 还能抑制细胞色素氧化酶的活性,这是氨氧化细菌进行电子传递的关键酶之一。通过干扰电子传递链,Nitrapyrin 进一步削弱了 AOB 和 AOA 的氧化能力。此外,Nitrapyrin 的存在还能延长 $NH_4^+$-N 在土壤中的保留时间。由于硝化过程被有效抑制,$NH_4^+$-N 的转化速率减缓使更多的铵态氮得以保留在土壤中供作物吸收利用。这不仅提高了氮肥的利用效率,还减少了因硝态氮淋洗而造成的损失。同时,由于硝化过程减少,$N_2O$ 等温室气体的排放量也随之降低,有助于缓解全球气候变暖的问题。

**2. DCD 的作用机理**

双氰胺(DCD)是另一种被广泛应用于农业生产中的硝化抑制剂。与 Nitrapyrin 不同,DCD 的作用机理目前尚未完全明确,但已有多种假说被提出并得到了实验验证。

一种被较为广泛接受的观点认为,DCD 结构中的氨基(—$NH_2$)和亚氨基(=NH)与 $NH_4^+$ 具有相似的化学结构,因此它们可能作为共氧化底物与 $NH_4^+$ 竞争相同的氧化位点。当 DCD 存在时,它会优先与氧化酶结合,从而降低 $NH_4^+$ 的氧化速率。此外,DCD 分子中的 C=C 基团也可能与亚硝化菌呼吸酶的巯基或重金属基团发生反应,导致呼吸酶活性下降,进而抑制硝化过程。另一种假说则强调 DCD 对土壤微环境的影响。DCD 施入土壤后,能够改变土壤的 pH 和氧化还原电位等理化性质,这些变化可能对硝化细菌的生存和繁殖产生不利影响。例如,

DCD 可能降低土壤的氧化还原电位,使硝化细菌难以获取足够的电子进行氧化反应;同时,它也可能提高土壤的 pH,使某些对碱性环境敏感的硝化细菌失活。

值得注意的是,DCD 的硝化抑制效果可能受多种因素的影响。例如,土壤温度、相对湿度、有机质含量以及微生物群落结构等都可能影响 DCD 的抑制效果。因此,在实际应用中需要根据具体条件调整 DCD 的施用量和施用方式以达到最佳效果。

**3. DMPP 的作用机理**

作为一种高效的硝化抑制剂,3,4-二甲基吡唑磷酸盐(DMPP)的作用机理复杂而精妙,主要体现在对硝化细菌生理活动的多层次抑制上,主要包括以下几个方面。

(1)直接抑制硝化细菌的呼吸作用　硝化过程是一个需氧过程,其中硝化细菌通过呼吸作用获取能量以维持其生命活动。DMPP 作为一种有效的呼吸抑制剂,能够直接作用于硝化细菌的呼吸链,干扰其正常的电子传递过程。具体来说,DMPP 可能通过与呼吸链上的关键酶或递氢体结合,阻断电子从 NADH 或 FADH2 向氧的传递,从而降低硝化细菌的氧化磷酸化效率,减少 ATP 的生成(Fettweis et al.,2001;Müller et al.,2002)。这一过程直接导致硝化细菌的能量供应不足,抑制其生长和繁殖速率,进而减缓硝化反应的进行。

(2)影响氨单加氧酶(AMO)活性　氨单加氧酶是硝化细菌将铵态氮($NH_4^+$-N)氧化为羟胺($NH_2OH$)的关键酶,也是调控硝化过程的第一步反应。DMPP 能够特异性地抑制 AMO 的活性,通过结合到 AMO 的活性位点或与 AMO 的辅助因子相互作用,改变其构象或阻止底物与酶的接近,从而抑制 AMO 对 $NH_4^+$-N 的催化氧化。

(3)改变土壤微域环境　除直接作用于硝化细菌外,DMPP 还能通过改变土壤微域环境来间接抑制硝化过程。DMPP 施入土壤后会在一定时间内保持其活性形态,与土壤中的阳离子(如 $Ca^{2+}$、$Mg^{2+}$)结合形成复合物,这些复合物在土壤中的分布和移动会影响土壤的物理化学性质。例如,DMPP 复合物可能通过吸附在土壤颗粒表面,形成一层保护膜,减少硝化细菌与底物的接触机会;或者通过改变土壤的 pH 和氧化还原电位,创造不利于硝化细菌生存的环境条件(孙志梅等,2008)。这些变化共同作用于土壤微域环境,进一步抑制硝化过程的进行。

(4)螯合关键酶的金属离子　与 Nitrapyrin 类似,DMPP 也能通过螯合氨氧化过程中相关酶的金属离子(如 Cu)来抑制硝化反应。这些金属离子是酶活性所必需的组成部分,它们的缺失或失活将直接导致酶功能的丧失(武志杰等,2017)。DMPP 与金属离子的螯合作用破坏了酶的结构稳定性,降低了其催化活性,使得硝化反应难以进行。此外,螯合作用还可能影响酶的合成与再生过程,进一步加剧硝化细菌的生理胁迫。

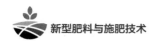
### 2.2.3　不同抑制剂的优势和劣势

目前市场上主流的硝化抑制剂产品包括 Nitrapyrin、DCD 和 DMPP 等,它们各自具有独特的优缺点,适用于不同的农业生产场景。

**1. Nitrapyrin(代表性产品 NMAX 增效剂)**

(1)优点

①显著的硝化抑制效果:Nitrapyrin 能够有效抑制氨氧化细菌和氨氧化古菌的活性,显著减缓铵态氮向硝态氮的转化过程,从而延长 $NH_4^+$-N 在土壤中的保留时间,减少氮素损失(Omonode et al.,2013)。

②温室气体减排:研究表明,Nitrapyrin 的施用能够显著降低土壤氧化亚氮($N_2O$)的排放,有助于缓解农业生产的温室气体排放问题(Omonode et al.,2013)。

③提升作物品质:除了提高氮肥利用率外,Nitrapyrin 还能促进植物干物质的积累,改善作物品质,如增加蔬菜中的维生素 C 和可溶性糖含量(许超等,2013;赵欧亚等,2017)。

④灵活性:Nitrapyrin 适用于多种施肥方式,如撒施、沟施、穴施等,为农民提供了灵活的施肥选择(张苗苗等,2014)。

(2)缺点

①溶解性差:Nitrapyrin 的溶解性较差,不适合应用于水肥一体化滴灌体系,限制了其在某些高效节水农业中的应用(张忠庆,2020)。

②易挥发和光解:Nitrapyrin 在土壤中易挥发和光解,导致有效成分损失,因此在实际应用中需要采取深施等措施以减少损失。

③毒性较强:Nitrapyrin 具有一定的毒性,过量施用可能会对植物造成损害,影响作物生长和产量(黄益宗等,2001)。

④成本较高:由于其生产工艺复杂和原料成本较高,Nitrapyrin 产品的售价相对较高,增加了生产成本。

**2. DCD(代表性产品:双泰克稳定性肥料)**

(1)优点

①强硝化抑制效果:DCD 能够显著抑制土壤中的硝化过程,减少硝酸盐淋洗损失,提高氮肥利用率。室内模拟试验表明,DCD 的硝化抑制率为 49.3% ～ 79.4%(王雪薇,2017)。研究发现,施用 DCD 可使每公顷土壤中 $NO_3^-$-N 的淋溶损失量平均减少 21 kg,降低 48.8%(Ball-Coelho et al.,1999)。

②稳定性好:DCD 具有良好的水溶性和稳定性,不易挥发和降解,在土壤中能

够较长时间保持其活性。

③环境友好:DCD完全降解后对环境无污染,符合绿色农业的发展要求。

④提高作物产量和品质:施用DCD能够提高作物产量和改善作物品质,实现增产增收。研究表明,施用DCD可使牧草产量分别显著增加16%～25%(Connor et al.,2012)。Meta分析成本效益表明,施加DCD每年可为玉米农场带来109.49美元/$hm^2$的额外收入,相当于粮食收入增加6.02%(Yang et al.,2016)。

(2)缺点

①添加量高:为了达到良好的硝化抑制效果,DCD在氮肥中的添加量通常较高,为纯氮含量(除硝态氮)的2.3%～4.5%,导致施肥成本增加。

②易淋溶:DCD在土壤中的移动性较强,容易发生淋溶损失,特别是在降水量较大的地区或灌溉条件下更为明显,可能会导致DCD与$NH_4^+$在土壤中的空间分布发生分离现象,导致局部区域硝化抑制效果不佳。

③受温度影响:DCD的半衰期受温度影响较大,高温条件下其在土壤中的存留时间较短,可能影响硝化抑制效果(McGeough et al.,2016)。

**3. DMPP(代表性产品:维百锁系列肥料增效剂)**

(1)优点

①高效低用量:DMPP的硝化抑制效果显著,且用量较少,每公顷仅需0.5～1.5 kg即可达到良好的抑制效果(Di et al.,2012)。王雪薇等(2017)试验表明,DMPP的硝化抑制率可达到96.7%～99.4%。Weiske等(2001)试验表明,DMPP的硝化抑制效果比DCD更好。在相同条件下,DMPP 3年平均减少$N_2O$排放49%,而DCD的$N_2O$减排量仅为26%。

②无毒性:DMPP对环境和作物无毒害作用,安全性高。

③持效期长:DMPP的作用可持续4～10周,能够较长时间地维持硝化抑制效果(Di et al.,2012)。

④综合效益好:DMPP不仅能够提高氮肥利用率和植物氮素利用效率,还能减少$N_2O$排放和硝酸盐淋洗损失,具有显著的综合效益。

(2)缺点

①受气候和土壤影响:DMPP的作用效果受气候条件影响较大,不同气候条件下其硝化抑制效果可能存在差异,受温度影响较为严重。同时,不同土壤类型和质地对DMPP的吸附和解析作用不同,可能影响其硝化抑制效果(Pasda et al.,2001a;Zerulla et al.,2001)。

②作物种类差异:DMPP对不同作物的增产效果存在差异,且在某些作物上可能并不明显(Carrasco et al.,2001;Pasda et al.,2001a;Pasda et al.,2001b;

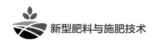

Zerulla et al.，2001）。

③对微生物和酶类活性影响不明确：目前关于 DMPP 对亚硝酸氧化细菌等土壤微生物和羟胺还原酶等酶类活性的影响研究还不够深入，其长期生态效应有待进一步评估。

### 2.2.4　相关标准与典型产品

**1. 标准和管理**

在硝化抑制剂及其稳定性肥料的市场推广与使用过程中，标准与管理体系的建立与完善至关重要。这些标准不仅规范了产品的生产、质量与安全要求，还为市场监管提供了依据，保障了农业生产的可持续发展。

近年来，国内外针对硝化抑制剂及其稳定性肥料出台了一系列标准与管理规范。国际上，一些国家和地区通过立法，对硝化抑制剂的生产、销售和使用进行了严格监管，确保了产品的有效性和安全性。同时，国际肥料工业协会等行业组织也积极推动相关标准的制定与修订，促进了全球肥料市场的健康发展。

在我国，随着农业现代化进程的加快，对肥料产品的标准化管理日益重视。国家市场监督管理总局、农业农村部等部门相继发布了一系列关于稳定性肥料及硝化抑制剂的国家标准和行业标准。这些标准涵盖了产品的分类、技术要求、试验方法、标志、包装、运输和贮存等多个方面，为硝化抑制剂及其稳定性肥料的生产、销售和使用提供了全面指导。如《稳定性肥料》（GB/T 35113—2017）对稳定性肥料的定义、分类、技术要求、试验方法和标识等进行了详细规定，为稳定性肥料的生产和市场监管提供了重要依据。此外，《肥料增效剂 Ⅴ 硝化抑制剂及使用规程》（NY/T 3504—2019）不仅规定了硝化抑制剂等肥料增效剂的技术要求和试验方法，还提出了使用规程，进一步提升了标准的实用性和可操作性。

标准与管理体系的不断完善，可以确保硝化抑制剂及其稳定性肥料的质量安全和市场秩序，推动农业绿色发展和可持续发展目标的实现。

**2. 企业和产品概况**

硝化抑制剂及其稳定性肥料在全球范围内已形成较为成熟的市场体系，国内外众多企业积极投身于该领域的研发与生产。常见的含硝化抑制剂的稳定性肥料如表 2-2 至表 2-4 所示。

在国外市场方面，欧美等国家凭借先进的农业技术和强大的研发能力，占据了硝化抑制剂市场的主导地位。这些企业不仅拥有完善的生产线和技术体系，还注重产品的创新与升级，不断推出高效、环保的新型硝化抑制剂产品，以满足现代农业的需求。同时，这些产品也通过国际贸易进入中国市场，为中国农业带来了先进的施肥理念和技术支持。

在国内市场，随着国家对农业可持续发展的重视和农民对高效肥料需求的增加，硝化抑制剂及其稳定性肥料的市场规模不断扩大。众多我国企业积极响应市场需求，加大研发投入，不断提升产品质量和性能。这些企业通过技术创新和品牌建设，逐渐在市场上占据一席之地，成为推动中国硝化抑制剂产业发展的重要力量。其中，代表性企业如武威金仓科技等，凭借优质的产品和服务，赢得了广大农民的信赖和好评。这些企业在我国市场销售稳定的同时，还积极开拓国际市场，将中国制造的硝化抑制剂产品推向世界舞台。

表 2-2 我国市场上常见的 Nitrapyrin 硝化抑制剂品牌及稳定性肥料

| 活性成分 | 抑制剂品牌 | 产品名称 | 产品配方 |
|---|---|---|---|
| Nitrapyrin | NMAX | 恩倍力 | 16-16-16 |
| | | 恩久 | 26-11-11 |
| | 金色 2.0 | 金色 2.0 长效硝硫型 | 17-17-17 |

表 2-3 我国市场上常见的 DCD 硝化抑制剂品牌及稳定性肥料

| 活性成分 | 抑制剂品牌 | 产品名称 | 产品配方 |
|---|---|---|---|
| DCD NBPT | 双泰克 | 双泰克稳定性氮肥 | 21-0-0 |
| | | | 26-0-0 |
| | | | 45-0-0 |
| | NAM | 富满根稳定型复合肥料 | 25-11-12 |
| | | 稳定性复合肥料 | 26-11-11 |
| DCD | 双泰克 | 双泰克稳定性复合肥 | 硫型 15-6-28 |
| | | | 16-16-16 |
| | | | 氯型 18-18-18 |
| | | | 22-6-12 |

表 2-4 国内外常见的 DMPP 硝化抑制剂品牌及稳定性肥料

| 活性成分 | 抑制剂品牌 | 肥料产品名称 | 产品配方 |
|---|---|---|---|
| DMPP | 维百锁 | Wistom | 26-0-0 |
| | | 美滋乐 | 26-0-0 |
| | | 欧神欧氮 | 20-0-0 |
| | 诺泰克 | 速溶诺泰克 | 20-5-10 |
| | | 速溶诺泰克 | 18-5-26 |

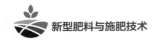

续表 2-4

| 活性成分 | 抑制剂品牌 | 肥料产品名称 | 产品配方 |
|---|---|---|---|
| DMPP | 恩泰克 | 恩泰克复合肥料 | 22-7-11 |
| | 武威金仓 | 速比多 | 17-16-17 |
| | | 初牛 | 24-0-0 |
| | | 3+三 | 25-4-6 |
| | | Deltalent | 45-0-0 |

## 2.3  新型脲酶抑制剂肥料

在农业生产中,肥料的科学施用是提高作物产量、改善土壤质量的关键环节。然而,传统尿素肥料在施入土壤后,往往会因土壤脲酶的作用而迅速水解成氨。这不仅导致氨挥发损失,降低了氮肥利用率,还可能引起环境污染问题。因此,寻找有效方法延缓尿素水解,提高氮肥利用效率,成为农业领域亟待解决的重要课题。脲酶抑制剂的出现,为解决这一问题提供了新思路。

顾名思义,脲酶抑制剂是指能够抑制土壤中脲酶活性,从而延缓尿素水解的一类化学制剂。这类抑制剂通过特定的化学机制,与土壤脲酶相互作用,阻断其催化尿素水解的能力,进而达到减少氨挥发、提高氮肥利用率的目的。脲酶抑制剂的研发与应用,不仅对于提高农业生产效率具有重要意义,还在减少环境污染、促进农业可持续发展方面展现出巨大潜力。随着科技的不断进步和农业生产的实际需求,脲酶抑制剂的研究与发展也取得了显著成果。从早期的发现与初步探索,到关键技术的突破与商业化应用,再到当前多种高效、稳定产品的不断涌现,脲酶抑制剂的发展历程充分展示了科技创新在农业领域的强大驱动力。同时,随着国内外相关标准的建立和完善,脲酶抑制剂的市场应用也逐步走向规范化和标准化,为农业生产提供了更加可靠的技术保障。

因此,对脲酶抑制剂进行深入研究与分析,探讨其作用机制、实际效果及市场应用情况,对于推动农业科技进步、提高农业生产效率、减少环境污染具有重要意义。本章将围绕这一主题,从脲酶抑制剂的发展历程、作用原理、效果与存在问题、市场情况等方面展开全面剖析,以期为相关领域的研究与实践提供参考与借鉴。

### 2.3.1 脲酶抑制剂的发展历程

**1. 发现与初步研究**

脲酶抑制剂的研究可以追溯到 20 世纪初,当时科学家们开始关注土壤中的生物化学过程,特别是与植物营养相关的酶促反应。1926 年,美国生物化学家 Sumner 在其开创性的研究中首次发现了土壤中的脲酶,并成功分离纯化了这种能够催化尿素水解的专一性酶。这一发现为后来的脲酶抑制剂研究奠定了理论基础。然而,在随后的几十年里,尽管科学家们意识到脲酶在尿素水解过程中的重要作用,但由于技术条件的限制,对脲酶抑制剂的研究并未取得实质性进展。

直到 20 世纪 60 年代初,随着化学合成技术和生物分析方法的不断发展,科学家们开始尝试寻找能够抑制脲酶活性的化合物。这一时期的研究发现,含硼化合物、重金属、含氟化合物、多元酚、多元醌以及抗代谢物质等多类物质均对脲酶活性具有不同程度的抑制作用。然而,由于这些抑制剂往往存在毒性大、稳定性差或成本高等问题,无法在农业生产实际中广泛应用。因此,这一阶段的研究虽然为后续工作提供了宝贵的数据和思路,但并未真正实现脲酶抑制剂的商业化应用。

**2. 关键突破**

进入 20 世纪 70 年代,随着全球粮食需求的不断增长和农业生态环境的日益恶化,提高氮肥利用率、减少环境污染成为农业科技领域亟待解决的问题。在这一背景下,脲酶抑制剂的研究再次受到广泛关注。经过长时间的筛选与试验,科学家们终于在这一时期取得了关键性突破。其中,氢醌(HQ)作为最早被确认的有效脲酶抑制剂之一,因其显著的抑制效果而备受瞩目。然而,HQ 的广泛应用却受到了其强烈致畸性和诱导基因突变等生理危害的限制(Trenkel,1977;陆欣等,1997;郑福丽等,2006;Trenkel,2010)。为了克服这一缺陷,科学家们继续寻找更加安全有效的脲酶抑制剂。在这一过程中,磷酰胺类抑制剂逐渐崭露头角(Medina et al.,1988;Watson et al.,1990)。特别是 N-正丁基硫代磷酰三胺(NBPT),因其高效、稳定的抑制效果而被认为是最具潜力的脲酶抑制剂之一(Kolc et al.,1985)。

NBPT 的发现标志着脲酶抑制剂研究进入了一个新的阶段。与 HQ 相比,NBPT 不仅具有更强的抑制效果,而且其毒性更低、稳定性更好。更重要的是,NBPT 在生产过程中易于合成且成本可控,这为其商业化应用提供了有力保障。随着对 NBPT 研究的不断深入和完善,其在农业生产中的应用范围也逐步扩大(卢婉芳等,1990;陆欣等,1997;Singh et al.,2008)。

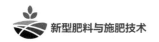

### 3. 商业化进程

进入 20 世纪 80 年代后,随着对 NBPT 研究的逐步成熟和农业生产需求的日益增长,NBPT 的商业化进程也全面展开(表 2-5)。1985 年,科学家们首次成功合成了 NBPT 并报道了其制备方法(Kolc et al., 1985)。随后几年间,多家公司开始投入资金进行 NBPT 的生产工艺优化和产品开发。其中最为成功的是美国 IMC-Agrico 公司开发的 Agrotain"禾谷泰"产品。该产品自 1996 年上市以来迅速占据市场主导地位,成为全球范围内最受欢迎的脲酶抑制剂之一。

表 2-5 不同时期脲酶抑制剂的对比

| 类型 | 简称 | 研制/使用时间与国家 | 稳定性 | 添加量 | 结构式 | 评价/优缺点 |
|---|---|---|---|---|---|---|
| 对苯二酚（氢醌） | HQ | 20 世纪 70 年代美国 | 稳定,但与强氧化剂、强碱、氧、铁盐不相容,光解 | 酰胺态氮 0.9%～2% | | 毒性、致畸性 |
| N-正丁基硫代磷酰三胺 | NBPT | 20 世纪 90 年代美国 | 水解、热解、酸解 | 酰胺态氮 0.09%～0.2% | | 稳定性问题与其他抑制剂、复合肥兼容问题 |
| 正丙基硫代磷酸三胺 | NPPT | 20 世纪 90 年代德国 | 水解、热解、酸解 | 一般不单独添加,与 NBPT 配合添加 | | 稳定性问题,与其他抑制剂、复合肥兼容问题 |
| N-(2-硝基苯基)磷酰三胺 | 2-NPT | 即将上市 | 较稳定 | 酰胺态氮 0.04%～0.15% | | 价格较贵,成本是 NBPT 的 10 倍以上 |

随着 Agrotain 等产品的成功推广和应用效果的不断验证,脲酶抑制剂在农业生产中的重要性也日益凸显。国内外众多科研机构和企业纷纷加入脲酶抑制剂的研发行列,推动了这一领域的快速发展和繁荣。同时,随着相关标准的建立和完善以及市场需求的持续增长,脲酶抑制剂的市场规模也逐步扩大,为农业可持续发展

注入新的动力。

### 2.3.2 脲酶抑制剂的作用原理

作为现代农业中提升氮肥利用效率、减少环境污染的关键技术之一,脲酶抑制剂的作用原理深入揭示了化学抑制剂如何与土壤中的生物酶相互作用,进而调控尿素的分解过程。以 N-正丁基硫代磷酰三胺(NBPT)为例,其独特的作用机制使其成为研究热点。

**1. NBPT 的物理化学特性**

首先,理解 NBPT 的物理化学性质是探讨其作用机制的前提。NBPT 呈现为白色细小的结晶体或粉末,其独特的分子结构($C_4H_{14}N_3PS$)赋予了它一系列特殊的物理化学特性(图 2-7)。其分子量适中(167.16),熔点范围明确(57~60 ℃),且在特定 pH 范围内(6.2~7.0)表现出良好的稳定性。尤为重要的是,NBPT 在有机溶剂中的溶解性较好,而在水中的溶解度相对较低(4.3 g/L,25 ℃),这一特性影响了其在土壤中的分布与作用方式。

图 2-7 脲酶抑制剂 NBPT 的化学结构式和肥料产品

**2. NBPT 的抑制策略:从接触到阻断**

NBPT 对脲酶的抑制作用是一个复杂而精细的过程,可以分为以下 2 个关键步骤(图 2-8)。

(1)接触与转化 当 NBPT 被施加到土壤中时,它首先与土壤成分相互作用。在有氧条件下,NBPT 逐渐转化为更为活泼的 NBPTO[N-(n-butyl)thiophosphoryl trioxide]。这一转化是 NBPT 发挥抑制作用的关键前提。

(2)精准阻断 NBPTO 随即与脲酶发生特异性结合。脲酶的活性位点由两个 Ni 原子通过氨基甲酸酯桥连接而成,这是脲酶催化尿素水解的核心区域。NBPTO 通过形成稳定的配位键,精准地占据这些活性位点,从而有效阻断了脲酶与尿素的接触,抑制了尿素的进一步水解。

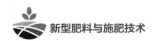

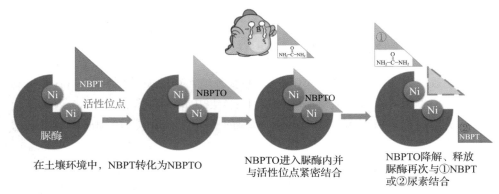

在土壤环境中，NBPT转化为NBPTO　　　NBPTO进入脲酶内并　　　NBPTO降解、释放
　　　　　　　　　　　　　　　　　　与活性位点紧密结合　　　脲酶再次与①NBPT
　　　　　　　　　　　　　　　　　　　　　　　　　　　　　或②尿素结合

图 2-8　NBPT 作用机理

### 3. 竞争性抑制与动态平衡

NBPT 对脲酶的抑制作用实质上是一种竞争性抑制。因为 NBPT 和 NBPTO 的结构与尿素相似，在 NBPT 和 NBPTO 存在的情况下会优先与脲酶结合，减少尿素分子与脲酶的接触机会，从而降低尿素的水解速率。这种竞争性抑制机制不仅直接减缓了尿素的分解速度，还通过影响尿素在土壤中的扩散与稀释过程，进一步减少了氨挥发的风险。随着 NBPT 作用的逐渐减弱和尿素的开始水解，土壤 pH 和 $NH_3/NH_4^+$ 浓度在稀释作用下降低，形成了一个动态的平衡过程(图 2-9)。

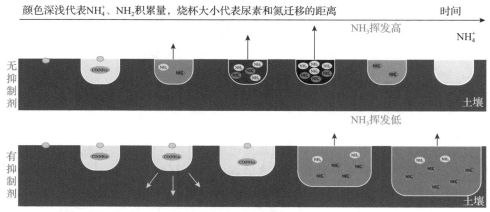

图 2-9　NBPT 减少氨挥发

综上所述，NBPT 作为脲酶抑制剂，通过其独特的物理化学特性和精细的作用机制，精准调控了尿素在土壤中的水解过程。其竞争性抑制策略不仅直接减缓了尿素的分解速度，还通过影响扩散与稀释过程间接减少了氨挥发的风险。

### 2.3.3　脲酶抑制剂的实际效果与面临的挑战

**1. 实际效果**

（1）减少环境污染，提升氮肥利用效率　脲酶抑制剂，尤其是 NBPT，通过有效延缓尿素在土壤中的水解速率，显著提高了氮肥的利用效率。这一机制减少了氮素以氨气形式直接挥发到大气中的量，使得更多的氮素被作物根系吸收利用。减少氨挥发不仅是提高氮肥利用率的关键，也是降低农业活动对环境污染的重要途径。氨气排放减少，有助于改善农田周边空气质量，保护生态环境。这对于缓解农业活动对全球气候变化的影响具有积极意义。具体数据显示，施用 NBPT 后，稻田的氨挥发量可减少高达 79%，而小麦产量则平均提升 11%，蛋白质含量增加 15.7%。对于早稻，增产幅度可达 8.54%～12.87%，氮肥当季利用率提升 6.78%～9.46%，极大地节约了氮肥资源（Cantarella et al.，2018）。

（2）促进作物生长与品质提升　除直接提升氮肥利用效率外，NBPT 还通过影响土壤氮素供应状况，间接促进了作物的生长和品质提升。例如，在玉米生产中，NBPT 的应用不仅提高了产量，还促进了早熟、增强了抗旱性，改善了穗部性状，如穗长、穗行数、行粒数、百粒重等，从而提升了玉米的整体品质和市场价值（图 2-10）。

**2. 面临的挑战**

（1）环境适应性需求　尽管 NBPT 在多种条件下均表现出良好的抑制效果，但其最佳用量和使用方法仍需根据具体的环境条件进行调整。土壤 pH、气温、脲酶活性以及施肥方式等因素均可能影响 NBPT 的抑制效果。因此，在实际应用中，需要充分考虑这些因素，制定科学合理的施肥方案。

（2）稳定性与持久性问题　NBPT 在高温、酸性和潮湿等条件下容易分解，导致其抑制效果下降。这一稳定性问题限制了 NBPT 在部分地区和特定环境下的应用。为了提高 NBPT 的稳定性和持久性，研究人员正在不断探索新的合成工艺和配方设计，以期延长其有效作用时间。

（3）作物生理响应复杂性　虽然 NBPT 对作物的正面效果显著，但其也可能引起一些短期的生理响应，如叶片短暂变黄。这可能是由尿素在叶片中积累以及脲酶活性变化导致的。尽管这些现象通常是可逆的，且随着植物的生长逐渐恢复正常，但需加强对农民的培训和指导，以帮助他们正确理解和应对这些可能的生理变化（Artola et al.，2011）。

（4）成本效益考量　尽管 NBPT 在提高氮肥利用率和减少环境污染方面具有

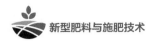

显著优势,但其生产成本相对较高,可能增加农民的种植成本。因此,在推广 NB-PT 等脲酶抑制剂时,需要综合考虑成本效益因素,探索降低生产成本、提高市场竞争力的有效途径。同时,政府和相关机构可通过政策支持和资金补贴等方式,鼓励农民使用高效环保的脲酶抑制剂产品。

不同作物上 NBPT 增产效果如图 2-10 所示。

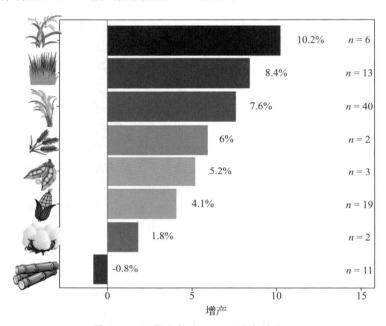

图 2-10　不同作物上 NBPT 增产效果

## 2.3.4　典型产品与应用

**1. 市场概况**

随着全球对农业可持续发展的重视以及氮肥利用率提升技术的需求日益增长,脲酶抑制剂市场,特别是以 NBPT 为代表的高效脲酶抑制剂市场,正展现出蓬勃的发展态势。近年来,国内外多家化肥企业纷纷投身于脲酶抑制剂产品的研发与推广,市场竞争日益激烈。

当前市场上,种类繁多的含有 NBPT 的增效剂主要应用于生产稳定性尿素、稳定性复合氮肥、稳定性复合肥以及稳定性掺混肥等产品(表 2-6)。这些稳定性肥料不仅能够有效延长氮肥的作用时间,提高氮肥利用率,还能显著减少氨挥发,改善农田生态环境。此外,针对不同作物和土壤条件的需求,市场上还涌现出了一系列定制化、专用化的脲酶抑制剂产品,以满足农民的多样化需求。

表 2-6　国内外常见的 NBPT 脲酶抑制剂品牌及稳定性肥料

| 序号 | 活性成分 | 抑制剂品牌 | 产品名称 |
|---|---|---|---|
| 1 | DCD NBPT | 索尔维双泰克 | 双泰克稳定性氮肥 |
| 2 | NBPT | 巴斯夫 | 普罗施旺普滋蓝水溶肥 |
| 3 | NPPT | Limus | 超控士尿素 |
| 4 | NBPT | 科氏 Agrotain | 脲酶抑制剂尿素 |
| 5 | NBPT | | AgRHO NH$_4$ Protect |
| 6 | NBPT | | N-TEGRATION |
| 7 | NBPT | | Agrotain |

为了提高脲酶抑制剂在肥料生产过程中的稳定性,延长其有效作用时间,近年来保活工艺也取得了显著进展。例如,德国 BASF 公司研发的 LIMUS 产品,通过采用先进的聚合物技术,不仅提高了 NBPT 的稳定性,还大幅延长了产品的保存期,且从农田应用效果上看,Limus 提高玉米产量(张素萍等,2019),氮肥利用率提高 11％～23％(宋尚新等,2019)。此外,国内一些企业也在积极探索新的加入途径和保活技术,以解决脲酶抑制剂在稳定性复混肥料生产中因高温条件而容易损失的问题。

**2. 政策支持与市场推广**

为推动脲酶抑制剂等高效环保肥料产品的广泛应用,各国政府和相关机构纷纷出台了一系列支持政策和措施。例如,我国发布的 GB/T 35113—2017 和 NY/T 3505—2019 等标准,为稳定性肥料的生产、销售和使用提供了有力的技术支撑和规范指导。同时,各地农业技术推广部门也加大了对脲酶抑制剂等新型肥料的宣传力度和技术培训力度,以帮助农民掌握科学施肥知识,提高肥料利用效率。目前,脲酶抑制剂的应用领域在不断拓展。除传统的粮食作物如小麦、水稻外,脲酶抑制剂还被广泛应用于玉米、大豆、棉花等多种经济作物以及蔬菜、果树等园艺作物上。科学合理地施用脲酶抑制剂不仅能够有效提高作物的产量和品质,还能显著降低生产成本,增加农民收入。

**3. 挑战与机遇并存**

尽管脲酶抑制剂市场前景广阔,但也面临一些挑战。如存在生产成本较高、农民接受度有待提高、市场推广力度不足等问题。然而,随着农业绿色发展和可

持续生产理念的深入人心,以及科技的不断进步和创新驱动发展战略的实施,脲酶抑制剂市场将迎来更加广阔的发展空间和机遇。未来,通过加强技术研发、优化生产工艺、完善市场体系等措施,脲酶抑制剂必将在农业生产中发挥更加重要的作用。

### 2.3.5 未来展望

面对全球农业对高效、环保肥料日益增长的需求,脲酶抑制剂,尤其是 NBPT 的未来发展充满无限可能。未来的研究与应用将聚焦于以下几个方面。

(1)提高抑制剂稳定性 解决 NBPT 在高温、酸性和潮湿环境下易分解的问题,是未来研究的重点之一。通过改进合成工艺、优化配方设计,开发出稳定性更强、持久性更佳的脲酶抑制剂,将极大地拓宽其应用范围并提升使用效果。

(2)环境适应性研究 不同土壤类型、气候条件和作物种类对脲酶抑制剂的响应存在差异。因此,深入研究 NBPT 在不同环境条件下的最佳用量和使用方法,制定科学合理的施肥方案,将有助于提高氮肥利用效率和作物产量。

(3)新型抑制剂研发 除了 NBPT 外,还应积极探索和开发其他类型的脲酶抑制剂,以满足不同农业需求和应对复杂多变的农田环境。新型抑制剂的研发将基于分子设计、生物技术和材料科学等多学科交叉融合,以期实现更高效、更环保的氮肥利用。

(4)多效协同作用 将脲酶抑制剂与其他类型的肥料增效剂(如硝化抑制剂、生物肥料等)相结合,通过多效协同作用,进一步提升氮肥利用效率和作物综合性能。这种综合解决方案将有望成为未来农业可持续发展的重要推手。

(5)市场推广与普及 加强脲酶抑制剂的市场推广和普及工作,提高农民对其的认知度和接受度。通过政策引导、技术培训和市场宣传等多种手段,推动脲酶抑制剂在农业生产中的广泛应用,为实现农业绿色发展和可持续发展贡献力量。

# 2.4 新型多形态氮肥

氮素作为植物生长不可或缺的三大营养元素之一,其重要性不言而喻。在农业生产中,氮素不仅是植物构建蛋白质、核酸等关键生物分子的基础,还直接影响着作物的生物量积累、最终产量以及产品的品质特性。鉴于氮素的核心作用,合理且高效地施用氮肥成为保障粮食安全、提升农业经济效益的关键措施。然而,氮素在土壤中存在有机态和无机态两种形态,不同形态的氮素在土壤中的转化过程及其对植物的吸收利用机制各异。因此,深入理解多形态氮肥料的创新与应用,对于优化农业养分管理策略、促进农业可持续发展具有重要意义。随着科技的不断进步,多形态氮肥料的研发与推广正逐渐成为农业领域的研究热点与未来发展方向。

### 2.4.1 作物生长与多形态氮

在农业生产实践中,作物对氮素的需求及其对不同形态氮素的偏好是制定合理施肥方案的重要依据。氮素作为植物体内蛋白质、核酸、叶绿素等关键有机化合物的核心组成元素,其供应状况直接关联到作物的生长发育、生理代谢及最终产量与品质。因此,深入理解作物对多形态氮素的适应机制,对于提高氮肥利用效率、促进作物高产优质具有重要意义。

**1. 植物种类与氮素偏好**

在自然界中,不同植物种类因其独特的生理特性和生长习性,对氮素形态展现出不同的偏好。这种偏好差异主要源于植物根系吸收系统对不同形态氮素的选择性吸收能力及其随后的代谢利用过程。一般来说,植物可分为喜铵植物和喜硝植物两大类(图 2-11)。

图 2-11  不同作物喜欢不同形态氮素

喜铵植物,如水稻、甘薯、马铃薯、甘蔗、莴苣及茶树等,对铵态氮($NH_4^+$)具有较强的吸收能力。这些作物的根系系统及生理代谢过程能够更好地适应铵态氮的供应环境,通过铵转运蛋白将铵态氮高效转运至植物体内,并转化为生长所需的有机氮化合物。铵态氮在土壤中的转化相对简单,易被胶体吸附,虽然移动性较小,但其直接吸收利用的效率较高,这对于喜铵植物的生长尤为有利。

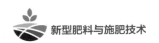

相比之下,喜硝植物则主要包括大部分蔬菜作物(如黄瓜、番茄、甜菜)及玉米等。这些作物更偏好硝态氮($NO_3^-$),硝态氮的快速吸收和转运能够满足它们快速生长的需求。硝态氮在土壤中的移动性较强,不易被土壤胶体吸附,但其吸收过程需依赖作物根系中的特定转运蛋白。这种转运机制使得喜硝植物能够在土壤中广泛寻找并利用硝态氮资源,从而支持其快速生长和高产。

**2. 混合形态氮的协同作用**

值得注意的是,单一形态的氮肥往往难以满足作物全面而持续的营养需求,且如果长期使用铵态氮作为唯一的氮源可能还会导致生理和形态紊乱,抑制作物生长或产生毒害。研究表明,多种形态养分的协同供应是实现作物高产的首选(徐浩,2023)。在农业生产实践中,混合形态氮的供应成为一种重要的养分管理策略。混合形态氮的协同效应基于不同形态氮素对植物生理代谢过程的互补效应,合理搭配铵态氮和硝态氮等可以显著提高作物的生长性能和氮肥利用效率。

以玉米为例,作为典型的硝酸盐偏好作物,在施用硝酸盐的基础上适量添加铵态氮,不仅能够提高作物产量,还能增强光合作用效率,促进氮素从根部向地上部的有效转运。这种协同效应主要源于铵态氮对侧根分枝的刺激作用与硝态氮对侧根伸长的促进作用相结合,共同提升了作物的根系发育和氮素吸收能力。此外,铵态氮和硝态氮的结合还能有效刺激作物体内必需内源激素的合成,进一步促进作物的生长发育。同样,对于喜铵作物而言,在混合供应铵态氮和硝态氮的条件下也能表现出更为优越的生长性能。例如,给水稻提供一定比例的硝酸盐营养,可以显著提高其光合能力(曹云等,2007)。

作为一对阳离子和阴离子,两种形式的氮的应用有助于调节植物的细胞内电荷和pH平衡,增加氮储存并帮助植物适应不利条件。铵促进植物中阴离子的吸收和有机酸的释放,而硝酸盐促进阳离子吸收和有机阴离子合成。这种混合供应模式不仅满足了作物对氮素的基本需求,还通过不同形态氮素的协同作用优化了作物的生理代谢过程,从而实现了高产优质的目标。因此,发展混合态氮产品对实现高效养分管理具有重要意义。

**3. 形态转化与利用机制**

不同形态氮素在土壤中的转化过程及其对植物的吸收利用机制也是影响作物氮需求与适应性的关键因素(陈嘉涛等,2023)。铵态氮在土壤中易被胶体吸附,移动性较小,其直接吸收利用的效率较高。这种特性使铵态氮在土壤中的保留时间较长,有助于为作物提供持续的氮素供应。然而,铵态氮在某些条件下也可能转化为硝态氮或其他形态氮素,从而影响其利用效率和作物吸收效果。硝态氮则不易被土壤吸附,具有较高的移动性。这使得硝态氮能够在土壤中广泛分布并被作物根系吸收利用。然而,硝态氮的吸收过程需依赖作物根系中的特定转运蛋白,且在某些条件下可能发生淋溶损失或反硝化作用等负面影响。因此,在施用硝态氮肥时需注意控制施用量和施肥时机以避免浪费和环境污染。

除铵态氮和硝态氮外,土壤中还存在着其他形态的氮素如有机态氮(酰胺态氮、氰氨态氮和氨基态氮)等。这些有机态氮素在土壤中的转化过程更为复杂且难以预测,但其对作物的生长发育也具有重要意义。因此,在制定施肥方案时还需综合考虑土壤中各形态氮素的含量及其转化规律,以制定科学合理的施肥策略。

综上所述,作物对多形态氮素的适应机制是复杂而多样的,涉及作物种类、生长环境、土壤条件及氮素形态转化等多个方面。在农业生产实践中,应充分把握作物对氮素的需求特性及其对不同形态氮素的偏好差异,制定科学合理的施肥方案,以提高氮肥利用效率、促进作物生长发育及实现农业可持续发展目标。

铵硝供应大麦侧根生长情况对比如图 2-12 所示。

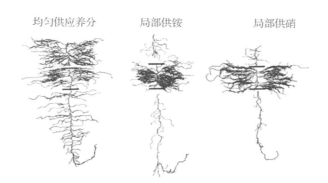

均匀供应养分　　　局部供铵　　　局部供硝

图 2-12　铵硝供应大麦侧根生长情况对比

### 2.4.2　混合态氮肥的应用与发展

混合态氮肥作为现代农业养分管理的重要创新成果,其应用与发展不仅推动了农业生产效率的提高,也为保障粮食安全、促进农业可持续发展提供了有力支持。

**1. 混合态氮肥的定义与分类**

混合态氮肥是指包含两种或两种以上氮素形态的肥料,含氮量主要集中在 25%～32%,是一种中浓度氮肥品种。这些形态可以是有机态氮(如酰胺态氮、氨基酸态氮等)与无机态氮(如铵态氮、硝态氮等)的组合,也可以是不同无机态氮之

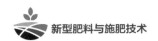 

间的组合。根据其构成的氮素形态,混合态氮肥可以分为两大类(图 2-13)。

（1）有机态氮与无机态氮组合产品　这类产品通过结合有机氮的缓释特性和无机氮的速效特性,实现了养分的均衡释放和高效利用。例如,脲铵氮肥（UA-S）是将尿素态氮（酰胺态氮）与铵态氮结合而成的固体肥料;尿素硝铵溶液（UAN）则是一种包含硝态氮、铵态氮和酰胺态氮的液态混合氮肥。

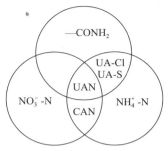

图 2-13　我国常见的混合态氮肥

（2）不同无机态氮组合产品　这类产品通过优化无机氮的形态比例,满足不同作物和土壤条件下的养分需求。例如,硝酸铵钙（CAN）是在硝酸铵的基础上添加钙元素而成的复合肥料,既提供了铵态氮和硝态氮的快速养分供应,又补充了作物所需的钙质养分;硫硝酸铵（SAN）则是在硝酸铵中引入硫元素,提高了肥料的综合效应。

**2. 混合态氮肥的应用现状**

在全球范围内,混合态氮肥的应用已逐渐普及并取得了显著成效。欧美国家在混合态氮肥的研发与应用方面走在前列,推出了多种满足不同农业生产需求的肥料品种。例如,在现行的欧盟肥料标准中,混合态氮肥产品主要有硫铵、硝铵、氨硫脲、尿素硝酸铵溶液等品种;在加拿大现行的肥料管理制度中,混合态氮肥产品包括硫铵硝铵、尿素硫铵、尿素硝酸铵溶液等品种,还允许根据农户生产需要添加一定量的中微量营养元素;美国应用液态的混合态氮肥产品较多,尿素硝酸铵溶液是最常见、施用量最大的肥料品种。这些肥料不仅提高了氮肥的利用效率,还减少了环境污染风险,促进了农业生产的可持续发展。

在我国,随着农业科技的不断进步和农业供给侧结构性改革的深入推进,混合态氮肥的应用也日益广泛。我国出台了多项政策措施鼓励新型肥料的研发与推广,为混合态氮肥的快速发展提供了有力保障。目前,我国已有多家肥料生产企业涉足混合态氮肥领域,推出了多种具有自主知识产权的产品,并在农业生产中取得了良好效果（张四代等,2008）。

**3. 混合态氮肥的优势与挑战**

混合态氮肥相比传统单一形态氮肥,具有以下诸多优势。

（1）养分均衡供应　混合态氮肥能够同时提供多种形态的氮素养分,满足作物不同生长阶段和生理需求下的养分供应要求,实现养分的均衡释放和高效利用。

（2）提高氮肥利用率　通过优化氮素形态比例和添加中微量元素等手段，混合态氮肥能够显著提高氮肥的利用率，减少养分流失和环境污染风险。

（3）促进作物生长　混合态氮肥中的不同形态氮素对作物生长具有协同促进作用，能够刺激作物根系发育、提高光合作用效率、促进氮素吸收和转运等，从而实现作物的高产优质。

然而，混合态氮肥的推广应用也面临着以下挑战。

（1）成本问题　相比传统单一形态氮肥，混合态氮肥的生产成本通常较高，这在一定程度上限制了其推广应用范围。

（2）技术瓶颈　混合态氮肥的研发与生产涉及多个学科领域的知识和技术积累，需要解决养分形态稳定性、养分释放速率控制等关键技术难题。

（3）市场认知度不足　由于混合态氮肥是近年来才逐渐兴起的新型肥料品种，农民对其认知度相对较低，需要加强宣传和推广力度以提高市场接受度。

**4. 混合态氮肥的未来发展趋势**

展望未来，混合态氮肥的研发与应用将呈现以下发展趋势。

（1）精细化发展　随着农业科技的不断进步和作物养分需求的深入研究，混合态氮肥的研发将更加精细化、高效化。通过优化氮素形态比例、添加中微量元素等手段实现定制化生产，满足不同作物和土壤条件下的养分需求。

（2）环保化发展　在环境保护意识日益增强的今天，混合态氮肥的环保性能将成为其发展的重要方向之一。通过采用低能耗、低排放的生产工艺和添加环保型添加剂等手段减少环境污染风险，实现绿色可持续发展目标。

（3）智能化发展　随着物联网、大数据等信息技术在农业领域的广泛应用，混合态氮肥的施用也将逐步实现智能化管理。通过智能监测土壤养分状况、作物生长需求等信息，精准制定施肥方案，提高养分利用效率，减少浪费，降低环境污染风险。

总之，混合态氮肥作为现代农业养分管理的重要创新成果，其应用与发展前景广阔。未来，随着科技的不断进步和市场需求的不断增长，混合态氮肥必将在农业生产中发挥更加重要的作用，为推动农业可持续发展贡献力量。

## 2.4.3　主要混合态氮素产品介绍

在农业生产的现代化进程中，混合态氮素产品以其独特的优势逐渐成为养分管理的重要工具。这些产品通过结合不同形态的氮素，旨在提高氮肥利用效率、满足作物多样化的养分需求，并促进农业可持续发展。以下对几种主要的混合态氮素产品进行详细介绍，包括其成分、特性、生产工艺、应用效果及市场前景等。

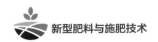

**1. 硝酸铵**

硝酸铵（$NH_4NO_3$）作为一种传统的氮肥，其特点在于同时含有等量的硝态氮（$NO_3^-$）和铵态氮（$NH_4^+$）。这两种形态的氮素均能被作物有效吸收利用，使得硝酸铵具有较高的肥效。然而，由于硝酸铵具有易燃易爆的特性，其直接作为化肥生产和销售存在安全隐患。2002年9月30日国务院办公厅下发了《国务院办公厅关于进一步加强民用爆炸物品安全管理的通知》，禁止将硝酸铵直接作为化肥生产和销售（郭然等，2020）。因此，在全球范围内，硝酸铵的生产和使用受到了严格的监管和限制。尽管如此，硝酸铵作为氮素来源的重要性不容忽视。在农业领域，研究人员致力于通过改性技术提高硝酸铵的安全性，目前国内农用硝酸铵改性方向主要是生产硝基复合（混）肥、生产硝酸铵钙，或直接加入改性添加剂等，并开发出一系列硝酸铵改性产品以满足市场需求（殷海权，2012）。

**2. 硝酸铵改性产品**

（1）硝酸铵钙（calcium ammonium nitrate，CAN） 是一种通过向硝酸铵中添加钙元素而制成的复合肥料。它不仅保留了硝酸铵高效、速效的优点，还通过引入钙质养分改善了肥料的物理性质和生物效应（郭然等，2020）。硝酸铵钙弥补了硝酸铵的不足之处，产品吸湿性小、不易分解、不结块，储存和运输中不易发生火灾和引起爆炸，是一种比硝酸铵更为安全的氮肥。硝酸铵钙的含氮量通常为20.5%～26%，且含有一定比例的速效钙，对蛋白质和酰胺的合成有促进作用。钙还是某些生理调节酶的活化剂，钙离子有拮抗作用，因此，有钙存在可避免或减少铵、氢、铝、钠离子过多的毒害，适用于多种土壤和作物。

硝酸铵钙的产品有两种。一种是全水溶性的，以硝铵和硝酸钙为主，外观为白色圆形颗粒；另一种是用碳酸钙或白云石改性硝铵的产品，外观为黄褐色颗粒。硝酸铵钙的生产方法主要有两种：一是通过硝酸磷肥装置的副产硝钙法与气氨中和反应制得；二是通过硝钙溶液与硝酸铵溶液混合后蒸发浓缩、造粒而成。这两种方法均能有效制备出符合农业标准（NY/T 2269—2020）的硝酸铵钙产品。硝酸铵钙作为一种中性肥料，对酸性土壤具有改良作用，可促使土壤变得疏松并提高植物对病害的抵抗力。同时，其含有的钙质养分对氮的代谢也有促进作用，有助于植物的正常生长和发育。在农业生产中，硝酸铵钙广泛应用于粮食作物、经济作物、花卉、果树及蔬菜等作物上，具有显著的增产增收效果。

（2）硫硝酸铵 硫硝酸铵（ammonium sulfate nitrate，ASN）是由硫酸铵和硝酸铵按一定比例混合熔融而成的复合肥料，可为植物提供更多中微量营养元素，易溶于水，肥效迅速，作为硝酸铵改性产品有较好的发展空间。它含有1/4的硝态氮和 3/4 的铵态氮,同时引入了硫元素,使得肥料的综合效应更为显著。硫硝酸铵的总氮含量通常为 26% 左右,含有约 14% 的硫元素,是一种高效、速效的复合肥料。

硫硝酸铵的生产过程相对简单,主要通过将硫酸铵和硝酸铵按一定比例混合后熔融造粒而成。其成品一般为淡黄色或黄色颗粒,易溶于水且稍有吸湿性。硫硝酸铵的肥效迅速且稳定,可作为基肥或追肥使用于多种作物上。由于含有氮和硫两种营养元素,硫硝酸铵尤其适用于喜氮喜硫的作物如十字花科作物等。施用方法与硫酸铵相似,肥效比硫酸铵更快;不宜和碱性肥料混合施用,以免氮素挥发损失而降低肥效。硫硝酸铵水溶性好,除土壤施用外还适于灌溉施肥和喷施。由于硫硝铵中含有硝态氮,故用于水稻田时要注意排灌水。

(3)硝铵磷　硝铵磷是一种通过将硝酸铵和磷酸一铵混合熔融造粒或向磷酸硝酸混合液中通入氨气制成的复合肥料。它不仅含有硝态氮和铵态氮两种形态的氮素,还引入了磷元素,使得肥料的养分更为全面。硝铵磷的总氮含量通常在 20%～25%,同时含有一定比例的磷元素($P_2O_5$),是一种二元复合肥料。

硝铵磷的生产工艺主要包括喷淋造粒法和转鼓氨化造粒法两种。这些方法均能有效制备出符合农业标准的硝铵磷产品。硝铵磷肥效稳定且使用安全方便,可用作基肥和追肥施用于粮油作物、大棚作物、瓜果蔬菜、烟草及园艺花卉等多种经济作物上。为了提高其肥效和利用率,一些企业还开始向硝铵磷中添加聚磷酸铵等增效剂以改善磷元素的吸收利用效果。例如,向硝铵磷复合肥料中加入聚磷酸铵,可有效减少磷元素被土壤固化,促进磷元素的吸收利用,同时具备缓释磷元素的功效。聚磷酸铵还可以螯合土壤中的中微量元素,减少其无效流失,大幅提升中微量元素的有效利用,也可避免脲基复合肥中缩二脲造成的烧根伤苗,肥效更好,施用更安全。该产品还具有较高的硝态氮含量,可直接被作物吸收,见效更快(师容等,2010)。

(4)尿素硝铵溶液　尿素硝铵溶液(urea ammonium nitrate solution,UAN)是一种含有硝态氮、铵态氮和酰胺态氮 3 种形态氮元素的液态混合型氮肥。UAN 将 3 种氮源集中于一种产品之中,充分发挥了各自的优势:硝态氮提供即时的氮源供作物快速吸收;铵态氮一部分被即时吸收,一部分被土壤胶体吸附从而延长肥效;酰胺态氮(尿素)水解需要时间,尤其在低温下通常起到长效氮肥的作用。UAN 在常压下为无色液体,不易燃且腐蚀性极低,安全性能好,全水溶性,无任何杂质,非常适合水肥一体化技术的应用(杨志勇,2020)。市场上销售的 UAN 产品一般分为 3 个等级,即氮含量分别为 28%、30% 和 32% 3 种。不同氮含量对应不同的盐析温度,适合在不同温度地区销售,目前国内国际市场主导产品为含氮 32% 的产品(表 2-7 至表 2-9)。

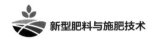

UAN 的生产工艺主要通过将尿素和硝酸铵按一定比例溶解于水中后混合均匀制得。为了减少氮的淋溶损失,一些 UAN 产品中还会加入硝化抑制剂和脲酶抑制剂以提高氮素的利用率。UAN 在国外已有几十年的应用历史,主要需求国包括美国、法国、加拿大等,其中美国是 UAN 的主要消费国之一。近年来随着我国农业水肥一体化技术的推广,UAN 在国内的应用也逐渐增多,成为新型肥料市场的一个重要组成部分。

表 2-7　市场上常见的尿素硝铵溶液理化性质

| 氮含量/% | 硝酸铵/% | 尿素/% | 水/% | 比重/(g/mL) | 盐析温度/℃ |
|---|---|---|---|---|---|
| 28 | 40.1 | 30.0 | 29.9 | 1.283 | —18 |
| 30 | 42.2 | 32.7 | 25.1 | 1.303 | —12 |
| 32 | 44.3 | 35.4 | 20.3 | 1.320 | —2 |

表 2-8　我国尿素硝酸铵溶液产品技术指标

| 项目 | 指标 |
|---|---|
| 总氮(N)含量/% | ≥28 |
| 酰胺态氮(N)含量/% | ≥14.0 |
| 硝态氮(N)含量/% | ≥7.0 |
| 铵态氮(N)含量/% | ≥7.0 |
| 缩二脲含量/% | ≤0.5 |
| 水不溶物/% | ≤0.5 |
| pH(1∶250 倍稀释) | 5.5～7.0 |

表 2-9　硝酸铵改性产品对比

| 产品类型 | 营养元素 | 中微量元素/% | 施用优势 | 生产工艺 | 每吨氮价格/元 | 产品特点 |
|---|---|---|---|---|---|---|
| 硝酸铵钙 | 硝态氮、铵态氮、钙、镁、锌 | Zn:0.3～0.5<br>Ca+Mg:≥5.0 | 相比常规施肥可使番茄增产20.7%(翁近明等,2014) | 硝酸磷肥副产法、硝酸铵硝酸钙混合法、硝酸铵碳酸钙混合法 | 8050～9460 | 肥效快;吸湿性小、不易分解、不结块;含有钙质养分;生理酸性较低,属中性肥料;降低活性铝的浓度,减少活性磷的固定 |

续表 2-9

| 产品类型 | 营养元素 | 中微量元素/% | 施用优势 | 生产工艺 | 每吨氮价格/元 | 产品特点 |
|---|---|---|---|---|---|---|
| 硫硝酸铵 | 硝态氮、铵态氮、硫 | S:≥10 | 氨挥发损失较尿素减少8.3%（苏芳等,2006） | 硫酸铵与硝酸铵混合熔融 | — | 易水溶,稍有吸湿性;速效性肥料,见效快;可用做基肥或追肥 |
| 硝铵磷 | 硝态氮、铵态氮、磷 | — | 较尿素 $NO_3^--N$ 含量增加44.7%、$NH_4^+-N$ 降低44.8%,增产16.8%（张春红等,2011） | 喷淋造粒法、转鼓氨化造粒法 | 6700 | 可作基肥和追肥;易溶于水,呈弱酸性 |
| 尿素硝铵溶液 | 铵态氮、硝态氮、酰胺态氮 | — | 较尿素氨挥发降低20%以上（徐卓等,2018） | 尿素、硝铵溶液二次混配工艺 | 5940 | 具有速效肥和缓效肥的功效,有利于植物高效吸收,提高氮肥的利用率 |

UAN 相比传统固体氮肥具有多种优势:首先,UAN 含有 3 种形态氮元素,养分均衡且稳定,有利于作物高效吸收和土壤氮素循环;其次,UAN 偏中性,不会导致土壤酸化,施用上可配合喷雾器或灌溉系统施用,环境污染胁迫小;再次,UAN 具有很好的兼容性和复配性,可与非碱性的助剂、化学农药及肥料混合施用等;最后,UAN 生产采用尾液中和工艺,减少了烘干造粒环节的耗能,生产时节能减排,符合绿色农业的发展要求。

### 3. 脲铵氮肥

脲铵氮肥是一种含有尿素态氮和铵态氮两种形态氮元素的固体单一肥料。它是在我国国内率先利用不同形态氮肥协同效应工业化生产的商品氮肥,具有几十年的研究和生产历史,目前年生产量在百万吨以上。脲铵氮肥通过高塔造粒或转鼓造粒等工艺制成颗粒状产品,肥效快、使用环保且肥料利用率高,深受农民欢迎。脲铵氮肥产品性能见表 2-10。

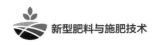 

表 2-10　脲铵氮肥产品性能　　　　　　　　　　　　　　　　

| 产品类型 | 总氮含量 | 铵态氮含量 | 尿素态氮含量 | 中微量元素 | 主要生产工艺 |
|---|---|---|---|---|---|
| 26%脲铵氮肥 | ≥26 | ≥10~16 | ≥10~16 | 可与 S、Zn、B、Ca 等中微量元素复配 | 高塔造粒、转鼓造粒 |
| 30%脲铵氮肥 | ≥30 | ≥15 | ≥15 | | |
| 28%脲铵氮肥 | ≥28 | ≥10 | ≥15 | | |
| 31%脲铵氮肥 | ≥31 | ≥12 | ≥19 | | |

　　脲铵氮肥相比传统酰胺态氮肥尿素具有显著的优势：首先，脲铵氮肥含有铵态氮，施入土壤中不用再分解转化，作物能直接吸收，因此肥效特快；其次，铵态氮主要来源是氯化铵和硫酸铵，这些大多是工业副产品，部分替代尿素后可以降低能源消耗和温室气体排放，符合环保要求；再次，尿素的氮元素流失快、挥发快、利用率低，而脲铵氮肥中的硫酸铵和氯化铵具有一定的硝化抑制作用，能减缓或抵制尿素向硝态氮的转化过程，从而降低硝态氮的淋失和反硝化损失，提高肥料的利用率；最后，脲铵氮肥不易挥发，并且可与中微量元素肥料一起造粒制成商品肥料，提高了中微量元素的有效性。

　　我国已制定了行业标准《脲铵氮肥》(HG/T 4214—2011)，对脲铵氮肥的产品质量进行了规范。市场上常见的脲铵氮肥产品氮含量通常为 26%~32%，铵态氮和尿素态氮的含量比例可根据作物需求和土壤条件进行调整。此外，一些企业还推出了含有中微量元素，如硫、锌、硼、钙等的复配型脲铵氮肥，以满足不同作物的特殊需求。

　　在农业生产中，脲铵氮肥广泛应用于水稻、小麦、玉米等大田作物，以及蔬菜、果树等经济作物上。其高效的养分供应能力和良好的环保性能使得脲铵氮肥成为现代农业养分管理的重要工具之一。未来随着农业科技的不断进步和农业可持续发展要求的提高，脲铵氮肥的研发与应用将不断深化，可为农业生产提供更加优质高效的养分解决方案。

## 2.4.4　未来展望

　　多形态氮肥料的研究与应用为现代农业养分管理提供了全新的视角和解决方案。通过作物对多形态氮素的需求与适应性机制的深入理解，结合混合态氮肥的创新发展，农业生产者能够更加精准地制定施肥方案，提高氮肥利用效率，促进作物高产优质。同时，混合态氮素产品的多样化发展，如硝酸铵及其改性产品、脲铵氮肥等，不仅丰富了市场上的肥料品种，也为不同土壤类型和作物需求提供了更多的选择(汪家铭,2013)。

展望未来,随着科技的不断进步和农业可持续发展的需求日益增长,多形态氮肥料的研究与应用将面临更多的机遇与挑战。一方面,需要继续深化对氮素在土壤-植物系统中行为特性的认识,探索更加高效的氮素转化与吸收机制;另一方面,需要加强新型肥料产品的研发与推广,特别是注重环保、高效、智能化的肥料产品的开发,以满足现代农业发展的需求。同时,加强跨学科合作与国际交流,借鉴国外先进经验和技术,推动多形态氮肥料领域的持续创新与发展,为全球粮食安全与农业可持续发展贡献更多力量。

# 参考文献

曹云,范晓荣,孙淑斌,等,2007. 增硝营养对不同基因型水稻苗期硝酸还原酶活性及其表达量的影响. 植物营养与肥料学报,17(1)99-105.

陈嘉涛,李精华,樊帆,等,2023. 不同铵硝配比对蔬菜和烟草产量及品质影响的整合分析. 中国土壤与肥料(7):8-14.

杜建军,廖宗文,宋波,等. 2002. 包膜控释肥料养分释放特性评价方法的研究进展. 植物营养与肥料学报,8:16-21.

段路路. 2009. 缓/控释肥料养分释放机理及评价方法研究. 泰安:山东农业大学.

樊小林,王浩,喻建刚. 2005. 粒径膜厚与控释肥料的氮素养分释放特征. 植物营养与肥料学报,11:327-333.

郭然,吕丙航,王新梅,2020. 硝酸铵钙产品生产技术及市场前景分析. 氮肥技术,41,29-32.

何振新,钟镜锋. 1994. 包裹型专用复肥的肥效试验. 磷肥与复肥,9(2):76-77.

侯翠红,苗俊艳,谷守玉,等. 2019. 以钙镁磷肥产品创新促进产业发展. 植物营养与肥料学报,25(12):2162-2169.

胡建民. 1999. 高尔夫球场草坪用肥的特点及 Luxecote 在我国高尔夫球场的施用情况. 磷肥与复肥,14(6):67-68.

胡树文. 2014. 缓/控释肥料. 北京:化学工业出版社.

黄益宗,冯宗炜,张福珠. 2001. 硝化抑制剂硝基吡啶在农业和环境保护中的应用. 生态环境学报,10(4):323-326.

李菌萍,王好斌,胡建民,等. 1998. 夏玉米施用乐喜施可控制释放复合肥的大田试验. 磷肥与复肥,13(2):66-67.

李燕婷,李秀英,赵秉强,等. 2008. 缓释复混肥对玉米产量和土壤硝态氮淋失累积效应的影响. 中国土壤与肥料(5):45-48.

刘学英,李姗,吴昆,等,2019. 提高农作物氮肥利用效率的关键基因发掘与应用. 科学通报,64,2633-2640.

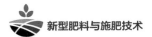

卢婉芳，陈苇，王德仁．1990．脲酶抑制剂（NBPT）对提高尿素氮利用率的研究．中国农学通报
　　（2）：23-25．

陆欣，王申贵，王海洪，等．1997．新型脲酶抑制剂的试验研究．土壤学报，34（4）：461-466．

马春茂，赵东风，王燕，等．2007．农用硝酸铵的改性方法．磷肥与复肥（2）：42-44．

马泉，王梦尧，孙全，等．2021．硫包膜尿素施用模式对稻茬冬小麦产量、氮肥利用率和效益的
　　影响．核农学报，35（4）：942-952

钱婧，蔡青松，黄显怀，等，2023．茶渣生物炭对茶园酸性土壤氮吸附：解吸特征及土壤酸性改
　　良的影响．农业现代化研究，44，922-932．

师容，郑敏，张高科，等，2010．发展生态肥料 促进生态农业 共享生态食品：中国农科院·双
　　赢集团生态肥料专家研讨会侧记．中国农资（10）：52-55．

宋尚新，屈爱玲，张春山．2019．力谋仕脲酶抑制剂在小麦上应用报告．农业科技通讯（5）：
　　76-79．

孙志梅，武志杰，陈利军，等．2008．硝化抑制剂的施用效果、影响因素及其评价．应用生态学
　　报，19（7）：1611-1618．

孙志梅，张阔，刘建涛，等．2012．氮肥调控剂对潮褐土中不同氮源氮素转化及油菜生长的影
　　响．应用生态学报，23（9）：2497-2503．

唐文骞，苗兴旺，2010．硝酸铵钙的生产技术．化肥工业，37：15-17．

汪家铭，2013．几种国产新型肥料的开发与应用．化学工业，31：30-34．

汪强，李双凌，韩燕来，等．2006．缓释肥对冬小麦增产与提高氮肥利用率的研究．磷肥与复
　　肥，21（6）：74-75．

王海红，宋家永，贾宏昉，等．2006．肥料缓施对小麦氮素代谢及产量的影响．中国农学通报
　　（7）：335-336．

王好斌，侯翠红，王艳语，等．2017．无机包裹型缓释复合肥料及其产业化应用．武汉工程大学
　　学报，39（6）：557-564．

王化琦．1996．新型包裹型复合肥．农业知识（6）：24-25．

王雪薇，刘涛，褚贵新．2017．三种硝化抑制剂抑制土壤硝化作用比较及用量研究．植物营养
　　与肥料学报，23（1）：54-61．

武志杰，石元亮，李东坡，等．2017．稳定性肥料发展与展望．植物营养与肥料学报，23（6）：
　　1614-1621．

夏良洪，谭柳，徐森，等，2015．粒径对硝酸铵爆炸特性的影响．爆破器材，44：32-35．

徐浩，2023．氮素形态调控柑橘生长和镁素利用的生理机制．福州：福建农林大学．

许超，邝丽芳，吴启堂，等，2013．2-氯-6（三氯甲基）吡啶对菜地土壤氮素转化和径流流失及菜
　　心品质的影响．水土保持学报，27（6）：26-30．

许秀成，王好斌．2002．包裹型缓释/控制释放肥料专题报告．磷肥与复肥，17（1）：10．

杨志勇，2020．我国当前硝铵市场探究．山西化工，40，34-36．

殷海权，2012．改性硝酸铵研究进展及其发展方向．化肥工业，39：23-29．

殷建祯，俞巧钢，符建荣，等. 2013. 不同作用因子下有机无机配施添加 DMPP 对氮素转化的影响. 土壤学报，50(3):144-153.

俞巧钢，陈英旭. 2011. 尿素添加硝化抑制剂 DMPP 对稻田土壤不同形态矿质态氮的影响. 农业环境科学学报，30(7):1357-1363.

张苗苗，沈菊培，贺纪正，等. 2014. 硝化抑制剂的微生物抑制机理及其应用. 农业环境科学学报，33(11): 2077-2083

张民，郑树林，杨越超，等. 2022. 新型缓控释肥与稳定肥料的创制与应用. 北京:科学出版社.

张四代，张卫峰，王利，等，2008. 我国黄淮海地区省市化肥供需状况及其调控策略. 磷肥与复肥，8(2): 75-78.

张素萍，刘超，代先锋. 2019. 力谋仕脲酶抑制剂在玉米上的田间试验. 安徽农学通报，25(18):115-116.

张忠庆. 2020. 硝化抑制剂 2-氯-6-三氯甲基吡啶新剂型制备及增效机理研究. 长春:吉林农业大学:8-11.

赵欧亚，张春锋，孙世友，等. 2017. 含硝化抑制剂型水溶肥对温室黄瓜产量和品质的影响. 华北农学报，32(S1): 233-238.

赵荣芳，孟庆锋，陈新平，等. 2009. 包裹型缓/控释肥对冬小麦产量、土壤无机氮和氮肥利用效率的影响. 磷肥与复肥(5):77-80

郑福丽，李彬，李晓云，等. 2006. 脲酶抑制剂的作用机理与效应. 吉林农业科学，31(6): 25-28.

宗晓庆. 2010. 硫包膜尿素对土壤生化性质和作物生长的影响. 泰安:山东农业大学.

Amberger A. 1989. Research on dicyandiamide as a nitrification inhibitor and future outlook. Communications in Soil Science and Plant Analysis，20(19/20):1933-1955.

Artola E，Cruchaga S，Ariz I，et al. 2011. Effect of N-(n-butyl) thiophosphoric triamide on urea metabolism and the assimilation of ammonium by *Triticum aestivum* L. Plant Growth Regulation，63(1):73-79.

Ball-Coelho B R，Roy R C. 1999. Enhanced ammonium sources to reduce nitrate leaching. Nutrient Cycling in Agroecosystems，54: 73-80.

Bending G D，Lincoln S D. 2000. Inhibition of soil nitrifying bacteria communities and their activities by glucosinolate hydrolysis products. Soil Biology and Biochemistry，32(8-9): 1261-1269.

Cantarella H，Otto R，Soares J R，et al. 2018. Agronomic efficiency of NBPT as a urease inhibitor: a review. Journal of Advanced Research，13: 19-27.

Carrasco I，Villar J M. 2001. Field evaluation of DMPP as a nitrification inhibitor in the area irrigated by the Canal d'Urgell (Northeast Spain). Berlin: Springer Netherlands.

Connor P J，Hennessy D，Brophy C，et al. 2012. The effect of the nitrification inhibitor dicyandiamide (DCD) on herbage production when applied at different times and rates in the

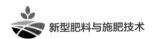 

autumn and winter. Agriculture, Ecosystems and Environment, 152: 79-89.

Di H J, Cameron K C. 2012. How does the application of different nitrification inhibitors affect nitrous oxide emissions and nitrate leaching from cow urine in grazed pastures. Soil Use and Management, 28(1): 54-61.

Fettweis U, Mittelstaedt W, Schimansky C, et al. 2001. Lysimeter experiments on the translocation of the carbon-14-labelled nitrification inhibitor 3, 4-dimethylpyrazole phosphate (DMPP) in a gleyic cambisol. Biology and Fertility of Soils, 34(2):126-130.

Goring C A. 1962. Control of nitrification by 2-chloro-6-(trichlorlmethyl) pyridine. Soil Science, 93(3):211-218

Hauck R D. 1985. Slow release and bio-inhibitor-amended nitrogen fertilizers. Fertilizer technology and use, 85: 507-533.

Jarrel W M, Boersma L. 1980. Release of urea by granules of sulfur coated urea. Soil Science Society of America Journal, 44: 418-422.

Kobayashi A, Fujisawa E, Hanyu T, 1997. A mechanism of nutrient release from resin-coated fertilizers and its estimation by kinetic methods. I. Effect of water vapor pressure on nutrient release. Japanese Journal of Soil Science and Plant Nutrient, 68: 8-13.

Kochab M, Gambash S, Avnimelech Y. 1990. Studies on slow release fertilizers: I. Effects of temperature, soil moisture and water vapor pressure. Soil Science, 149: 339-343.

Kolc J F, Swerdloff M D, Rogic M M, et al. 1985. N-alphatic and N, N-alphaticphosphoric amide urease inhibitions and urease inhibited urea based fertilizer comPosition. US, 4530714.

Lunt O R. 1968. Modified sulfur coated granular urea for controlled nutrient release. Int Soc Soil Sci Trans, 3:337-383.

McClellan G H, Scheib R M. 1975. Texture of sulfur coatings on urea. Advances in Chemistry Series, 140: 18-32.

McGeough L K, Mueller C, Laughlin J R, et al. 2016. Evidence that the efficacy of the nitrification inhibitor dicyandiamide (DCD) is affected by soil properties in UK soils. Soil Biology & Biochemistry, 94:222-232.

Medina R, Radel R J. 1988. Mechanisms of urease inhibiton. Ammonia Volatilization from Urea Fertilizers, 88: 137-174.

Müller C, Stevens R J, Laughlin R J, et al. 2002. The nitrification inhibitor DMPP had no effect on denitrifying enzyme activity. Soil Biology and Biochemistry, 34 (11):1825-1827.

Omonode R A, Vyn T J. 2013. Nitrification Kinetics and Nitrous Oxide Emissions when Nitrapyrin is Coapplied with Urea-Ammonium Nitrate. Agronomy Journal, 105(6):1475-1486.

Pasda G, Hähndel R, Zerulla W. 2001a. Effect of fertilizers with the new nitrification inhibitor DMPP (3,4-dimethyrazole phosphate) on yield and quality of agriculture and horticultural crops. Biology & Fertility of Soils, 34:85-97.

Pasda G，Hähndel R，Zerulla W. 2001b. The new nitrification inhibitor DMPP（ENTEC）：Effects on yield and quality of agricultural and horticultural crops. Biology & Fertility of Soils，34：758-759.

Pereira J，Fangueiro D，Chadwich D R，et al. 2010. Effect of cattle slurry pretreatmentby separation and addition of nitrification inhibitors on gaseous emissions and N dynamics：A laboratory study. Chemosphere，79：620-627.

Shaviv A，Raban S，Zaidel E. 2003. Modeling controlled nutrient release from polymer coated fertilizers：Diffusion release from single granules. Environmental Science & Technology，37：2251-2256.

Shi Y F，Wu Z J，Chen L J，et al. 2007. Inhibitory effect of 3，5-Dimethyl-hydroxymethyl-pyrazole（DMHMP）on soil nitrification：a preliminary study. Chinese Journal of Soil Science，38：722-726.

Shi Y F，Wu Z J，Chen L J，et al. 2009. The ultraviolet absorption spectra of pyrazoles and 1-Carboxamidepyrazoles and their application. Spectroscopy and Spectral Analysis，3：781-785.

Singh J，Saggar S，Bolan N S，et al. 2008. The role of inhibitors in the bioavailability and mitigation of nitrogen losses in grassland ecosystems. Developments in Soil Science，32（7）：329-362.

Subbarao G V，Rondon M，Ito O. 2007. Biological nitrification inhibition：Is ita wide spread phenomenon? Plant and Soil，294：5-18.

Sumner J B. 1926. The isolation and crystallization of the enzyme urease. Journal of Biological Chemistry，69：435-441.

Sun Z M，Wu Z J，Chen L J，et al. 2007. Effects of 3，5-Dimethylpyrazole on soil urea-N transformation and $NO_3^-$-N leaching. Environmental Science，28（1）：176-181.

Trenkel M E. 1997. Controlled-release and stabilized fertilizers in agriculture. Paris：International Fertilizer Industry Association.

Trenkel M E. 2010. Slow-and controlled-release and stabilized fertilizers/an option for enhancing nutrient efficiency in agriculture，Paris：International Fertilizer Industry Association.

Vannelli T，Hooper A B. 1992. Oxidation of nitrification to 6-chloropicolinic acid by the ammonia-oxidizing bacterium Nitrosomonas europaea. Applied and Environmental Microbiology，58（7）：2321-2325.

Watson C J，Stevens R J，Laughlin R J. 1990. Effectiveness of the urease inhibitor NBPT ［N-（n-butyl）thiophosphoric triamide］for improving the efficiency of urea for ryegrass production. Nutrient Cycling in Agroecosystems，24（1）：11-15.

Weiske A，Benckiser G，Herbert T. 2001. Influence of the nitrification inhibitor 3，4-dimethylpyrazole phosphate（DMPP）in comparison to dicyandiamide（DCD）on nitrous oxide

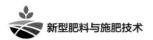 

emission, carbon dioxide fluxes and methane oxidation during 3 years of repeated application infield experiment. Biology and Fertility of soils, 34: 109-117.

Wu S F, Wu L H, Shi Q W, et al. 2007. Effects of a new nitrification inhibitor3, 4-dimethylpyrazole phosphate (DMPP) on nitrate and potassiumleaching in two soils. Journal of Environmental Sciences, 19:841-847.

Yang M, Fang Y, Sun D, et al. 2016. Efficiency of two nitrification inhibitors (dicyandiamide and 3, 4-dimethypyrazole phosphate) on soil nitrogen transformations and plant productivity: a meta-analysis. Scientific Reports, 6:22075.

Yu Q G, Chen Y X, Ye X Z, et al. 2007. Influence of the DMPP (3,4-dimethyl pyrazole phosphate) on nitrogen transformation and leaching in multi-layer soil columns. Chemosphere, 69(5):825-831.

Zacherl B, Amberger A. 1990. Effect of the nitrification inhibitors dicyandiamide, nitrapyrin and thiourea on Nitrosomonas europaea. Fertilizer Research, 22(1): 37-44.

Zerulla W, Barth T, Jürgen D, et al. 2001. 3, 4-Dimethylpyrazole phosphate (DMPP)-a new nitrification inhibitor for agriculture and horticulture. Biology & fertility of soils, 34(2):79-84

Zhang L, Wu Z, Jiang Y, et al. 2010. Fate of applied urea[15]N in a soil-maize system as affected by urease inhibitor and nitrification inhibitor. Plant Soil & Environment, 56(1):8-15.

# ③ 新型增效剂

新型肥料是相对于传统的氮、磷、钾等单质肥料、复合肥而言的,大多在肥料生产中添加了一些增效助剂,在农资市场上叫生物刺激素,主要包括腐殖酸、氨基酸、海藻提取物等。这些成分具有改良土壤质量、促进作物生长、调控作物新陈代谢、诱导作物产生抗胁迫机制等功能。以下主要介绍腐殖酸、氨基酸和海藻提取物分别在改良盐碱土壤、促进果实转色、提高作物抵御低温胁迫中的应用。

## 3.1 氨基酸及其在果实转色中的应用

### 3.1.1 氨基酸概述

氨基酸是一类由氨基(—NH₂)、羧基(—COOH)和 R 基组成的有机化合物的总称,是蛋白质的基本组成单元,它们以一定的顺序缩合就形成了各种各样而具有不同功能的蛋白质分子。目前已知的天然氨基酸有 180 多种,包括蛋白质氨基酸和非蛋白质氨基酸。参与天然蛋白质合成的共有 20 种,称为蛋白质氨基酸;其他氨基酸是由蛋白质氨基酸在酶作用下转化而来的,不参与蛋白质的合成,这部分氨基酸称为非蛋白质氨基酸(高肖飞,2015)。

由于蛋白质氨基酸的氨基(—NH₂)与羧基(—COOH)连接在中心碳原子 α 上,故被称为 α-氨基酸。氨基从羧酸的 α 位顺次向相邻的碳原子移动,分别称为 β-氨基酸、γ-氨基酸等。天然得到的氨基酸大部分是 α-氨基酸;其他氨基酸并不存在于蛋白质中,在生物体内仅以游离状态存在着,如 β-丙氨酸和 γ-氨基丁酸。

α-氨基酸具有相同的主链结构,其结构通式如图 3-1 所示(R 基为可变基团),

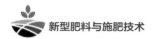

即 α 碳原子上有相同的化学通式,而区别仅在于侧链基团,所带基团的大小和极性等决定了氨基酸结构与性质的差异。

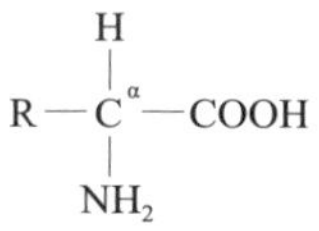

$$R-\overset{H}{\underset{NH_2}{\overset{|}{C^{\alpha}}}}-COOH$$

图 3-1  α-氨基酸的结构通式

(引自 董璐,2015)

根据 R 侧链基团的不同,若按侧链的结构可分为脂肪型、芳香型和杂环型等类别;也可以按侧链基团的酸碱性分为酸性、碱性和中性等类别;还可以将这 20 种氨基酸分为以下 3 种类型。

(1)非极性氨基酸  这类氨基酸具有非极性的侧链基团,属于疏水氨基酸(除甘氨酸外),共 10 种,包括:甘氨酸、丙氨酸、缬氨酸、亮氨酸、异亮氨酸、脯氨酸、色氨酸、苯丙氨酸、半胱氨酸、甲硫氨酸。

(2)极性氨基酸  这类氨基酸具有极性的侧链基团,属于亲水氨基酸,共 5 种,包括:天冬酰胺、谷氨酰胺(这两个氨基酸可以看作是天冬氨酸、谷氨酸的酰胺化的衍生物)、丝氨酸、苏氨酸、酪氨酸(它们的侧链基团中带羟基)。

(3)带电荷的氨基酸  这类氨基酸具有可以解离的侧链基团,属于亲水氨基酸,共 5 种,包括:天冬氨酸、谷氨酸(它们的侧链基团有羧基,称为酸性氨基酸),赖氨酸、精氨酸、组氨酸(它们的侧链基团可以作碱性解离,称为碱性氨基酸)(董璐,2015)。

这 20 种氨基酸具有结构与性质不同的侧链,它们影响各个氨基酸的性质。α-氨基酸有立体异构体存在,两种异构体分别称左旋型(L 型)和右旋型(D 型)(图 3-2),两者互为镜像。除甘氨酸无立体异构体外,存在于蛋白质中的氨基酸都是 L 型的。动植物只能利用 L-氨基酸,D-氨基酸只能被某些细菌和真菌所利用。

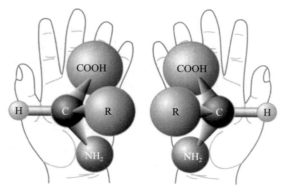

图 3-2  左旋氨基酸与右旋氨基酸

(引自 慕康国等,2021)

### 3.1.2 氨基酸的制备工艺

根据原料的不同来源,氨基酸可以分为植物源氨基酸、动物源氨基酸和微生物源氨基酸。植物源氨基酸一般来源于豆粕、米糠、麦麸、玉米加工副产物等;动物源氨基酸一般为禽类羽毛、动物毛发、蚕蛹、屠宰场废弃物(动物血液、皮骨、内脏等)、鱼类产品加工废弃物;微生物源氨基酸主要来自各类氨基酸发酵工艺。各种来源的氨基酸没有绝对的好坏之分。不同来源的氨基酸组成比例不同,对植物的生理功能和效果表现有差异。

氨基酸的生产方法包括合成法和水解法。合成法分为生物合成法(又称生物发酵法)和化学合成法。化学合成法工艺复杂,当前应用不多;生物发酵法是通过微生物自身的代谢发酵生成氨基酸。水解法主要有酸法、碱法、酶法水解,这三种方法各有优缺点。其中,酸法水解彻底,用时短,不存在专一性,但部分氨基酸会被破坏,如色氨酸会被沸酸完全破坏,天门冬酰胺和谷氨酰胺侧链的酰胺基会被水解成羧基,且水解液酸性强、易污染环境,水解产物有异味。碱法水解有很强的灭菌能力,用时短,不存在专一性,但水解液碱性较强,氨基酸也会受到不同程度的破坏,使 $L$ 型氨基酸变成 $D$ 型,且产率不高。酶法水解作用温和,净化程度好,可避免某些毒物的生成,但用时较长,有专一性,酶解温度和 pH 等对不同原料要求不同,但酶解过程中增加的游离氨基酸与肽段,提高了水解产物的质量,是酸法水解与碱法水解取代不了的。随着生物技术和酶制剂生产的进步,酶法水解成为一种理想的处理方法(刘元林,2021)。不同氨基酸制备工艺特点对比见表 3-1。

表 3-1 不同氨基酸制备工艺特点对比

| 制备工艺 | 优点 | 缺点 |
|---|---|---|
| 酸解法 | 1. 工艺简单,成本低,适合大规模工厂化生产<br>2. 水解迅速而彻底,氨基酸回收率高<br>3. 水解物都是 $L$-氨基酸,无旋光异构体产生 | 1. 营养价值较高的色氨酸与含醛基化合物生成腐黑质<br>2. 含羟基的丝氨酸、苏氨酸、络氨酸部分被破坏<br>3. 产生大量的酸性废弃物,水解物的灰分含量高 |
| 碱解法 | 1. 工艺简单,成本低<br>2. 色氨酸不被破坏<br>3. 水解液清亮 | 1. 丝氨酸、苏氨酸、赖氨酸、胱氨酸等大部分被破坏<br>2. 产物都发生旋光异构体作用,都是 $D$-氨基酸<br>3. 精氨酸脱氨损失 |

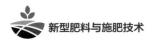

续表 3-1

| 制备工艺 | 优点 | 缺点 |
| --- | --- | --- |
| 酶解法 | 1.条件温和,水解效率高,仅需少量酶<br><br>2.氨基酸种类保留丰富,可利用定向分子剪切技术获得特定分子量的寡肽<br><br>3.L-氨基酸得以保护,有害物质含量较少 | 1.工艺复杂,水解不够彻底,氨基酸回收率低<br><br>2.酶的专一性,导致需要多种酶的协同作用,成本较高<br><br>3.不同底物,需要的酶的种类不同,工艺无法统一 |
| 微生物发酵法 | 利用微生物特定的代谢途径发酵法获得的氨基酸纯度高 | 工艺复杂,生产条件较苛刻,生产成本较高 |

(引自 慕康国等,2021)

### 3.1.3 氨基酸的吸收及生理作用

综合相关研究成果,植物吸收氨基酸有几个结论:①植物能够直接吸收氨基酸;②植物对不同氨基酸的吸收能力不同;③并不是所有的氨基酸都对植物生长有促进作用,有些氨基酸可能对植物生长有抑制作用;④植物吸收氨基酸后能够在体内转化合成其他氨基酸;⑤有些植物吸收利用氨基酸与环境中无机氮源和氨基酸态氮供应量有关,且对吸收利用的氨基酸有选择性;⑥不同植物对氨基酸态氮的吸收试验表明,不仅植物的根能吸收氨基酸,有些植物的茎叶也能吸收氨基酸;⑦植物与土壤中的微生物对氨基酸的吸收有一定的竞争关系(那艳斌,2011)。

植物能直接吸收外源氨基酸,节省了植物生理代谢需要的能量。氨基酸有利于植物对其他营养物质的吸收,可以刺激和调节植物生长,从而增强植物的新陈代谢,提高植物的光合作用,促进植物根系发达,提高作物抗病性,改善作物品质(郭宁等,2016)。

不同氨基酸对作物的生理作用见表 3-2。

表 3-2  氨基酸作用分类

| 氨基酸及其衍生物 | 作用 |
| --- | --- |
| 丙氨酸、精氨酸、谷氨酸、赖氨酸 | 促进叶绿素的生成 |
| 精氨酸合成细胞分裂素和多胺,甲硫氨酸合成乙烯和多胺,色氨酸含吲哚乙基 | 促进植物内源激素的生成 |
| 精氨酸、亮氨酸、甲硫氨酸 | 促进根系发育 |

续表 3-2

| 氨基酸及其衍生物 | 作用 |
|---|---|
| 天冬氨酸 | 促进种子发芽和幼苗生长 |
| 精氨酸、谷氨酸、赖氨酸、甲硫氨酸、脯氨酸 | 促进开花结果 |
| 组氨酸、亮氨酸、异亮氨酸、缬氨酸 | 改善果实风味 |
| 苯丙氨酸、酪氨酸 | 植物色素的合成 |
| 苯丙氨酸 | 植物类黄酮和木质素合成 |
| 谷氨酸 | 促进叶面营养物质吸收 |
| 天冬氨酸、半胱氨酸 | 减少重金属吸收 |
| 天冬氨酸 | 提高对盐的耐受性 |
| 赖氨酸、脯氨酸 | 增强耐旱性 |
| 天冬氨酸、缬氨酸、甘氨酸、脯氨酸 | 提高植物细胞抗氧化能力 |
| 精氨酸、缬氨酸、半胱氨酸 | 提高对多种逆境的抵抗力 |

（引自 慕康国等，2021）

### 3.1.4　氨基酸在果实转色中的作用

**1. 果实转色**

果色是果实品质的重要指标之一，果实色泽不仅影响外观，而且果实着色程度与风味品质密切相关。果实的色泽是由多种色素相互作用的结果形成的，是由遗传决定的，因种类和品种而异。

决定果色的色素主要有花青素、类胡萝卜素和叶绿素，其中花青素是决定葡萄、苹果等红色果实的主要色素，类胡萝卜素和叶绿素起辅助作用。果实成熟着色，是由于果实细胞中的叶绿素降解，同时形成或显现类胡萝卜素（黄色或橙色果实）或是合成花青素（紫色或红色果实）的结果。

近年来，转色不良问题在水果种植中普遍发生，表现为转色不均匀、果实糖分不高、口感不佳，影响果实商品性和种植收益。影响果实转色不良的原因主要包括：一是水肥不平衡，氮肥与水分过多，营养生长过旺，影响光合产物从源向库转运，致使果实营养积累不够；二是负载过重，种植户为了追求高产，对产量的控制不到位，导致树体负载过重，造成果实糖分积累不够；三是高温影响，像南方葡萄的成熟季节正好是夏季高温，超过 35 ℃ 的高温会影响花色素的形成，不利于果实转色。

**2. 花青素苷及其合成**

花青素苷（又称花色苷、花青苷或花色素）是一种天然的水溶性色素，广泛存

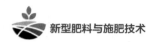

在于植物体内,赋予了植物根、茎、叶、花、果实、种子等器官五彩缤纷的颜色。在自然环境下,游离状态的花青素极不稳定,糖基化后可转化为稳定的花色苷存在于植物体内。所以,花青素苷在结构上是由花青素通过糖苷键与同一个或多个糖基团(阿拉伯糖、葡萄糖、鼠李糖、半乳糖、木糖等)结合形成的(图 3-3)。

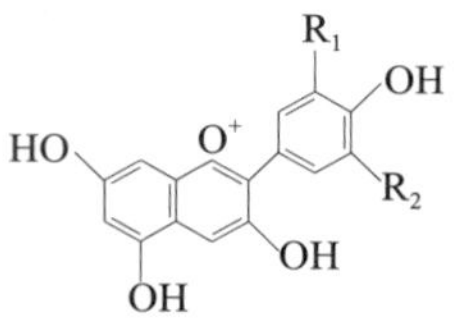

天竺葵色素 $R_1=R_2=H$,矢车菊色素 $R_1=OH$、$R_2=H$,飞燕草色素 $R_1=R_2=OH$,
芍药色素 $R_1=OCH_3$、$R_2=H$,牵牛色素 $R_1=OCH_3$、$R_2=OH$,锦葵色素 $R_1=R_2=OCH_3$

图 3-3　花色素苷的化学结构

(引自 王华等,2015)

植物颜色变化主要是由花青素的种类和数量决定的。现已知的花青素有 20 多种,根据其取代基的不同位置主要分为六大类:飞燕草色素、矢车菊色素、天竺葵色素、芍药色素、矮牵牛色素和锦葵色素。就果实中花青素种类而言,矢车菊色素是大多数果实的主要花青素,如红皮苹果和红皮梨等;飞燕草色素、锦葵色素、芍药色素、牵牛色素主要存在于深蓝和紫色的果实中,如蓝莓和紫葡萄等;矢车菊色素和天竺葵色素主要存在于亮红色的果实中,如草莓、樱桃等。

植物中的花青素苷是以苯丙氨酸为直接前体,经过一系列酶催化反应而合成的。合成途径见图 3-4。

**3. 苯丙氨酸在转色中的应用**

苯丙氨酸(phenylalanine,Phe)是花青素苷生物合成的直接前体。较多的研究表明,外源添加苯丙氨酸能促进花青素的合成和提高花青素的含量。研究表明,在培养基中适当添加 Phe 能促进野生型拟南芥合成更多的花青素(Chen et al.,2016);Edahiro 等研究表明,反复添加外源苯丙氨酸 1 mmol/L 能够促进花青素的生物合成。在对草莓悬浮细胞培养中发现,在培养基中持续添加外源苯丙氨酸前体可使花青素含量比对照(未添加苯丙氨酸)提高 81%(Edahiro et al.,2005);采后用 Phe 处理的李果具有较高的花色苷和酚类物质含量(Sogvar et al.,2020)。杨英等在对甘草黄酮类物质积累的研究中证实,外源添加苯丙氨酸可增强苯丙氨酸解氨酶活性,促进合成黄酮的重要中间产物——查尔酮的合成(杨英等,2007)。

赵婧等在桃的转色研究中发现,与对照相比,单独 Phe 处理可促进花色苷含量显著增加(图 3-5)。矢车菊色素是桃果实最主要的花色苷类物质,本研究检测

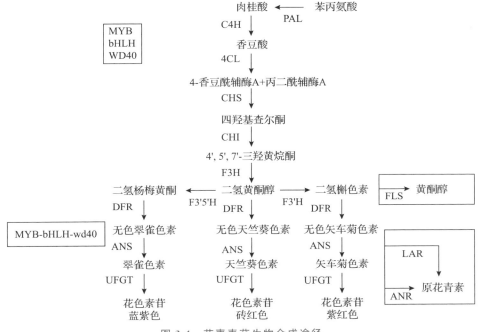

图 3-4  花青素苷生物合成途径

(引自 王华等, 2015)

了第 6 天时桃果皮中主要的矢车菊色素类物质含量(表 3-3),单独 Phe 处理可显著提高矢车菊色素类物质含量(赵婧,2023)。

表 3-3  不同处理对桃果皮花色苷单体含量的影响

| 处理方式 | 时间/d | 矢车菊素-3-O-葡萄糖苷含量/(mg/kg) | 矢车菊素-3-O-芸香糖苷含量/(mg/kg) |
|---|---|---|---|
| 对照 | 0 | 0.96±0.08[e] | 0.54±0.03[e] |
| 对照 | 6 | 11.86±1.63[d] | 4.93±0.58[d] |
| Phe | 6 | 26.20±0.87[c] | 12.03±0.21[c] |
| 1-MCP | 6 | 65.93±0.59[b] | 29.13±0.26[b] |
| Phe+1-MCP | 6 | 88.86±1.47[a] | 33.86±0.35[a] |

注:同列肩标小写字母不同表示差异显著($P<0.05$)。

(引自 赵婧,2023)

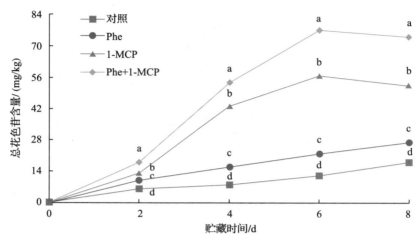

图 3-5 不同处理对桃果皮总花色苷含量的影响

（引自 赵婧，2023）

注：1-MCP 为 1 甲基环丙烯

### 4. 含氨基酸水溶肥料

含氨基酸水溶肥料是以游离氨基酸为主要原料，经过物理、化学或生物等工艺过程，按植物生长所需，添加适量的中量或微量元素加工而成的液体或固体水溶肥料。含氨基酸水溶肥料产品的制备技术指标，按照行业标准 NY1429—2010《含氨基酸水溶肥料》规定执行（表 3-4、表 3-5）。

表 3-4　含氨基酸水溶肥料（微量元素型）固体及液体产品技术指标

| 项目 | 指标 |
|---|---|
| 游离氨基酸含量 | ≥10.0%（固体），≥100 g/L（液体） |
| 微量元素含量 | ≥2.0%（固体），≥20 g/L 液体 |
| 水不溶物含量 | ≤5.0%（固体），≤50 g/L（液体） |
| pH（1∶250 倍稀释） | 3.0～9.0 |
| 水分（$H_2O$） | ≤4.0%（固体） |

微量元素含量指铜、铁、锰、锌、硼、钼元素含量之和。产品应至少包含一种微量元素。含量不低于 0.05% 的单一微量元素均应计入微量元素含量中。钼元素含量不高于 0.5%。

（引自 NY1429— 2010）

表 3-5　含氨基酸水溶肥料(中量元素型)固体及液体产品技术指标

| 项目 | 指标 |
| --- | --- |
| 游离氨基酸含量 | ≥10.0%(固体),≥100 g/L(液体) |
| 中量元素含量 | ≥3.0%(固体),≥30 g/L 液体 |
| 水不溶物含量 | ≤5.0%(固体),≤50 g/L(液体) |
| pH(1:250 倍稀释) | 3.0~9.0 |
| 水分(H₂O) | ≤4.0%(固体) |

中量元素含量指钙、镁元素含量之和。产品应至少包含一种中量元素。含量不低于 0.1%(固体)、1 g/L(液体)的单一中量元素均应计入中量元素含量。

(引自 NY1429— 2010)

# 3.2　海藻提取物及其在低温胁迫中的应用

## 3.2.1　海藻提取物

### 1.海藻及其活性物质的提取

海藻是生长在海洋环境中的藻类植物,是一种由基础细胞构成的单株或一长串的简单植物,无根、茎、叶等高等植物的组织构造。海藻富含多糖、天然植物调节剂、氨基酸、藻朊酸、矿质营养元素、维生素和不饱和脂肪酸等活性成分,广泛用于食品、医药、化妆品、农业等领域。20 世纪 50 年代,海藻及其提取物就已用于农业生产。

海藻类肥料的原料主要是海洋中的大型藻类,最常用的海藻肥原料为褐藻门和泡叶藻、海带、昆布、马尾藻等野生或养殖海藻,以及绿藻门的浒苔(秦益民,2022)(图 3-6)。

通过合成代谢和分解代谢,海藻体内汇集了钙、铁、锰、锌、碘等矿质营养元素、海藻酸、卡拉琼胶、褐藻淀粉、岩藻多糖、木聚糖、葡萄糖等海藻多糖,糖醇、氨基酸、维生素、细胞色素、甜菜碱、酚类等各种化合物,以及生长素、细胞分裂素、赤霉素、脱落酸等天然激素类物质。

消解海藻藻体,提取活性物质的方法主要有物理方法、化学方法、生物方法和复合方法。物理方法又称机械破碎法,是通过高压研磨、冻融、冷冻粉碎、渗透破

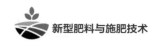
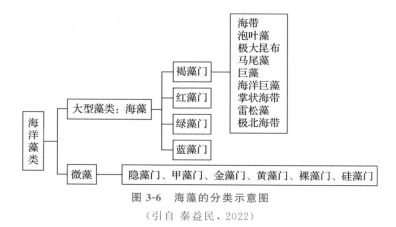

图 3-6　海藻的分类示意图

（引自 秦益民，2022）

碎、超声波等物理手段将海藻细胞破碎；化学方法主要利用酸、碱或有机溶剂处理海藻，使海藻细胞内成分溶出；生物方法主要是利用微生物发酵过程中产生的酶将海藻细胞壁降解，释放出海藻细胞内的活性物质。这 3 种方法各有优缺点（表 3-6）。复合降解是将物理、化学、生物方法中的 1 种或几种方法结合使用，以弥补各种方法单一使用过程中存在的问题。

表 3-6　海藻肥不同生产工艺比较分析

| 生产工艺 | 主要方式 | 优势 | 劣势 |
|---|---|---|---|
| 化学工艺 | 加热水提法、有机溶剂法和酸碱提取法等 | 海藻利用率相对较高，成本较低 | 破坏海藻活性物质，产物纯化工艺复杂。有机提取和酸碱处理造成环境污染，酸碱处理对仪器设备要求高 |
| 物理工艺 | 均质过滤法、渗透休克法、超声波破碎法、研磨法、高乐匀浆法和冷冻粉碎法等 | 活性成分保留较好，无外源污染物 | 部分工艺不易大规模操作，成本较高 |
| 生物工艺 | 酶解法、微生物发酵法等 | 活性成分保留较好，反应温和，安全环保能耗较低 | 技术难度较高，产品稳定性较难控制，对设备要求高 |

（引自 马德源等，2020）

### 2. 海藻提取物的功能

　　由于海藻长期处于海水这样一个特异的环境中，高盐度、高压力、氧气少、光线弱等特点使海藻体内产生了独特的活性物质。按照化学结构，海藻活性物质可分为多糖类、多肽类、氨基酸类、脂类、甾醇类、萜类、苷类、非肽含氮类、酶类、色素类、多酚类等。

这些独特的物质在农业生产中分别发挥不同的作用,包括:提高种子发芽率,促进植物生长;促进作物增产和根系发育;改善作物胁迫管理(水、盐、温度)以提高作物品质和抵御植物病害;促进土壤有机质形成和修复土壤理化结构等(表3-7)。这些功能的螯合,可提高作物多个方面的生长,尤其重要的是很多功能在胁迫条件下极为迫切和重要。

**表 3-7 海藻功能性物质及其农用功效**

| 活性物质名称 | 针对作物的农用功效 |
| --- | --- |
| 萜类化合物 | 杀菌、抑菌、调节渗透压 |
| 海藻多糖 | 抗病毒、抗胁迫、促进植物生长 |
| 甜菜碱 | 增强植物抗逆性、调节植物生长 |
| 海藻多酚 | 抗氧化、抗菌、抗病毒 |
| 海洋生物活性肽 | 调节激素、改善矿物质运输和吸收 |
| 超氧化物歧化酶 | 消除自由基、抗氧化 |
| 生长素 | 诱导乙烯生成、影响子房发育 |
| 细胞激动素 | 刺激细胞分裂、增强植物根系发育 |
| 脱落酸 | 促进植物生长、抗盐碱渗透 |
| 赤霉素 | 打破休眠、促进发芽和茎的伸长、诱导抗病 |

(引自 陈芊如等,2021)

### 3.2.2 海藻提取物在低温胁迫中的作用

**1. 低温胁迫**

低温对植物正常生长造成的伤害一般分为2类,以0 ℃为分界线,高于0 ℃的低温对植物的伤害称为冷害,植物对此低温的适应称为抗冷性;低于0 ℃的低温对植物的伤害称为冻害,植物对此低温的适应称为抗冻性。植物遭受冷害往往表现出性状的改变,即株高降低、叶片失绿、产量下降等,但这些改变往往具有可逆性。

最容易受到低温胁迫影响的部位是植物的光合器官,低温胁迫可以引起叶绿体膜脂发生过氧化作用,使膜半透性丧失和细胞内电解质的渗出,严重时可导致内外膜变形;低温胁迫下叶绿素的合成也会受到抑制,加速叶绿素的降解,导致光合色素的总含量降低,影响植物对光能的吸收、传递和转换,从而影响植物的光合

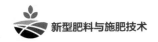

作用。

由此可见,当植物处于逆境胁迫环境中时,植物膜系统最先受到伤害。植物受到低温胁迫时细胞膜先由液晶态转为凝胶态(液态),这种变化会进一步引起膜透性的变化,从而导致细胞代谢发生变化和功能紊乱,最终导致细胞受伤甚至坏死。植物在低温胁迫下,细胞内代谢平衡受到毁坏,不断产生活性氧,当活性氧含量超出临界值时,会加重膜脂过氧化程度。低温过程中,细胞产生的活性氧通过使不饱和脂肪酸生成脂氢过氧化物并分化形成丙二醛,生成的丙二醛与蛋白质联合,导致蛋白质分子内和分子间交互联合,形成蛋白质交联产物;同时,丙二醛降低细胞膜中不饱和脂肪酸含量将会抑制膜的流动性,最终导致膜系统结构的破坏。

**2.海藻提取物在低温胁迫中的应用**

低温胁迫会加速叶绿素的降解,而海藻提取物可以减缓这一过程。赵子昕分别设低温处理同时喷施褐藻寡糖溶液处理组(AO)、低温处理前 5 d 喷施褐藻寡糖溶液处理组(AO-5 d)、低温处理同时喷施清水空白组(CK)、低温处理前 5 d 喷施清水空白组(CK-5 d)。研究结果显示,在低温胁迫下褐藻寡糖能够明显减慢茶树叶片叶绿素的降解速度,而在低温处理前施用褐藻寡糖对缓解叶绿素降解效果更显著(图 3-7)(赵子昕等,2023)。

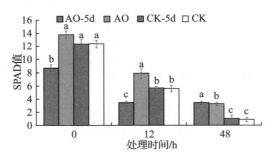

图 3-7 不同处理茶苗低温胁迫叶片 SPAD 值变化

(引自 赵子昕等,2023)

植物应对低温的主要方式是渗透调节,当受到低温胁迫时,植物会出现不同程度的水分亏缺,从而引起细胞内渗透压的变化,形成渗透胁迫。常见的渗透调节物质有脯氨酸、可溶性糖等。逆境条件会诱导脯氨酸和可溶性糖的积累,从而提高细胞液的浓度,调节原生质与环境的渗透平衡,降低冰点,对植物产生保护作用。此外,脯氨酸可以消除逆境中产生的多种自由基。人为添加脯氨酸等物质有助于诱导植物抗性物质的积累,更好地抵抗逆境,而海藻提取物中脯氨酸的含量相对较高,正好发挥了这一作用。

高成萌等(2023)研究结果显示,施用马尾藻有机肥对提高辣椒幼苗抗寒性效果明显(表 3-8),与对照相比,冷害指数降低了 20.70%、丙二醛质量分数降低了 23.41%、可溶性糖和脯氨酸质量分数分别提高了 27.96% 和 15.49%;与市售有机肥相比,冷害指数降低了 13.49%、丙二醛质量分数降低了 14.18%、可溶性糖和脯氨酸质量分数分别提高了 21.94% 和 9.01%。结果表明,马尾藻有机肥可有效提高辣椒幼苗的抗寒性。

表 3-8　不同处理条件下辣椒幼苗抗寒性指标变化

| 处理 | 冷害指数 | 丙二醛/(nmol/g) | 可溶性糖/(mg/g) | 脯氨酸/(μg/mg) |
|---|---|---|---|---|
| 空白对照(CK) | 0.657 | 10.21±0.93a | 3.06±0.35b | 30.53±1.21b |
| 市售有机肥 | 0.602 | 9.11±0.87ab | 3.21±0.21b | 32.35±1.56b |
| 马尾藻有机肥 | 0.521 | 7.82±0.50b | 3.91±0.17a | 35.26±0.98a |

注:同列数据后小写字母不同者表示差异显著($P<0.05$)。

(引自 高成萌等,2023)

海藻提取物同时还可以降低活性氧和丙二醛的含量。肖毓森将海藻肥稀释成 1500 倍液(T1)、1000 倍液(T2)、500 倍液(T3)共 3 个浓度处理,以清水喷施为对照(CK)。结果显示,低温胁迫下,海藻肥处理能显著降低活性氧和丙二醛(MAD)含量,降低低温胁迫对杂交兰细胞膜损伤的影响(图 3-8)(肖毓森等,2022)。

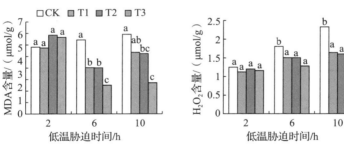

图 3-8　海藻肥低温胁迫下对杂交兰细胞膜损伤的影响

(引自 肖毓森等,2022)

膜系统遭到破坏后的修复能力与保护酶活性的变化密切相关。超氧化物歧化酶(SOD)、过氧化物酶(POD)、过氧化氢酶(CAT)等抗氧化酶均属于植物酶促防御系统,该防御系统具有消除自由基、降低膜脂过氧化程度、维持膜系统稳定性的功能。海藻提取物中含有丰富的保护性酶,可增加植物体内酶活性。赵子昕的研究结果显示,低温处理同时喷施褐藻寡糖溶液处理组(AO)、低温处理前 5 d 喷施褐藻寡糖溶液处理组(AO-5 d)显著提高了低温胁迫下茶叶 SOD、POD、CAT 酶活

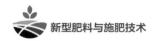
性(图 3-9)。

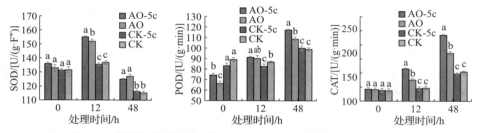

**图 3-9　低温胁迫下茶苗叶片 SOD、POD、CAT 抗氧化酶活性变化**

(引自 赵子昕等,2023)

商启寰的研究也得出了相似的结果(商启寰,2023),在胁迫前施用海藻多糖肥料,冷害胁迫后的 SOD 活性较对照处理增加 1079.68%,CAT 活性增加 169.57%,POD 活性增加 802.78%,产量增加 212.30%。于敏的研究发现喷施海藻提取液 20 d 和 40 d 后茶叶叶绿素含量分别显著提高 68.85% 和 97.88%,抗氧化酶活性显著提高(表 3-9)(于敏等,2021)。

**表 3-9　低温胁迫下茶叶的抗氧化酶活性**

| 时间 | 处理 | CAT/[U/(g/min)] | SOD/(U/gFW) | POD/[U/(g·min)] |
|---|---|---|---|---|
| 20 d | 海藻提取物 | 214.22** | 225.25** | 165.44** |
| | 对照 | 199.60 | 196.09 | 141.11 |
| 40 d | 海藻提取物 | 218.51** | 240.34** | 179.56** |
| | 对照 | 205.50 | 205.64 | 160.00 |

(引自 于敏等,2021)

注:**表明显著差异。

总之,在作物受到低温胁迫时,海藻提取物能缓解叶绿素的降解,提高脯氨酸和可溶性糖的含量,促进抗氧酶系统活性,降低活性氧和丙二醛的积累,减轻低温对膜结构的损伤,从而减轻低温对作物的伤害。

### 3.2.3　海藻肥的主要品种

按照市面上常见的产品进行分类,海藻肥包括以下几个主要品种(秦益民,2022)。

(1)海藻有机肥　以提取海藻酸后残留的海藻渣为主要原料,发酵制备的有机肥。

（2）海藻有机-无机复混肥　以海藻渣为主要原料发酵，并添加氮磷钾无机养分的肥料。

（3）海藻精　以海藻为原料，通过物理、化学、生物等方法提取出海藻中的活性物质，是海藻生物体的精华，在改善作物抗逆性、提高产量、改善品质方面均有较好的效果。

（4）海藻液体肥　包括叶面肥、冲施肥，由海藻提取液，或海藻提取液与大量、中量、微量元素等一种或多种复配生产而成。

（5）海藻微生物肥料　将海藻提取物与微生物菌剂或微生物肥料复配而成。

以上产品都是利用海藻中富含的海藻酸、蛋白质、氨基酸、植物生长调节物质等活性物质，促进作物生长发育，改善作物抗逆性能，提高产量，改善品质。

# 3.3　腐殖酸及其在盐碱地改良中的应用

## 3.3.1　土壤腐殖质

土壤是指覆盖于地球陆地表面，能够生长植物的疏松物质层，由矿物质、有机质、水和空气组成。有机质是土壤的重要组成部分之一，虽然只占土壤质量的 5% 左右，占土壤体积的 12% 左右，但在土壤肥力、环境保护以及作物生长方面起着极其重要的作用。

土壤有机质化合物组成十分复杂，一般可分为腐殖物质和非腐殖物质两大类，其中腐殖物质占土壤有机质的 60%～80%。土壤腐殖质是一类组成结构极为复杂的高分子聚合物，根据腐殖质在酸碱中的溶解性，一般分为胡敏素、胡敏酸和富里酸，其中胡敏酸（HA）和富里酸（FA）统称为腐殖酸，占腐殖质的 60% 左右。通常以腐殖酸作为腐殖物质的代表。

腐殖酸主要由 C、H、O、N、S 等元素组成，富里酸的 C、N 含量比胡敏酸低，但含氧量则较胡敏酸高。腐殖酸的分子结构极其复杂，一般认为其单体分子主要是由芳环结构的化合物和含 N 化合物组成，单体分子的相互缩合没有规律。富里酸的缩合度低，分子质量小，结构较为简单；而胡敏酸的缩合度高，分子量大，结构非常复杂（表 3-10）。

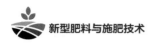

表 3-10　我国主要土壤腐殖酸元素组成　　　　　　　%

| 腐殖酸 | C | H | O+S | N |
|---|---|---|---|---|
| 胡敏酸 | 50～60 | 3.1～5.5 | 31～44 | 2.8～5.9 |
| 富里酸 | 45～53 | 4.0～4.8 | 40～50 | 1.6～4.3 |

（引自　熊顺贵，2001）

腐殖酸分子上有多种官能团,最重要的是含氧官能团,如羧基、酚羟基、羰基、醌基和醇羟基、酮基甲氧基等,这些官能团与腐殖酸的性质息息相关,让腐殖酸具有了离子交换作用、络合作用、缓冲作用、氧化还原性、胶体特性以及一些生物活性等(表 3-11)。

表 3-11　腐殖酸的含氧官能团含量　　　　mol $M^+$/kg

| 种类 | 羟基 | 酸羟基 | 醇羟基 | 醌基 | 酮基 | 甲氧基 | 总酸度 |
|---|---|---|---|---|---|---|---|
| HA | 15～57 | 21～57 | 2～49 | 1～26 | 1～5 | 3～8 | 67 |
| FA | 52～112 | 3～57 | 26～95 | 3～20 | 12～27 | 3～12 | 103 |

（引自　熊顺贵，2001）

### 3.3.2　矿源腐殖酸

腐殖酸按照原料来源可分为天然腐殖酸和人工腐殖酸。天然腐殖酸主要包括矿物源腐殖酸、土壤腐殖酸、水体腐殖酸等。目前,国内工业生产的腐殖酸主要为矿物源腐殖酸,来源主要为泥炭、褐煤和风化煤。人工腐殖酸又叫生物腐殖酸,是指工农业生产过程中产生的有机副产物、废渣和废液,经过生物发酵、氧化或合成,生成与矿物源腐殖酸类似的物质(又叫生化黄腐酸)。生物腐殖酸的原料主要包括一些农副产品废弃物和下脚料(如秸秆、废渣等)、工业废弃物(如糖蜜废水、味精废液等)、禽畜粪便(如鸡粪、牛粪等),以及一些特殊资源(如餐厨垃圾等)。

矿源腐殖酸是从泥炭、褐煤、风化煤中提取的一类高分子芳香羧酸族群,侧链带有羧基、酚羟基及脂肪链,成分和结构稳定,而生化腐殖酸受发酵时间及原料差异影响,成分和效果差别较大且不稳定。行业标准 NY1106—2010《含腐殖酸水溶肥料》中规定所用腐殖酸必须是矿源腐殖酸,下文中提到的腐殖酸也都是矿源腐殖酸。

国际腐殖质协会(International Humic Substances Society,IHSS)对不同来源(土壤、水体、煤炭)腐殖酸采用相同的精制方法制备各类腐殖酸,分别对元素组成、氨基酸及糖类分布、官能团、13CNMR 碳分布等组成结构进行了分析(表3-12)。

表 3-12 不同产地腐殖酸原料的元素对比

| 样品 | H₂O | 灰分 | C | H | O | N | C/N |
|---|---|---|---|---|---|---|---|
| 土壤有机质 | — | — | 52～58 | 3.3～4.8 | 34～39 | 3.7～4.1 | 14.05～14.14 |
| 土壤 HA | — | — | 50～60 | 3.1～5.3 | 31～41 | 3.0～5.6 | 16.67～10.71 |
| 土壤 FA | — | — | 45～53 | 4.0～4.8 | 40～48 | 2.5～4.3 | 18～12 |
| Pachkee Peat | 7.1 | 15.0 | 57.88 | 6.00 | nd | 3.96 | 14.62 |
| Pachkee Peat II | 6.2 | 12.7 | 57.27 | 4.76 | 37.00 | 4.17 | 13.73 |
| Leonardite | 10.9 | 13.0 | 63.46 | 5.83 | nd | 1.16 | 54.70 |
| 云南石屏泥炭 | 9.72 | 10.04 | 61.49 | 5.88 | 30.31 | 1.61 | 38.19 |
| 内蒙古霍林河褐煤 | 13.98 | 25.74 | 65.40 | 5.39 | 27.22 | 1.82 | 35.93 |
| 山西灵石风化煤 | 16.90 | 26.40 | 67.52 | 5.18 | 25.02 | 1.64 | 41.17 |

注:水分为收到基%(W/W),灰分为干基,C、H、O、N为干燥无灰基;* 为中国科学院山西煤炭化学研究所实验室检测;nd:未检出。下同。

(引自 武丽萍等，2012)

分析结果表明,煤炭腐殖酸与土壤腐殖酸具有相似的物理特性、化学组成、分子结构及分子量范围,因此具有一致的应用特性,所以煤炭腐殖酸可以作为土壤腐殖酸的有效补充,作为最洁净最稳定的有机肥源使用,可减少其他有机肥腐殖化过程中对碳和氮的消耗,同时减少 $CO_2$ 的排放。

### 3.3.3 腐殖酸对盐碱地的改良

**1. 腐殖酸结构**

腐殖酸是一种天然高分子芳香多聚物,其结构主体为芳香核,含有羧基(R—COOH)、酚羟基(R—OH)、醇羟基(R—CH₂—OH)、甲氧基(R—OCH₃)、磺酸基(R—SO₃H)、胺基(R—NH—R′)、羰基(R—CO—R′)等多种活性官能团。目前典型的结构模型是 Stevenson 提出的腐殖酸模型(图 3-10)。

腐殖酸的结构复杂,一般呈空间状,其化学性质主要是由其聚合物自身分子上的主要官能团,如羟基(—OH)、羧基(—COOH)和羰基(—C=O)、芳香化合物等决定的,因为腐殖酸大分子上具有多种官能团及其空间结构的复杂多样,造就了其复杂多样的物理化学性质。腐殖酸分子的结构决定了它有良好的亲水性、络合性、离子交换性、吸附性等功能(张月,2012)。

腐殖酸具有疏松的类似于海绵的结构,它是由微小的球形颗粒以类似于葡萄的链状结构组成的聚合体。腐殖酸表面积和表面能大,所以能吸附水中有机质、

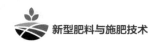

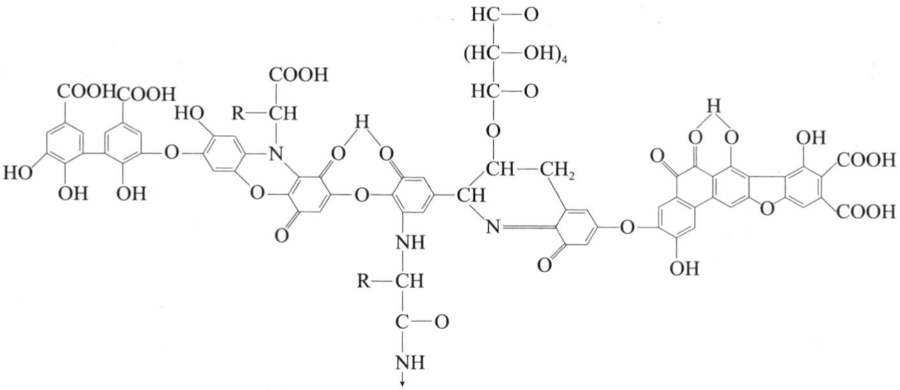

图 3-10　Stevenson 腐殖酸模型

（引自 张月，2012）

金属离子等，可以吸附、传递、浓缩和沉积环境中的金属离子。

**2. 盐碱地土壤性质**

盐碱地或盐渍土是土壤退化之后土壤的一种存在形式，是土壤中的可溶性盐分不断向土壤表层聚集，改变土壤理化性质，进而影响到作物正常生长的一种土壤退化过程，主要包括盐土、碱土、发生了盐化和碱化的土壤。盐碱地在世界各地普遍存在，特别是在干旱、半干旱和一些半湿润地区。全球约有 1432500 万亩盐碱地，我国约有 148500 万亩。我国可利用盐碱地资源约 55000 万亩，其中具有农业利用价值的盐碱耕地 16821 万亩，以及尚未开发利用的盐碱荒地 15300 万亩，且近期具备农业改良利用潜力的后备盐碱地资源为 6500 万亩（表 3-13）（杨劲松等，2021）。

表 3-13　不同区域盐碱耕地及后备资源对比　　　　　　　　　　　　　万亩

| 区域 | 盐碱耕地 | 后备资源 |
|---|---|---|
| 西北 | 6199 | 1950 |
| 中北 | 1697 | 975 |
| 华北 | 2584 | 650 |
| 东北 | 5289 | 1950 |
| 滨海 | 1052 | 975 |
| 总计 | 16821 | 6500 |

（引自 杨劲松等，2021）

盐碱土通常具有高盐和高 pH 的特点。盐碱地的形成本质上就是水和盐的流动。高含量的盐分离子溶解在水中,水分在土壤中向不同方向流动,这些盐分便随着水流在不同区域迁移。盐分在土壤结构较差等易积盐的地方不断累积,超过正常土壤盐分含量时就发生了盐碱化现象。不合理的人工耕作方式也是导致盐碱化的重要原因。高浓度的盐会使一些离子在植物中过度积累,从而导致离子毒性,加速叶片衰老;盐度过高抑制了根系吸收营养的能力,遏制了植物固碳和光合作用,最终导致产量下降。长期的土地盐碱化会使植物根际的 pH 上升,从而破坏质膜上的质子梯度,影响营养吸收和离子传输等生理过程,最终导致生理代谢紊乱,限制植物生长,甚至导致植物死亡。

**3. 腐殖酸对盐碱地的改良**

盐碱土具有含盐量高、pH 高、土壤结构差等不良理化性质,土粒分散度高,土壤结构性差,土壤水分含量较低,容重较高,通气性不好,耕性不良,严重影响作物产量和品质,甚至造成植物死亡。因此,改良盐碱土的重中之重就是降低含盐量以及改善土壤团粒结构。

(1)改善土壤团粒结构

团粒结构是指在腐殖质的作用下形成近似球形较疏松多孔的小土团,直径为 0.25～10 mm,直径<0.25 mm 的称为微团粒。团粒结构数量多少和质量好坏在一定程度上反映了土壤肥力的水平,能协调土壤的水、肥、气、热,为作物生长发育创造一个最佳的土壤条件,有利于获得高产稳产。

腐殖酸是一种大分子聚合物,不仅有足够大的表面积,而且带有大量的电荷,是土壤颗粒团聚最理想的胶结物质,有助于土壤小颗粒凝聚成大团聚体,疏松土壤,改善土壤团粒结构,从而促进盐分淋洗和防止土壤返盐。

刘畅通过扫描电子显微镜(SEM-EDS)分别对盐碱土和腐殖酸(HA)加入盐碱土后进行结构表征(刘畅,2023),结果如图 3-11 所示。盐碱土表面较为光滑,导致其联结性低,呈现较小的比表面积。而加入腐殖酸后,盐碱土壤颗粒上联结了一些更细小的土壤单元,一些层状的腐殖酸附着于土壤颗粒上增大了土壤粒径。这证明腐殖酸有利于土壤单粒联结更微小的土粒单体,形成大团聚体。

刘畅研究了加入腐殖酸(HA)前后盐碱土的孔结构参数,发现 HA 加入后的盐碱土比表面积比盐碱土比表面积的增加了 10.8%,说明 HA 加入后盐碱土比表面积变大,证实 HA 加入后土壤空隙数量增多了,土壤结构得到改善(表 3-14)。

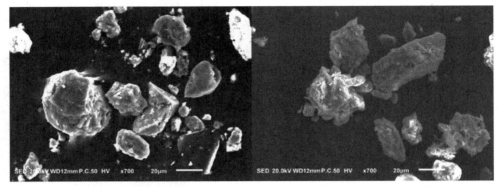

|  | |
|---|---|
| （a）盐碱土扫描电镜图（×700） | （b）HA加入后盐碱土扫描电镜图（×700） |

图 3-11　HA 加入前后盐碱土的电镜图

（引自 刘畅，2023）

表 3-14　HA 加入前后盐碱土的孔结构参数

| 样品 | 比表面积/(m²/g) | 孔径/nm | 孔体积/(cm²/g) |
|---|---|---|---|
| 盐碱土 | 14.56 | 3.86 | 0.0240 |
| HA＋盐碱土 | 16.13 | 3.87 | 0.0241 |

（引自 刘畅，2023）

王泽祥（2021）通过添加腐殖酸两种组分处理（胡敏酸和富里酸）的土壤容重较对照处理土壤容重显著降低，胡敏酸施入土壤 30 d 后，胡敏酸添加量 1%（H2）、2%（H3）、5%（H4）土壤容重较初始容重分别减少 0.012 g/cm³、0.049 g/cm³ 和 0.058 g/cm³，达到显著变化，且随着胡敏酸、富里酸添加量的增加，两种腐殖酸对土壤容重的降低幅度均呈现增加趋势，胡敏酸的效果比富里酸更为显著（图 3-12）。因为胡敏酸一方面自身有较小的密度，另一方面具有疏松多孔的特征，作为大分子胶体所具有的胶结网状结构，加入土壤后协同改善了土壤的孔隙组成和通气透水性，进而促进土壤大团聚体的快速形成。胡敏酸较之富里酸而言，具有更大的分子量和空间结构组成，胡敏酸含量高的土壤中往往具有更大的比表面积，更大的吸附能力，增加了土壤三相孔隙，具有更加降低容重的效果。

粒径大于 0.25 mm 的土壤颗粒称为大团聚体，对于抑制水土流失、提高土壤肥力、防止土壤盐碱化过程具有重要意义。土壤团聚体的形成和稳定，依赖于有机质。王泽祥在土壤团聚体培养过程中，除对照组外，按照 0.5%、1%、2%、5%添加胡敏酸、富里酸，大团聚体含量发生显著增加（$P < 0.05$）。胡敏酸处理组 H1～H4，比 CK 处理分别增加了 127.76%、126.37%、150.98%、156.66%；富里酸

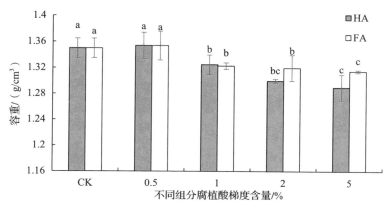

图 3-12　不同组分腐殖酸对土壤容重的影响

（引自 王泽祥，2021）

（图中小写字母表示差异性显著）

处理组 F1～F4，较 CK 处理分别增加了 105.92％、123.06％、179.53％、204.65％
（图 3-13）。

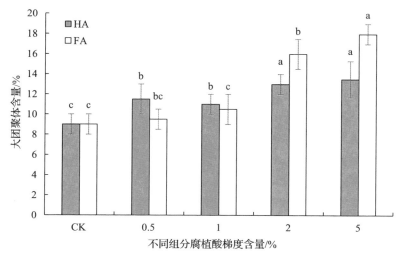

图 3-13　不同组分腐殖酸对大团聚体含量的影响

（引自 王泽祥，2021）

（2）降低土壤 pH

腐殖酸中的酚羟基和羧基显弱酸性，可以中和盐碱土壤 pH，并能与土壤中的
阳离子形成缓冲体系，使其 pH 保持一定的稳定状态。

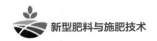 

腐殖酸钠的 pH 一般都在 9 以上,但邵丹丹研究表明,施用一定量的腐殖酸钠还是能降低盐碱土的 pH 的,因为腐殖酸能与土壤中阳离子结合生成腐殖酸盐,进而形成腐殖酸-腐殖酸盐相互转化的缓冲系统,因此可以起到调节土壤酸碱度的作用(邵丹丹,2023)。孙在金等研究发现(孙在金等,2013),施用腐殖酸处理(B)能够显著降低中盐碱土至高盐碱土壤 pH(表 3-15)。

表 3-15  不同处理下 4 种土壤淋溶后 pH

| 处理 | 低盐碱度 | 中盐碱度 | 中高盐碱度 | 高盐碱度 |
|---|---|---|---|---|
| CK | 7.573±0.271a | 7.633±0.029a | 7.650±0.010a | 7.667±0.015a |
| A | 7.560±0.020a | 7.583±0.021b | 7.577±0.015b | 7.50±0.017b |
| B | 7.567±0.153a | 7.590±0.020b | 7.573±0.032b | 7.557±0.068b |
| C | 7.553±0.058a | 7.570±0.017b | 7.570±0.041b | 7.527±0.030b |

注:同列不同处理数据后不同小写字母表示有显著性差异($P<0.05$)。下同。
(引自 孙在金等,2013)

(3)降低土壤含盐量

腐殖酸作为一种无定型高分子有机聚合物,含有较多的羧基、酚羟基等基团,对盐碱土有一定的弱酸缓冲作用,其较大比表面积和弱酸基团对土壤阳离子的交换吸附性能较高。腐殖酸的盐基交换量为 2~3 mol/kg,是土壤黏土矿物的 10~20 倍,使得土壤溶液中的盐离子($Na^+$、$Cl^-$、$HCO_3^-$、$CO_3^{2-}$、$Mg^{2+}$)能够与腐殖酸发生交换作用,降低土壤盐基含量(冯莉杰等,2022)。

于晓东等研究表明,腐殖酸土壤调理剂能够改良土壤盐碱障碍(于晓东等,2020),相比常规施肥处理,碱化度降低 4.6%~27.2%,脱盐率为 17.28%~23.53%,$Na^+$ 含量降低 15.4%~42.7%,$Cl^-$ 含量降低 20.7%~37.6%。

从 2016 年开始,连续施用腐殖酸土壤调理剂的耕层土壤盐分含量呈现降低趋势。与对照相比,施用腐殖酸土壤调理剂可降低土壤含盐量 0.53~0.70 g/kg,降幅 19.06%~25.18%;而常规施肥处理的耕层土壤盐分呈升高趋势(表 3-16)。经过 3 年的定位试验,在盐碱地上施用腐殖酸土壤调理剂的耕层土壤脱盐率为 0.72%~11.15%(2017 年小麦收获季)、6.07%~16.43%(2018 年小麦收获季)和 17.28%~23.53%(2019 年小麦收获季),土壤盐分逐年降低,降幅增大。

表 3-16  不同处理的土壤盐分含量及脱盐率

| 处理 | 全盐/(g/kg) | | | 脱盐率/% | | |
|---|---|---|---|---|---|---|
| | 2017 年 | 2018 年 | 2019 年 | 2017 年 | 2018 年 | 2019 年 |
| T1 | 2.47a | 2.34a | 2.08a | 11.15 | 16.43 | 23.53 |
| T2 | 2.66b | 2.43a | 2.15a | 4.32 | 13.21 | 20.96 |
| T3 | 2.76c | 2.63b | 2.25b | 0.72 | 6.07 | 17.28 |
| T4 | 2.82 d | 2.80c | 2.78c | −1.44 | 0 | −2.21 |
| T5 | 2.78 d | 2.80c | 2.72c | — | — | — |

（引自 于晓东等，2020）

朱福军等通过淋溶土柱试验得出研究结果（朱福军等，2017）：9 次淋洗结束后，硝基腐殖酸＋磷石膏 3：1 配施，施用量 375 kg/亩处理，在土壤层的 0～40 cm 盐碱程度降低显著，电导率、水溶 $Na^+$、水溶 $Cl^-$ 和水溶 $HCO_3^-$ 较 CK 分别显著降低 24.00％、56.33％、89.19％和 12.74％，土壤溶液 pH 降低 0.1～0.16 个单位（表 3-17）。

李杰等研究表明，施用腐殖酸土壤调理剂能够降低盐碱土壤含盐量，脱盐率为 15.1％～29.3％（李杰等，2017）。且相关性分析发现，土壤全盐降低量与施用的纯腐殖酸之间呈正相关并达极显著水平，即在本试验腐殖酸用量范围内，四季青土壤的全盐降低量随施用的纯腐殖酸量的增加而增加（图 3-14）。

表 3-17  淋溶结束后土柱的土壤中盐碱指标分析

| 土柱分层 | 处理编号 | pH | EC 值/(uS/cm) | $c(Na^+)$/(mg/kg) | $c(Cl^-)$/(mg/kg) | $c(HCO_3^-)$/(mg/kg) |
|---|---|---|---|---|---|---|
| | CK | 8.20a | 243.36a | 133.33a | 182.21a | 421.85c |
| | HA1 | 8.12b | 177.27b | 70.00b | 56.94b | 535.09a |
| | HA2 | 8.08bc | 149.22bc | 26.67c | 28.47c | 447.98bc |
| 0～20 cm | HA3 | 8.07c | 155.63bc | 25.00c | 19.93d | 423.10c |
| | XHA1 | 8.07c | 153.23bc | 26.67c | 14.24d | 485.32b |
| | XHA2 | 8.04c | 143.11c | 13.00d | 17.08d | 435.54c |
| | XHA3 | 8.07c | 147.22c | 13.33d | 17.08d | 464.16bc |

（引自 朱福军等，2017）

＊表中小写字母表示差异显著。

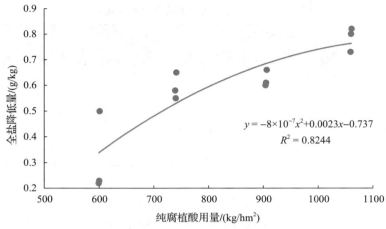

图 3-14　土壤全盐降低量与纯腐殖酸用量的关系

（引自 李杰等，2017）

### 3.3.4　腐殖酸肥料

腐殖酸在农业的应用中具有改良土壤、化肥增效、刺激作物生长发育、增强作物抗逆性能和改善农产品品质的五大作用。这五大作用不是孤立存在的，而是互相联合的、动态的综合作用，它们之间的关系可以用图 3-15 来表示。

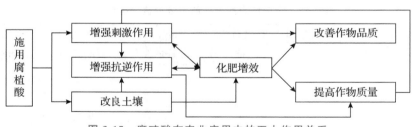

图 3-15　腐殖酸在农业应用中的五大作用关系

（引自 王苗等，2022）

将腐殖酸与氮、磷、钾等大、中、微量营养元素共同制成腐殖酸类肥料，是其在农业上最好的应用。腐殖酸类肥料按照工艺可以分为合成类、掺混类和含腐殖酸水溶肥。

（1）合成类腐殖酸肥料　包括腐殖酸单质肥（腐殖酸氮肥、腐殖酸磷肥、腐殖酸钾肥）、腐殖酸微量元素肥（腐殖酸铁）、腐殖酸衍生物肥（硝基腐殖酸、硝基腐殖酸盐、腐殖酸脲络合物）等。

（2）掺混类腐殖酸肥料　经活化后的腐殖酸钾、腐殖酸钠、腐殖酸铵等，分别与不同化学肥料混合后，制得相应的腐殖酸土壤调理剂、腐殖酸生物有机肥、腐殖酸微生物菌剂（腐殖酸作为载体）、腐殖酸有机-无机复合肥、腐殖酸复合肥等。

（3）含腐殖酸水溶肥料　按照行业标准《含腐殖酸水溶肥料》（NY1106—2010）生产的全水溶性肥料，包括大量元素型（固体和液体）和微量元素型（固体），指标见表3-18至表3-20。

表3-18　含腐殖酸水溶肥料（大量元素型）固体产品技术指标

| 项目 | 指标 |
| --- | --- |
| 腐殖酸含量/% | ≥3.0 |
| 大量元素含量/% | ≥20.0 |
| 水不溶物含量/% | ≤5.0 |
| pH（1∶250倍稀释） | 4.0～10.0 |
| 水分（H₂O）/% | ≤5.0 |

ᵃ大量元素含量指总 N、P₂O₅、K₂O 含量之和。产品应至少包括两种大量元素。单一大量元素含量不低于 2.0 %

表3-19　含腐殖酸水溶肥料（大量元素型）液态产品技术指标

| 项目 | 指标 |
| --- | --- |
| 腐殖酸含量/(g/L) | ≥30 |
| 大量元素含量/(g/L) | ≥200 |
| 水不溶物含量/(g/L) | ≤50 |
| pH（1∶250倍稀释） | 4.0～10.0 |

ᵃ大量元素含量指总 N、P₂O₅、K₂O 含量之和。产品应至少包括两种大量元素。单一大量元素含量不低于 20 g/L

表3-20　含腐殖酸水溶肥料（微量元素型）产品技术指标

| 项目 | 指标 |
| --- | --- |
| 腐殖酸含量/% | ≥3.0 |
| 微量元素含量/% | ≥6.0 |
| 水不溶物含量/% | ≤5.0 |
| pH（1∶250倍稀释） | 4.0～10.0 |
| 水分（H₂O）/% | ≤5.0 |

ᵃ微量元素含量指铜、铁、锰、锌、硼、钼等元素含量之和。产品应至少包括两种微量元素。含量不低于 0.05 % 的单一微量元素均应计于微量元素含量中。钼元素含量不高于 0.5 %

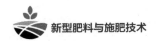

总之,腐殖酸肥料的应用是实现化肥减施增效的重要因素,在促进作物生长发育、增产提质、改善土壤理化性质、提升土壤肥力等方面意义重大。在作物生长方面,腐殖酸肥料能够增强抗逆性、提高产量、改善品质,从而实现增产增收的目标;在土壤修复方面,腐殖酸在修复土壤物理结构、调节土壤酸碱度、改善土壤肥力等方面具有综合效果。

 参考文献

陈芊如,褚德朋,Ilyas Naila,等.2021.海藻提取物的农业应用研究进展.江苏农业科学,49(20):49-56.

董璐.2015.氨基酸金属配合物的合成与表征.北京:北京理工大学.

冯莉杰,刘子静,孙彬,等.2022.简述腐殖酸土壤改良最新研究成果.腐殖酸(6):7-12,33.

高成萌,高王宇,朱军,等.2023.马尾藻有机肥发酵工艺优化及其对辣椒抗寒性的影响.广东农业科学,50(11):89-97.

高肖飞.2015.植物叶片中游离氨基酸的测定及其对大气氮沉降的响应.南昌:南昌大学.

郭宁,闫实,于跃跃,等.2016.不同生物有机肥对设施番茄及土壤的影响试验初探.中国农技推广,32(8):60-62.

李杰,姬景红,李玉影,等.2017.施用改良剂对大庆盐碱土的改良效果研究.腐植酸(2):45.

刘畅.2023.腐殖酸对盐碱土壤团粒结构构建研究.唐山:华北理工大学.

刘元林.2021.复合酶酶解牦牛血制备氨基酸液体肥的研究.兰州:西北民族大学.

马德源,马云飞,于金慧,等,2020.海藻肥在现代农业生产中的研究进展,山东农业科学,52(8):145-151.

慕康国,祁瑞,张强,等.2021.氨基酸水溶性肥料.北京:中国农业科学技术出版社.

那艳斌.2011.氨基酸与钙镁配施对番茄产量、品质影响初探.北京:中国农业科学院.

秦益民.2022.海洋源生物刺激剂,北京:中国轻工业出版社.

商启寰.2023.多肽类肥料和海藻多糖肥料对矮株番茄抵御和缓解温度胁迫的影响.泰安:山东农业大学.

邵丹丹.2023.不同农艺措施对盐碱地土壤理化性质的影响.榆林:榆林学院.

孙在金,黄占斌,陆兆华.2013.不同环境材料对黄河三角洲滨海盐碱化土壤的改良效应.水土保持学报,27(4):186-190.

王华,李茂福,杨媛等.2015.果实花青素生物合成分子机制研究进展.植物生理学报,51(1):29-43.

王苗.2022.不同来源煤炭腐殖酸的特性及其肥料应用研究.昆明:昆明理工大学.

王泽祥.2021.不同组分腐殖酸对土壤水分运动和理化性质的影响.西安:西安理工大学.

武丽萍,曾宪成.2012.煤炭腐殖酸与土壤腐殖酸性能对比研究.腐植酸(3):11.

肖毓森，王旭承，崔永一. 2022. 海藻肥对杂交兰抗低温胁迫能力的影响. 浙江农业科学，63
　　（3）：534-537.

熊顺贵. 2001. 基础土壤学. 北京：中国农业大学出版社.

杨劲松，姚荣江，王相平，等. 2021. 防止土壤盐渍化，提高土壤生产力. 科学，73（6）：30-
　　34＋2＋4.

杨英，何峰，季家兴等. 2007. 四种前体对胀果甘草细胞悬浮培养生产甘草黄酮的调控效果评
　　价. 武汉植物学研究，25（5）：484-489.

于敏，范斌，袁奇军，等. 2021. 海藻提取物对茶树抗寒性的影响研究. 茶叶通讯，48（4）：652-
　　662.

于晓东，郭新送，陈士更，等. 2020. 腐殖酸土壤调理剂对黄河三角洲盐碱土化学性状及小麦
　　产量的影响. 农学学报，10（11）：25-31.

张月. 2012. 不同分子量级别天然腐殖酸混凝化学反应特性研究. 西安：西安建筑科技大学.

赵婧，邵小达，赵晟等. 2023. 1-甲基环丙烯结合苯丙氨酸处理对桃花色苷合成的影响. 食品
　　科学，44（13）：131-138.

赵子昕，赵丽，惠海滨，等. 2023. 褐藻寡糖对茶树抗寒性影响的研究. 茶叶通讯，50（1）：
　　53-60.

朱福军，丁方军，吴钦泉，等. 2017. 含腐殖酸土壤调理剂对盐碱土的淋洗效应. 腐殖酸（6）：
　　17-27，49.

Chen Q b，Man C，Li D N，et al. 2016. Arogenate dehydratase isoforms differentially regulate
　　anthocyanin biosynthesis in Arabidopsis thaliana. Molecular Plant，9（12）：1609-1619.

Edahiro J I，Nakamura M，Seki M，et al. 2005. Enhanced accumulation of anthocyanin in cul-
　　tured strawberry cells by repetitive feeding of L-phenylalanine into the medium. Journal of
　　Bioscience and Bioengineering，99（1）：43-47.

Sogvar O B，Rabiei V，Razavi F，et al. 2020. Phenylalanine alleviates postharvest chilling injury
　　of plum fruit by modulating antioxidant system and enhancing the accumulation of phenolic
　　compounds. Food Technology and Biotechnology，58（4）：433-444.

# ④ 新型磷肥

　　新时代工业和农业发展要向绿色转型，实施资源节约战略，推动形成绿色低碳的生产与应用方式。作为动植物生长所必需的营养元素，磷是保障国家粮食安全、营养健康、资源高效的关键物质，但我国磷矿资源面临着丰而不富、品位贫化日益加速的挑战，推动磷矿资源绿色可持续利用势在必行。2023 年，工业和信息化部等八部门印发的《推进磷资源高效高值利用实施方案》中提出要推进肥料保供提品，大力开发丰富的肥料新型品种，提高肥料利用率。新型绿色高效磷肥的创制是磷矿资源利用效率提升的重要手段，也是国家一直推动发展的方向。本章汇集了具有代表性的新型绿色高效磷肥产品，分别从产生背景、产业状况、肥料特点、应用场景等多个方面对其进行综合介绍。要求掌握新型绿色高效磷肥产品特点、生产技术、作用机理和农业应用特色，助力我国新型绿色高效磷肥创制与应用。

## 4.1　磷酸脲

### 4.1.1　产品产生背景及简介

**1. 产生背景**

　　目前常用的磷酸盐肥料主要是磷酸一铵、磷酸二铵、过磷酸钙、重过磷酸钙等，这些磷肥 pH 一般在 3～8，而且属于非全水溶性肥料。为了提高磷肥有效性，降低肥料 pH、提高肥料水溶性都是重要的途径，能够满足水肥一体化等现代农业灌溉施肥技术的需求。磷酸脲作为一种全水溶性肥料应运而生，其最早由德国巴斯夫（Badische Anilin-und-Soda-Fabrik，BASF）公司于 1914 年研制成功（柳潇，2018），目前用湿法磷酸生产的磷酸脲达到了食品级标准。磷酸脲是一种高浓度水溶性氮磷复合肥,氮(N)和磷($P_2O_5$)的总养分含量可超过 60%,施入土壤后会快速溶解,可降低土壤酸度,为作物提供酸性环境,并且能够减少氨挥发和氮素损失,适用于高 pH 的碱性土壤和石灰性土壤地区,具有绿色环保的施肥效果(王保明等,2020)。同时,针对作物生长需求,磷酸脲可与中微量元素掺混,配制成营养全面的复合肥料;也可与除草剂、杀虫剂、植物生长调节剂等农药混合喷施,在农业领域具有广阔的应用前景。

**2. 概念及性质**

磷酸脲(urea phosphate),又称为尿素磷酸盐或磷酸尿素,是一种具有氨基结构的配位络合化合物,分子式为 $CO(NH_2)_2 \cdot H_3PO_4$,其化学结构式如图4-1 所示。

图 4-1 磷酸脲的化学结构式

磷酸脲是以磷酸和尿素为原料制备的磷酸复盐,一般为无色透明棱柱状晶体,呈平行层状结构,层与层之间以氢键相连,属斜方晶系(图4-2);易溶于水和乙醇,不溶于醚类、甲苯、四氯化碳和二恶烷等非极性的有机溶剂。

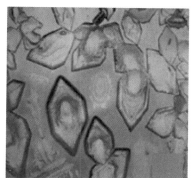

图 4-2 磷酸脲晶体的目测和显微镜图像

磷酸脲的理论含氮(N)量为 17.7%,含磷($P_2O_5$)量为 44.9%,$W(N):W(P_2O_5)=1:2.54$,氮磷总养分超过了 60%,一般饲料级和工业级磷酸脲的氮磷总养分可达 61%以上,水溶液呈酸性,1%的水溶液 pH 为 1.89;作为肥料施用时,在高 pH 的碱性土壤或石灰性土壤上效果较好,且所含尿素不会被脲酶迅速分解,具有氮素缓释的效果,其氮肥利用率也较高。

农业部于 2005 年发布了《饲料级磷酸脲》(NY/T 917—2004)农业行业标准,国家质量监督检验检疫总局和国家标准化管理委员会于 2011 年联合发布了《工业磷酸脲》(GB/T 27805—2011)国家标准,对饲料级磷酸脲一级、饲料级磷酸脲二

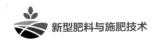

级、工业级磷酸脲的指标进行了标准划分,相关指标要求如表4-1所示。

**表 4-1　磷酸脲相关标准**

| 项目 | NY/T 917—2004 | | GB/T 27805—2011 |
| --- | --- | --- | --- |
| | 饲料级磷酸脲一级 | 饲料级磷酸脲二级 | 工业级磷酸脲 |
| 五氧化二磷(P$_2$O$_5$)/% | ≥45.0 | ≥43.8 | ≥44.0 |
| 总磷(P)/% | ≥19.0 | ≥18.5 | — |
| 总氮(N)/% | ≥17.0 | ≥16.5 | ≥17.0 |
| 水不溶物/% | ≤0.5 | ≤0.5 | ≤0.1 |
| 干燥减量/% | — | — | ≤0.5 |
| 水分/% | ≤3.0 | ≤4.0 | — |
| pH(10 g/L 水溶液) | — | — | 1.6～2.4 |
| pH(1%水溶液) | <2.0 | <2.0 | — |

注:"—"表示无要求

## 4.1.2　我国磷酸脲产品状况

2020年,我国磷酸脲产能为15万～20万t/年,一半产能用于出口,一半产能在国内消费。国内磷酸脲主要生产厂家集中在四川和云南(李会勇等,2020),大多以热法磷酸为原料间歇生产磷酸脲,即将原料首先进行预处理,然后采用间歇法生产磷酸脲。由于新疆土壤盐碱化、pH较高、水肥一体化应用面积较广等原因,磷酸脲在新疆地区应用较广,效果明显。

2020年4月21日,国内首套采用连续结晶工艺的20000 t/年磷酸脲装置在甘肃生产基地试车成功。该套生产装置采取连续绝热真空蒸发冷却结晶工艺流程进行磷酸脲的生产,制得的磷酸脲纯度较高(常鑫等,2021),肥料级湿法磷酸经过预处理后进行磷酸脲生产,不仅成本较低,还可以实现连续生产。

## 4.1.3　农用磷酸脲的特点

作为磷肥的一种,与磷酸一铵、磷酸二铵相比,磷酸脲有较高的含氮量,含磷量(除工业级磷酸一铵外)基本相近,在溶解度方面磷酸脲的水溶性更好,且溶于水后其pH远低于磷酸一铵、磷酸二铵,具体差异见表4-2。

表 4-2 磷酸脲与磷铵的基本性质差异比较

| 产品名称 | | 养分含量 | | 水不溶物 /% | pH(1% 水溶液) | 热分解临界 温度/℃ |
|---|---|---|---|---|---|---|
| | | N/% | P₂O₅/% | | | |
| 磷酸脲 | 饲料级磷酸脲 | ≥16.5 | ≥44.0 | ≤0.5 | <2.0 | 120 |
| | 工业级磷酸脲 | ≥17.0 | ≥44.0 | ≤0.1 | 1.6~2.4 | |
| 磷酸一铵 | 普通磷酸一铵 | ≥7.0 | ≥41.0 | ≤1.5 | 4.0~5.0 | 200 |
| | 工业级磷酸一铵 | ≥11.8 | ≥60.8 | ≤0.6 | 4.0~5.0 | |
| 磷酸二铵 | | ≥14.0 | ≥41.0 | — | 7.0~8.0 | 80 |

**1. 水溶性**

磷酸脲与磷酸一铵和磷酸二铵相比,其饲料级产品溶于水后水不溶物≤0.5%,工业级磷酸脲水不溶物≤0.1%,溶于水后不会出现残渣,其溶解性随着温度的升高而增加(焦立强,2009),是一种良好的水溶性肥料,可以更好地应用于水肥一体化的节水农业生产。其溶解度见表 4-3。

表 4-3 不同类型水溶性磷肥的溶解度

| 名称 | 磷酸脲 | 磷酸二氢钾 | 磷酸一铵 | 工业级磷酸一铵 | 磷酸二铵 |
|---|---|---|---|---|---|
| 溶解度(g/100 mL 水) | 97.1 | 22.6 | 36.8 | 41.6 | 72.1 |

**2. 降低土壤 pH**

磷酸脲溶于水后 1% 的水溶液 pH 为 1.89,呈现强酸性,因此在土壤中施入磷酸脲后可以明显降低土壤 pH;在碱性或石灰性土壤上能够有效活化土壤中的部分养分,可应用在滴灌、喷灌等节水农业措施中。由于其具有强酸性,可以活化钙、镁等金属离子,从而减少设施管道的结垢风险。田间试验表明,磷酸脲施入土壤后会明显降低土壤的 pH,且 pH 的变化程度受到了磷酸脲施用量的影响(Ochmian et al.,2018),即磷酸脲施用量越大,pH 降低越明显,从而有利于减少氮素损失、活化土壤中的微量元素(表 4-4)。

表 4-4 施用磷酸脲对果园土壤 pH 的影响

| 磷酸脲施用量 | 北部高丛蓝莓 Sunrise | | | 布里吉塔蓝莓 Brigitta Blue | | |
|---|---|---|---|---|---|---|
| | 0 UP* | $\frac{1}{2}$UP | 1 UP | 0 UP | $\frac{1}{2}$UP | 1 UP |
| 2013 年 | 5.29 | 5.24 | 5.35 | 5.41 | 5.44 | 5.35 |
| 2014 年 | 5.41 | 5.06 | 4.64 | 5.58 | 5.13 | 4.83 |
| 2015 年 | 5.49 | 4.87 | 4.49 | 5.37 | 4.97 | 4.68 |

注:* 0 UP 为未施肥,$\frac{1}{2}$UP＝30 kg N/hm²,1 UP＝60 kg N/hm²。

(引自 Ochmian et al., 2018)

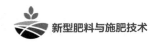

### 3. 改良盐碱地

磷酸脲施入盐碱土壤后,能够显著降低土壤 pH,达到改良碱性土壤的效果,从而有利于植物根系生长及微生物的生命活动,同时还能活化土壤中的中微量元素,提高土壤中微量元素养分的活性,在一定程度上降低土壤盐渍化危害。此外,在盐碱地上,土壤中的氮素会随着土壤含盐量的增加而加剧氨挥发,磷酸脲中的磷酸能够抑制土壤脲酶对尿素的水解,减少尿素施用后的氨挥发损失(谢萍,2007),提高氮肥利用率,在农业生产中具有积极的应用价值。

磷酸脲改良盐碱地的原理:碱性或石灰性等土壤中含有大量的钙、镁、钠的碳酸盐和重碳酸盐以及胶体表面吸附的交换性钠等碱性物质,其中碳酸钠、碳酸氢钠是易溶于水的,所以 $Na^+$ 在土壤溶液中的浓度基本上是保持恒定的,因此对于根系的毒害作用也是稳定持续的。而钙、镁、铁等碳酸盐或重碳酸盐都是非水溶性的强碱弱酸盐,难溶于水,从而无法被作物直接吸收利用。但是磷酸脲的酸性比碳酸盐、重碳酸盐的酸性更强,所以磷酸脲施入土壤后会分解碳酸盐或重碳酸盐,释放出二氧化碳和钙、镁、铁等离子,从而降低土壤微区的酸碱度,活化钙、镁、铁等营养元素,且释放出的钙离子可以减少植物根系对钠离子的吸收。

## 4.1.4　磷酸脲应用与发展

### 1. 高效复合肥料

磷酸脲由于氮、磷含量较高,可以作为氮磷复合肥。磷酸脲也能与硝酸铵、钾肥等按照一定的氮、磷比例配制成多功能复合肥料,还可在其中加入铁、锌等一些微量元素制备成多元素的复合肥料。此外,磷酸脲生产过程中得到的母液,因其仍含有氮、磷,可直接用于制备氮磷复合肥料或氮磷钾复合肥料,同时母液可使用氨水中和其中的磷酸后得到磷酸铵类的肥料。

### 2. 聚磷酸铵制备的中间体之一

聚磷酸铵是正磷酸铵和多形式聚磷酸铵的共存物,其稳定性高于磷酸脲。目前,随着国家节水节肥行动的推进,聚磷酸铵作为一种优良的水溶肥得到大力推广与应用。主要合成方法有磷酸一铵-尿素法,磷酸氨化法,磷酸铵与五氧化二磷聚合法,五氧化二磷、氨、水气相反应法等。随着磷酸脲的推广,其作为中间体与尿素合成聚磷酸铵的方法逐渐得到应用,例如尿素与磷酸脲(湿法磷酸制备)摩尔比为 2.1∶1,反应温度为 210 ℃,反应时间为 65 min。此外,聚磷酸铵对土壤中的金属离子有一定的螯合作用,可以制备生产含微量元素的功能性肥料,并且农用聚磷酸铵的聚合度通常为 2~10,溶解性好,是液体肥料的重要磷源之一(杨贵婷,2021)。

**3. 与其他农用产品配施**

磷酸脲还能与化学元素、除草剂、杀虫剂等一起混合使用,且混合后可有效提升这些产品的整体性能。将磷酸脲与除草剂一同使用,不仅能抑制杂草生长,还能提升除草剂的作用效果。例如,草甘膦作为目前全球使用最广泛的田间除草剂之一,通常在使用时将草甘膦与微肥混合喷施以节约成本,而含有 $Mn^{2+}$ 的微肥会因 $Mn^{2+}$ 对草甘膦的拮抗效应显著降低草甘膦的除草功效。研究表明,磷酸脲可以缓解甚至消除 $Mn^{2+}$ 对草甘膦的拮抗作用,并且磷酸脲浓度越高,与草甘膦、硫酸锰混合喷施的除草效果越好(王玉琦等,2016)。

此外,在其他非农业领域,磷酸脲还可以作为反刍动物饲料添加剂、饲用草料青贮剂和氨化料添加剂以及新型阻燃剂、黏合剂、水处理剂等,应用范围广泛。

# 4.2 聚磷酸铵

## 4.2.1 聚磷酸铵生产背景及简介

**1. 背景**

磷肥事关粮食安全和农产品保供,但是受资源的刚性约束和环境保护的压力影响。磷资源是短期不可再生、不可替代的有限资源。根据美国地质勘探局 2015 年公布的数据,我国磷矿资源占全球的 5.5%,却生产和消费了全世界近 30% 的磷肥,磷资源可持续利用的压力十分严峻(张伟等,2023)。养分有效性是构成磷肥技术体系的基础,国内外磷肥生产技术虽有不同,但都是基于高水溶性的技术体系,以水溶性正磷酸盐为主流的产品在土壤中容易被固定,养分利用率极低(不到 30%)。近年来,聚磷酸铵(ammonium polyphosphate,APP)作为一种含氮、磷的新型化学磷肥,越来越受到我国化肥领域的关注。与传统磷肥相比,聚磷酸铵具有养分有效性高、兼容性强、螯合功能好等优势,可以用来制造液体和固体肥料,提高磷肥利用效率,同时节约人工成本。

聚磷酸铵作为基础原料生产水溶肥,在欧美国家已十分普遍。据统计,2016 年约有 2400 万 t 聚磷酸铵用于农业生产,其中美国、加拿大、俄罗斯和墨西哥的使用量分别占到全球总使用量的 83%、8%、4% 和 4%(王凤霞等,2018),我国的使用量则很少。相比而言,聚磷酸铵在我国农业上的应用刚刚起步,但随着我国农业生产的集约化、规模化发展,以及滴灌、喷灌等节水农业的迅速扩大,聚磷酸铵在农业

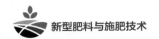

生产上的开发与应用具有巨大的前景。

### 2. 简介

聚磷酸铵,又称多聚磷酸铵、缩聚磷酸铵,分子通式为$(NH_4)_{n+2}P_nO_{3n+1}$,化学结构式如图4-3所示,是一种含氮、磷的新型化肥(陈清等,2015),主要是由磷酸缩聚形成的直链形的聚磷酸与铵离子形成的盐(骆介禹等,2005)。

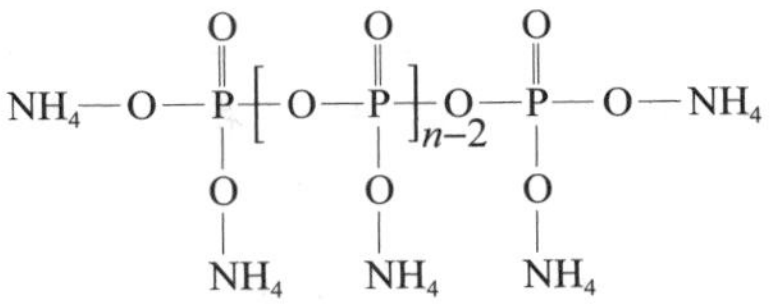

图 4-3　聚磷酸铵的结构式

按分子链形状,聚磷酸铵可以分为直链形、支链形和环状(骆介禹等,2005)。实际上,聚磷酸铵是一种混合物,由结构与性质相似但聚合度不同的聚磷酸盐分子组成,即不同形态的聚磷酸盐分子,常用 $n$ 来表示其平均聚合度(刘续等,2020)。目前,肥料级聚磷酸铵的平均聚合度一般不大于 20,不同形态的磷主要含焦磷酸盐(二聚)、三聚磷酸盐和四聚磷酸盐,因工艺技术不同而导致产品的聚合度大小与分布有所差异,从而影响其性质和效果。

按聚合度大小分类,聚磷酸铵可分为低聚、中聚和高聚 3 种,但没有提出确切的划分界限(骆介禹等,2005)。聚合度较高的聚磷酸铵,由于其具有热稳定好、低烟、密度小及无熔融滴落的特点,因此常作为一种无卤阻燃剂应用于消防领域中。聚合度越高的聚磷酸铵,其疏水性越好,其聚合度可高达 1000 以上,有的甚至达到了 2000,这极大地推动了聚磷酸铵在阻燃领域的应用。低聚聚磷酸铵($n<20$)呈水溶性,可用作化肥使用,特别是用作配制高浓度复合肥的基础磷肥,又称为农用聚磷酸铵,具有养分含量高、螯合性和缓释性好、性质稳定、水溶性好、pH 接近中性等特点。当 $n$ 为 1 时,为磷酸铵;当 $n$ 为 2~20 时,聚磷酸铵的水溶性较好;当 $n$ 大于 20 时,聚磷酸铵难溶于水中,且聚合度越高则其水溶性越差。

目前聚磷酸铵产品包括液体和固体形态。国外主要为液体聚磷酸铵,而在缺乏液体肥的贮存、运输和施用服务系统的地区,生产固体聚磷酸铵意义重大。我国于 2021 年颁布了《肥料级聚磷酸铵》(HG/T 5939—2021),规定了对固体和液体两大类产品的技术要求(表 4-5)。

表 4-5　《肥料级聚磷酸铵》(HG/T 5939—2021)的技术要求

| 项目 | | 指标 | | | |
|---|---|---|---|---|---|
| | | 固体 | | 流体 | |
| | | Ⅰ类 | Ⅱ类 | Ⅰ类 | Ⅱ类 |
| 外观 | | 均匀的固体粉末或颗粒,无可见机械杂质 | | 均匀流体,无可见机械杂质 | |
| 总养分(N+$P_2O_5$,%)[a] | ≥ | 68.0 | 54.0 | 46.0 | 43.0 |
| 有效磷(以 $P_2O_5$ 计,%) | ≥ | 55.0 | 41.0 | 36.0 | 33.0 |
| 总氮(以 N 计,%) | ≥ | 12.0 | 12.0 | 9.0 | 9.0 |
| 聚合率/% | ≥ | 75.0 | 60.0 | 65.0 | 60.0 |
| 水不溶物/% | ≤ | 0.5 | 1.0 | 0.2 | 0.5 |
| 水分/%[b] | ≤ | 3.0 | 3.0 | | |
| pH[c](1:250 倍稀释) | | 标明值 | 标明值 | 标明值 | 标明值 |

　　[a]组成产品的单一养分测定值与标明值负偏差的绝对值应不大于 1.5%,且总养分应大于等于标明值。

　　[b]水分仅对固体产品作要求,以生产企业出厂检验数据为准。

　　[c]pH 应以单一数值标明,测定值与标明值的差值的绝对值应不大于 1.0,固体产品标明值应在 4.0～9.0,液体产品标明值应在 5.0～9.0。

## 4.2.2　聚磷酸铵的产业化情况

### 1.聚磷酸铵发展过程

　　1965 年美国孟山都公司首先开发并投入工业生产,主要用作阻燃剂,日本、西德、苏联等国于 20 世纪 70 年代初开始大量生产聚磷酸铵。近年来聚磷酸铵已逐渐进入复合肥和液体肥的生产领域,在发达国家已得到广泛应用。20 世纪 70 年代初,美国田纳西河流域管理局开发了用商品湿法磷酸氨化生产含聚磷酸铵的熔融体,主要用于制备悬浮肥,后又用于制造颗粒复合肥(王连祥,2008)。目前,国外的聚磷酸铵生产技术已趋于成熟,逐渐形成了湿法磷酸净化-聚磷酸铵生产-聚磷酸铵配方肥生产的模式(林明等,2014;刘续等,2020)。

　　我国对聚磷酸铵的研究起步较晚,于 20 世纪 80 年代开始聚磷酸铵的合成和应用研究,主要用于生产阻燃剂。专业生产肥料级聚磷酸铵的企业尚少。经过多年的发展,我国聚磷酸铵的生产已具有一定的基础,基本上满足了国内市场的需要(许德军等,2020)。目前,我国聚磷酸铵生产能力主要集中在西南、华东和中南地区,以西南地区产量最大(汪家铭,2009)。

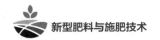

## 2. 国内外聚磷酸铵产品情况

我国聚磷酸铵制造工艺成熟,出口量大,但总体呈现产业大而不强,企业小而散的特征,而发达国家依靠"品牌＋渠道"的成熟商业模式占据了聚磷酸铵产业链的高附加值环节。欧美聚磷酸铵市场趋向平稳,而国内市场空间还十分巨大(李文娟等,2022)。国外聚磷酸铵大型生产企业较多,集中在美国、加拿大、德国等国家(刘续等,2020)。在美国,聚磷酸铵是磷肥的主要来源之一,用聚磷酸铵生产液体肥是美国等发达国家的普遍做法,美国聚磷酸铵约占磷肥总使用量的17%(张承林,2016)。2014 年,美国生产农用聚磷酸铵的工厂有 130 家,年产量达到 150 万 t(林明等,2014),2018 年年产量达 200 万 t(刘续等,2020),但依然存在需求缺口,美国农业生产对聚磷酸铵的依赖性增加(张承林,2016)。

肥料级聚磷酸铵在美国等发达国家常用于液体肥生产,主要应用于大田作物,最常用且使用数量最多的是液体聚磷酸铵,主要养分配方包括 10-34-0 和 11-37-0(杨旭等,2018)(表 4-6)。不同聚磷酸铵产品的聚合度分布见图 4-4。

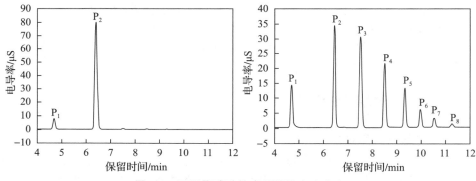

图 4-4　不同聚磷酸铵产品的聚合度分布

固体 APP 18-58-0(左);液体 APP 11-37-0(右)

表 4-6　不同聚磷酸铵的聚合度分布

| APP 配方 | 平均聚合度 | 聚合率 | 正磷酸 | 焦磷酸 | 三聚磷酸 | 四聚磷酸 | 五聚磷酸 | 六聚以上 |
|---|---|---|---|---|---|---|---|---|
| 18-58-0 | 1.8 | 75% | 25% | 72% | 3% | 0 | 0 | 0 |
| 11-37-0 | 2.6 | 75% | 25% | 35% | 15% | 10% | 8% | 7% |

我国聚磷酸铵的生产厂家主要集中于磷矿资源丰富的云贵川地区。由于工艺技术、制备原料条件、农业生产需求等因素限制,聚磷酸铵以固体为主,产品分布主要为焦磷酸铵,聚合度以 2～5 为主,常见的养分配方为 18-58-0。也有少数几家企

业,可生产液态聚磷酸铵用于出口。

### 4.2.3  聚磷酸铵的特点及其应用

相对于磷酸一铵和磷酸二铵,聚磷酸铵有 3 个主要优点(图 4-5):一是缓释性,正磷和聚磷对作物都是有效的,但聚磷必须水解为正磷酸盐才能被作物吸收利用,而缓慢的水解过程就表现为缓释性。二是具有很好的溶解性,可以在水肥一体化中应用。三是具有螯合性,不仅可以螯合其他金属离子,如中微量元素,也可活化土壤中的微量元素。而由于其具有螯合性,避免了在土壤中被迅速固定,聚磷酸铵可维持五周至数月不被土壤吸附固定,实现了缓释性。因此,在石灰性土壤上施用聚磷酸铵时,可提高磷肥的利用效率,颗粒聚磷酸铵可达 30%,液体聚磷酸铵可达49%。此外,聚磷酸铵不含游离态氨,可以减少运输和施用过程中的氮损失。聚磷酸铵的缓释周期、移动距离、螯合能力等都与产品本身以及土壤环境条件有关。具体如下。

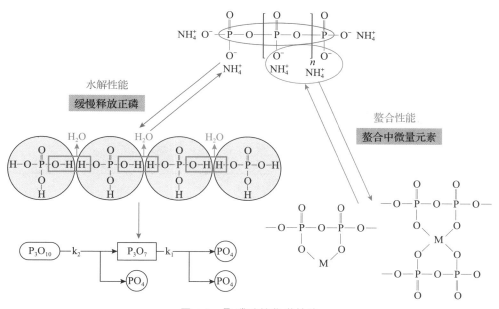

图 4-5  聚磷酸铵化学性能

### 1. 聚磷酸铵的水解特征及缓释性

聚磷酸铵中的磷酸盐包含多种形态,一般而言,仅正磷酸盐可直接被植物吸收利用,而焦磷酸盐、三聚磷酸盐、四聚磷酸盐等多聚磷酸盐只有水解为正磷酸盐后才能被植物吸收利用。其养分释放周期取决于聚磷酸铵的水解速率,而水解速率又取决于其自身主要特征(如平均聚合度、不同形态磷的分布等),还受酶、温度、pH、金属离子等因素的影响。因此,水解反应控制着作物对聚磷酸铵中磷的吸收(王蕾等,2015)。

(1)聚磷酸铵自身特征对其水解的影响　聚磷酸铵是聚合度不同的聚磷酸盐混合物,含多种形态聚磷酸盐分子的聚磷酸铵的水解过程较为复杂,因此聚磷酸铵中不同形态磷的分布特征会影响水解速率(刘续等,2020)。在直链形聚磷酸铵中,水解速度随着聚合度的增加而加快,聚合度越高的聚磷酸盐稳定性越差,其中焦磷酸盐的水解速率最慢,最为稳定。

有研究发现,四聚磷酸铵在溶液中会发生一系列连续的一级反应,生成三聚磷酸盐、焦磷酸盐及正磷酸盐。施用于土壤中时,四聚磷酸盐水解为三聚磷酸盐需时约 1 d,三聚磷酸盐水解为焦磷酸盐和正磷酸盐需时约 7 d,焦磷酸盐水解需时 4～100 d,限制了植物幼苗对磷的利用(王蕾等,2015;Farr et al.,1972)。

对比不同聚磷酸铵产品 18-58-0 和 11-37-0 在去离子水中的水解状况,可以发现,正磷所占比例随时间增长而增长,培养 50 h 后,含多种形态聚磷酸盐的 11-37-0 水解后正磷增量为 19%,以焦磷酸盐为主的 18-58-0 水解后正磷增量为 11%(表4-7)(Yan et al.,2023)。

表 4-7　不同聚磷酸铵的正磷增量随时间变化特征　　　　　　%

| APP 配方 | 0 h | 1 h | 2 h | 4 h | 12 h | 16 h | 20 h | 24 h | 30 h | 40 h | 50 h |
|---|---|---|---|---|---|---|---|---|---|---|---|
| 18-58-0 | 0 | 0 | 0 | 0 | 3 | 4 | 5 | 6 | 7 | 9 | 11 |
| 11-37-0 | 0 | 0 | 1 | 2 | 5 | 8 | 9 | 11 | 13 | 16 | 19 |

(2)温度对聚磷酸铵水解的影响　温度是影响聚磷酸铵水解的重要因素,温度越高,聚磷酸铵水解越快,低温则会限制土壤中聚磷酸铵的水解。首先,化学反应速率与反应中的活化分子有关,温度越高,活化分子碰撞越多,化学反应速率越快。其次,随着温度的上升,土壤中酶的活性提高,催化水解的速率上升,从而加快聚磷酸铵的水解(王蕾等,2015)。

(3)pH 对聚磷酸铵水解的影响　聚磷酸铵的水解与 pH 显著相关,一般而言,低 pH 环境下,聚磷酸铵水解更快。当 pH 由 6.0 下降至 4.0 时对聚磷酸铵水解的影响不明显,但是 pH 下降至 2.0 时显著促进了聚磷酸铵的水解。聚磷酸铵在酸性环境中的活化能要低于在中性环境中,pH 越低,聚磷酸铵水解活化能越低,反应速率越快。此外,pH 能影响酶的活性,在一定条件下,酶促反应的速率与 pH

呈相关性,影响聚磷酸铵的水解(王蕾等,2015;谢汶级等,2019)。有研究发现,在水溶液中培养 90 d 后,聚磷酸铵中不同形态的磷会随 pH 的不同而发生显著变化,如表 4-8 所示(Wang et al.,2022)。

**表 4-8　不同 pH 下,聚磷酸铵中正磷酸盐的比例随时间的变化特征**　　　　%

| pH | 0 d | 7 d | 28 d | 42 d | 60 d | 90 d |
| --- | --- | --- | --- | --- | --- | --- |
| 2 | 7 | 12 | 24 | 29 | 36 | 43 |
| 7 | 7 | 9 | 13 | 16 | 16 | 20 |
| 9 | 7 | 7 | 8 | 8 | 8 | 9 |

(4)金属离子对聚磷酸铵水解的影响　　金属离子的存在会影响聚磷酸铵的水解过程,但不同金属离子对聚磷酸铵水解的影响较为复杂(王燕等,2020)。金属离子影响聚磷酸盐水解的原因推测主要有:①金属离子影响了聚磷酸盐的结构,从而改变聚磷酸盐的水解动力,改变水解反应速率;②金属离子能催化聚磷酸盐的水解;③有金属离子存在的溶液中,电解质影响氢离子的催化活性,或金属离子与氢离子竞争形成络合物,对聚磷酸盐的水解产生影响(王蕾等,2015)。研究发现,镁离子的存在对聚磷酸铵水解具有减缓作用(王燕等,2020),而锌离子则会促进聚磷酸铵的水解(Yan et al.,2023)。

(5)酶与微生物对聚磷酸铵水解的影响　　聚磷酸铵最初的水解由酶促反应控制。酶促反应可大大降低反应的活化能,从而增大反应速率。土壤中的磷酸酶是聚磷酸盐水解的关键酶,它由植物根系分泌以及微生物活动产生,其活性受土壤的理化性质影响。酶与微生物的活性越高,其水解速率越快(王蕾等,2020)。

**2. 聚磷酸铵的溶解度和复配性**

肥料级聚磷酸铵($n<20$)为全水溶,其溶解度因聚磷酸铵的聚合度不同而存在差异,较高聚合度的聚磷酸铵具有更高的溶解度。聚磷酸铵的理化性质稳定,可添加尿素硝铵、钾肥、杀虫剂、植物生长调节剂及微量元素等进行复配,实现肥料多功能化。此外,通常聚磷酸铵的 pH 接近中性,施用于农作物时安全系数高,在施肥系统中应用时,应重点关注灌溉水的 pH 和 $Ca^{2+}$、$Mg^{2+}$ 浓度,其值高时会出现沉淀。

**3. 聚磷酸铵的螯合特征**

由螯合配位体(含两个或两个以上具有孤对电子的配位体)与中心离子同时形成两个或更多的配位键而生成环状结构的配位化合物称为螯合物。聚磷酸铵螯合物可以看作是由聚磷酸铵中的一个或几个弱酸性质子被一种金属离子取代而生成

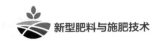

的,该螯合物能提高溶液中金属离子的含量,从而使溶液保持澄清状态。但过多的金属离子会与溶液中存在的正磷酸根反应,产生磷酸盐沉淀。

聚磷酸铵具有一定的螯合性质,在水溶肥中可以螯合金属元素,防止溶液中的金属杂质形成沉淀,有利于制成高浓度、高品质的水溶肥。施用在土壤中,聚磷酸铵对土壤中的中微量元素(Ca、Mg、Fe、Mn、Zn 等)有螯合作用,故可以减少土壤对磷的固定(王燕等,2020)。

不同聚合度的聚磷酸铵对不同中微量元素的螯合容量也存在差异,且受温度和 pH 的影响。金属离子的螯合容量随着温度和 pH 的升高而增加,聚合度越高,其对中微量元素的螯合能力越强。因此,在农业生产过程中,使用含中微量元素的水溶性聚磷酸铵时,为防止其过度水解和反应生成沉淀,宜尽量将中微量元素含量控制在相应水溶性聚磷酸铵的溶解范围之内,且不宜较长时间储存。

**4. 聚磷酸铵的移动能力**

磷主要以扩散的方式从施肥点开始向四周移动,因此土壤的吸附与沉淀反应会严重影响和限制磷的移动,并影响植物对磷的吸收。如果磷在土壤中可以保持相对长久的溶解性与移动性,则可以大大提高磷肥的利用率(杨旭等,2018)。

聚磷酸铵具有螯合多种金属离子的能力,施用于土壤中可以直接与其中的微量元素形成可溶性螯合物,从而提高磷素在土壤中的移动性(刘续等,2020)。但当聚磷酸铵水解后,移动性则降低。因此,聚磷酸铵的移动能力很大程度取决于其水解速率。如果水解速率大于扩散速率,磷的移动主要以正磷酸盐的形式进行,这样聚磷酸盐的移动与正磷酸盐相差不大;如果水解速率缓慢,比如在强碱性或钙质土壤中(且微生物活性较低),磷主要以聚磷酸盐的形式移动,这时螯合反应将决定磷的移动性、磷的反应产物以及作物的磷吸收效率(杨旭等,2018)。

聚磷酸铵可促进磷在土壤中的移动,在质地为壤土和黏土的石灰性土壤中,不论是一次性施用还是分次滴施,磷的移动性均表现为聚磷酸>焦磷酸>磷酸脲。在质地为壤土的石灰性土壤上培养 28 d 后,聚磷酸的移动能力优势显著,其中聚磷酸的移动距离可达 90 mm,而焦磷酸和磷酸脲则分别为 60 mm 和 50 mm(图 4-6)(亢龙飞等,2020)。

聚磷酸铵能显著促进玉米根系生长。不同形态磷肥均显著增加了玉米根系生物量,聚磷酸铵处理根系生物量最大,显著高于其他形态磷肥处理(图 4-7);其原因可能是聚磷酸铵的缓释性和移动性,保证了土壤有效磷的含量在理想范围,从而促进了根系的旺盛生长(安军妹,2020;王利阳,2022)。

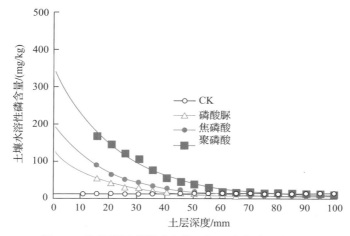

图 4-6 施用不同磷源后土壤不同深度水溶性磷含量

注：CK，不施磷肥；MAP，磷酸一铵；DAP，磷酸二铵；UP，磷酸脲；APP，聚磷酸铵。

图 4-7 不同形态磷肥对玉米根系生物量的影响

## 5. 小结

聚磷酸铵是聚合度不同的聚磷酸盐混合物，其中的聚磷酸盐只有水解为正磷酸盐后才能被植物吸收利用。因此，水解反应控制着作物对聚磷酸铵中磷的吸收。当水解速率缓慢时，聚磷酸铵表现为缓释性，适度持续供磷可能会促进作物根系的生长。同时，聚磷酸铵具有螯合能力，在水溶肥中表现出良好的溶解性和复配性，施用在土壤中可以减少土壤对磷的固定，从而提高聚磷酸铵的移动能力，改善作物对磷的吸收利用。因此，聚磷酸铵在不同土壤类型的有效性表现很可能是土壤金

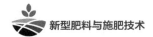 

属元素螯合与水解速率综合影响的结果（图 4-8）。同时，聚磷酸铵的作用效果会受到自身特性、酶活性、温度、pH、金属离子、土壤质地等多方面因素的共同影响。在实际应用中，我国各地土壤类型、作物种类和气候环境等条件各不相同，因此，聚磷酸铵的施用效果也大相径庭。当前聚磷酸铵的相关研究还不够系统和全面，实际农业试验数据还不够充分，亟须更多研究工作支撑，以明确其作用机制。

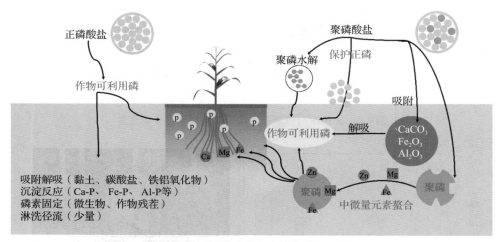

图 4-8　正磷酸盐与聚磷酸盐在土壤化学界面的不同行为

# 4.3　亚磷酸盐

## 4.3.1　产生背景及简介

在二十世纪三四十年代，欧洲各国和美国农业生产应用的磷酸盐肥料供应受到了严重威胁。德国的农业科学家和美国农业部开始寻找磷肥的替代来源（MacIntire et al.，1950），并在此过程中发现亚磷酸盐（Phosphite，Phi）可用于补充植物中的磷，因为该化合物能够更缓慢地释放磷养分，从而有可能为植物提供更经济的磷养分来源。尽管亚磷酸盐在结构上与磷酸盐相似，但缺少一个氧原子会显著改变其化学性质。亚磷酸盐通常比磷酸盐更易溶解，并且亚磷酸盐与土壤发生的反应较少，使其更容易被植物根系利用。因此，亚磷酸盐被认为可能是磷养分的一种更好的替代品(Achary et al.，2017)。目前亚磷酸盐作为重要的化工原料，在多个领域得到了广泛应用。

自 20 世纪 30 年代以来，人们一直在研究含有亚磷酸盐的还原磷化合物，作为满足作物磷需求的潜在来源。研究者得出结论：亚磷酸盐不能作为植物的磷源(Förster et al.，1998)。因此，20 世纪 70 年代，亚磷酸盐作为一种针对卵菌门(即疫霉属和腐霉属)的高效杀菌剂重返市场。由于亚磷酸盐的抗菌增效作用给环境带来节能减排效应，美国环保总署将亚磷酸及亚磷酸盐产品归类为一种环保的农药。然而，当加利福尼亚大学戴维斯分校植物病理学教授 Lovatt 在柑橘试验中发现缺磷引起氮代谢变化时，通过喷施亚磷酸钾，缺磷的柑橘可以恢复植物的生化反应并恢复其正常生长时，科研人员开始重新关注亚磷酸盐作为肥料的应用前景(Lovatt et al.，1990)。之后，越来越多的科研工作者报道了亚磷酸盐用作肥料的作用效果。亚磷酸盐不仅可以延长作物生育期从而提高产量，还可以作为肥料施用降低土壤 pH，也可以提高除草剂的防草效果(McDonald et al.，2001；Singh et al.，2003)。在此之后，美国的一系列专利所描述的含有亚磷酸盐的配方产品都适合用作磷肥。目前，在美洲和欧洲可作为肥料销售的亚磷酸盐产品名录已有几十个。我国也正积极研制开发亚磷酸盐肥料产品，并在市场上开始应用。

### 4.3.2　定义和性质

亚磷酸是一种无机化合物，化学式为 $H_3PO_3$(图 4-9)，分子质量为 82，为白色结晶性粉末，易溶于水、乙醇，能在空气中缓慢氧化成磷酸。亚磷酸为二元酸，其酸性比磷酸稍强，且具有强还原性、强吸湿性和潮解性，有一定的腐蚀性。亚磷酸主要用作还原剂、尼龙增白剂、亚磷酸盐原料、农药中间体以及有机磷水处理药剂的原料。

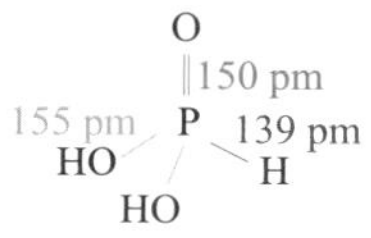

亚磷酸盐($H_2PO_3^-$；$HPO_3^{2-}$)是代表亚磷酸($H_3PO_3$)的无机盐。在自然界中，游离元素 P 并不存在，由于其较强的反应性，与空气中的氧和氢等元素结合，当完全氧化时，P 与 4 个氧原子结合形成正磷酸盐(Phosphate，$PO_4^{3-}$；Pi)，含有正磷酸根，磷为 +5 价态。当它没有完全氧化且氢占据了一个氧原子的位置时，所形成的分子称为亚磷酸盐(Phosphite，$PO_3^{3-}$；Phi)，含有亚磷酸根，磷为 +3 价态。正磷酸盐和亚磷酸盐二者由于结构差异，显著改变了分子性质和反应性(表 4-9)。亚磷酸盐比正磷酸盐肥料(32%P)含有更高浓度的 P(39%)，且更易溶解。

图 4-9　亚磷酸结构式

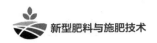

表 4-9　亚磷酸盐与磷酸盐的对比

| 种类 | 磷酸盐 | 亚磷酸盐 |
| --- | --- | --- |
| 溶解性 | 低 | 高 |
| 缓释性 | 无 | 高 |
| 螯合性 | 无 | 高 |
| 土壤中的移动性 | 移动性低,容易被固定 | 移动性较高,易分布于根系周围 |
| 植物中的移动性 | 移动性高,只在木质部运输 | 移动性极高,可在木质部和韧皮部双渠道传导 |
| 稳定性 | 非常稳定 | 稳定性较差,易被氧化 |
| 抗病性 | 无抗病性 | 有显著防效 |
| 免疫诱导 | 无 | 有 |
| 价格 | 低 | 高 |

亚磷酸盐含有 $PO_3^{3-}$、$HPO_3^{2-}$、$H_2PO_3^-$ 等阴离子及 $K^+$、$Na^+$、$NH_4^+$ 等阳离子,是磷酸的碱性金属盐,亚磷酸根离子具有两对非共用电子,这种还原性使得亚磷酸盐在一些化学反应中能够给予其他物质电子(McDonald et al.,2001)(图 4-10)。通过其具有的非共用电子对,形成配位键使得亚磷酸盐与一些金属离子或其他化合物中的阳离子形成配位化合物,从而发挥螯合作用。这通常发生在含有金属离子的体系中,如土壤

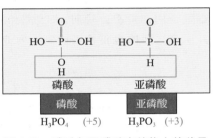

图 4-10　磷酸与亚磷酸在结构上的差异

溶液,其中亚磷酸盐的电子对与金属离子形成配合物,改变了金属离子的性质和活性。由于亚磷酸盐施入土壤中不易被土壤中的钙($Ca^{2+}$)、镁($Mg^{2+}$)等固定,其固定和吸附能力低于正磷酸盐,所以易被作物吸收,可提高磷肥利用率。

在自然环境中,亚磷酸盐较难被吸附。研究表明,施入土壤 1 周后 90％ 以上的正磷酸盐可以被土壤固定吸附,而亚磷酸盐则只有 35％ 被吸附。此外,在相似的温度和 pH 条件下,亚磷酸盐的溶解能力约是正磷酸盐的 1000 倍(Pasek,2008)(图4-11),所以亚磷酸盐更容易进入水体。亚磷酸盐比正磷酸盐的活性强,能与很多化合物发生反应,其与有机物的反应比正磷酸盐的反应更复杂,这些反应在有机磷化学中已得到广泛使用,反应能形成缩合磷酸盐、有机 C-P 化合物、C-O-P 化合物等。例如,亚磷酸与乙醛易发生磷酸缩合反应生成磷酸酯(McDowell et al.,2004)。

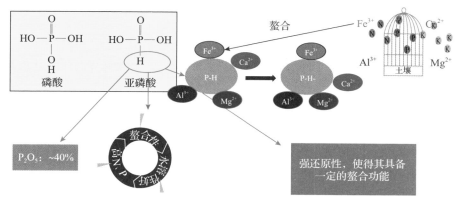

图 4-11　亚磷酸盐的特性

### 4.3.3　产品性能与用途

亚磷酸盐作为一种多功能的产品,在农业领域有着广泛的应用。

**1. 水溶性好,溶解度高**

以肥料中常见的含有不同价态磷、养分相似的两种磷源为例。磷酸二氢钾化学式为 $KH_2PO_4$,分子量 136,溶于水,不溶于乙醇,磷($P_2O_5$)含量 52%,钾($K_2O$)含量 34%。亚磷酸钾化学式为 $K_2HPO_3$,分子量 158,极易溶于水,不溶于酒精,磷($P_2O_5$)含量 44.9%,钾($K_2O$)含量 59.5%。二者物理性质相似,均富含磷、钾两种作物生长必需营养养分,水溶性好,溶水后几乎没有残渣,在相同质量条件下,亚磷酸钾提供的钾量约为磷酸二氢钾的两倍,其磷含量低于磷酸二氢钾。因此,从养分角度分析,亚磷酸钾作为肥源更具有优势(王龙,2023)。

**2. 固定率低,吸收速率快**

亚磷酸根不易被土壤固定,具有良好的移动性。研究表明,施用少量亚磷酸钾代替部分肥料,可减少土壤中被固定的有效磷,被吸收的有效磷增加了。亚磷酸盐的内吸性能较好(田静等,2022)。作为植物营养来源的磷酸盐中 +5 价磷只能在木质部中向上传导运输(李宝玉等,2017)。亚磷酸盐被土壤胶体吸附并固定的可能性比磷酸盐小,亚磷酸根离子可在植株体内的木质部和韧皮部进行双通道运输,有利于加快营养物质的运输和吸收,内吸性能好(Lovatt,1990)。Borza 通过叶面喷施亚磷酸钾和磷酸钾,对马铃薯块茎和叶片中的亚磷酸盐和磷酸盐含量进行离子交换层析检测和分析。结果显示,喷施亚磷酸钾造成马铃薯叶片与块茎中亚磷

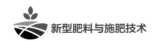

酸盐大量积累,而磷酸盐在叶片中的含量保持稳定,进一步证明了亚磷酸盐的＋3价磷可以在植株的木质部和韧皮部进行运输(Borza et al.,2014)。亚磷酸盐通过叶片喷施或根施后,可通过作物的叶、根快速运输至全身,满足作物盛果期的顶端营养,避免植物营养生长过剩,使作物花芽饱满,有效控制顶端优势,促进花芽分化,提高作物品质。

**3. 具有缓释态磷的特性**

亚磷酸盐可被土壤微生物代谢氧化形成磷酸盐,并在植物体内积累,但因＋3价态磷无法直接参与植物体内代谢,使其营养价值存在争议,限制了亚磷酸盐成为磷源。但亚磷酸盐可以通过植物体内酶的转化成为正磷态被作物利用,以正磷酸盐形式参与作物体内代谢,但过程相对较长,大概需要经过 4 个月时间才能完全氧化成磷酸盐(王龙等,2023),其氧化过程受多种因素影响,不同形态磷之间的相互转化颇为复杂。亚磷酸盐可以还原硫酸盐使自身氧化(Schink et al.,2000),也可以通过复杂的歧化反应氧化为正磷酸盐(Morton et al.,2003),歧化反应方程如下:

$$6H_3PO_2 \longrightarrow 2PH_3(气) + 4H_3PO_3$$
$$3H_3PO_2 \longrightarrow H_3PO_3 + 2P + 3H_2O$$
$$4PH_3 + 5O_3 \longrightarrow 2H_3PO_2 + 2H_3PO_3$$
$$4H_3PO_3 \longrightarrow PH_3 + 3H_3PO_4$$

利用亚磷酸盐在作物内的缓释态磷的特性(McDonald et al.,2001),可以短时间内积累大量亚磷酸盐,从而达到控旺或除草的目的。

**4. 替代部分正磷酸盐促进作物的生长**

亚磷酸盐是一种富含磷元素的化合物,磷是植物生长所必需的营养元素之一。一般情况下,磷酸盐化合物被认为是提供植物磷营养的最主要形式,亚磷酸盐同样为磷源,有作为肥料的可能。它部分替代正磷在作物前期不会造成作物出现缺磷症状,反而对作物有促进生长、减少病害的作用。亚磷酸盐完全替代正磷酸盐成为磷源会导致植物枯死,替代部分正磷酸盐成为近年研究的焦点。有研究表明,亚磷酸盐在一定比例内替代磷酸盐,可促进黄瓜干物质积累,其原因为低磷胁迫提升磷利用率,促进作物地上部及根系生长。因此,亚磷酸盐在空气中被氧化的速度较慢,所以植物生长前期适当的缺磷胁迫可使植株通过体内磷素的再分配进行调节,提高养分利用率;到后期亚磷酸盐被氧化成磷酸盐,正好可以满足植株后期对磷素的需求(楚雯瑛等,2013)。亚磷酸盐与正磷酸盐合理配比的磷源不仅能提高磷肥利用率,也能进一步提升作物的产量与品质。同时亚磷酸盐不易被土壤中钙、镁、铁等中微量元素固定,提高了磷与中微量元素的利用率。

**5. 具有杀菌、抑菌的功能**

亚磷酸盐在国际上已经被用作杀菌剂。亚磷酸盐阻碍微生物生理活动中酶的活性、抑制孢子的形成,从而抑制菌类的生长繁殖,起到杀菌、抑菌的作用。大量试验表明,亚磷酸钾对马铃薯晚疫病、大豆根腐病、大豆白霉病、油松枯梢病等真菌性病害均有很好的抑制作用(Lovatt et al.,2006)。

亚磷酸盐在作物上抗病机制主要表现为以下方面(图 4-12):①亚磷酸盐可以直接攻击病原体,并诱导植物产生代谢物质(Thao et al.,2008),抑制或杀伤病菌。同时其对植物和人类的安全性较高,对环境友好,不会留下有害残留物,并可以防治多种病害,减少病害对植物的危害(李宝玉等,2017)。②干扰病原菌代谢,抑制菌丝生成。研究表明,通过苯并噻唑衍生物与亚磷酸反应得到的 4 个苯并噻唑衍生物的亚磷酸盐,对禾谷镰刀菌有较好的抑制效果。推测其抑菌机理可能是通过干扰菌体糖代谢,使菌体细胞产生糖饥饿现象,刺激几丁质酶基因表达,不断降解菌丝顶端新合成的几丁质,影响菌丝末端细胞壁的形成,达到抑制病原菌生长的目的。有研究认为亚磷酸盐是通过抑制氧化磷酸化来抑制卵菌纲真菌的代谢,或者通过激活植物自然防御反应来防治植物的卵菌纲病害(McGrath et al.,2009;Guest et al.,2008;Daniel et al.,2005)。总体来说,亚磷酸盐在预防卵菌纲真菌方面具有复杂的作用方式,主要包括抑制菌丝的生长、孢子萌发、减少或者改变膜代谢,以及病原体的磷酸化反应等直接作用和激活植物的防御反应等间接作用,而这种防御机制的复杂性还包括了亚磷酸盐抑制病菌对这些物质产生抗性作用(Daniel et al.,2005;Hardy et al.,2001;Jackson et al.,2000)。③亚磷酸盐可以通过激活植物自动防御系统,以刺激植物体内抗病物质产生(Carswell et al.,1996)。亚磷酸盐刺激植物发出信号,启动防御系统,诱导植物产生 PR(病程相关蛋白)防御基因,继而产生多糖,形成木质素,以加强细胞壁厚度,阻止病原菌入侵;同时还能刺激植物产生过氧化物酶(POD)、超氧化物歧化酶(SOD)、过氧化氢酶(CAT)及可溶性蛋白,清除胁迫下产生的过多活性氧,同时诱导植物产生系统抗病性,并通过过敏反应 PR 导致感染细胞快速坏死以形成隔离区,以阻止病原菌再次入侵。④增加植物细胞壁厚度。亚磷酸盐能使病原菌代谢产物间接增加植物细胞壁厚度,增强防御能力,诱导植物发出抗病信号,开启植物整体防御。植物在受到病原菌入侵时会诱导细胞产生木质素,使细胞壁增厚,遏制病原菌进一步入侵和扩展。

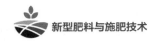
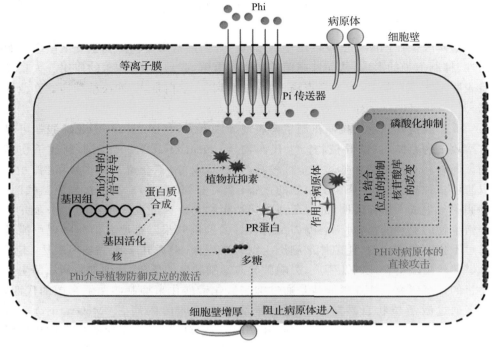

**图 4-12 亚磷酸盐在作物上的抗病机制**

(译自 Achary et al.，2017)

### 4.3.4 亚磷酸盐在农业上的应用

目前，越来越多的亚磷酸盐肥料产品出现在市场上，其相关研究也随之增多。亚磷酸盐作为有效的络合剂，可以和钾、钙、锌等元素结合。目前，农资市场上亚磷酸盐类肥料的主要成分是亚磷酸钾，富含磷、钾等必需营养元素，主要用于水溶肥、叶面肥、液体肥等肥料产品。大量研究表明，亚磷酸盐与磷酸盐一起施用促进植物生长效果最佳(表 4-10)。

在果树和蔬菜生产中，可以将亚磷酸钾肥料作为基肥施用。同时，在作物生长期间，可以定期喷施亚磷酸钾肥料，以促进作物的生长速度、产量与品质形成。在果树采收后，可以使用亚磷酸钾肥料进行土壤改良，为下一年的种植提供良好的土壤环境。此外，在作物病虫害防治中，可以将亚磷酸钾肥料与农药配合使用，以增强农药的防治效果，减少农药的使用量。例如，在种植马铃薯早期施用亚磷酸钾可减少其萌发间隔，增加菌根数量、叶面积及干物质含量(Tambascio et al.，2014)。

研究表明,亚磷酸盐对草莓叶片、产量、pH、花青素浓度以及果实大小等产量和质量也有较好的促进作用(Estrada-Ortiz et al.,2013)。

表 4-10　亚磷酸盐在不同作物上的应用效果

| 作物 | 亚磷酸盐来源<br>(剂量) | 应用方法 | 改善特性 | 参考文献 |
|------|------|------|------|------|
| 马铃薯 | 亚磷酸钾(100%) | 叶面喷施 | 抗毒素和几丁质酶含量及产量 | Lobato et al.(2011) |
| 马铃薯 | 亚磷酸钾(100%) | 根施 | 利于早期出苗、菌根定植 | Tambascio et al.(2014) |
| 番茄 | 亚磷占总磷(50%) | 水培 | 生物量干重、叶面积、植株磷含量 | Bertsch et al.(2009) |
| 香蕉 | $HPO_4^{2-}$(50%)和 $H_2PO_3^-$(50%) | 水培 | 植株生物量干重、叶面积、磷含量 | Bertsch et al.(2009) |
| 草莓 | 亚磷酸钾(100%) | 植物浸泡+灌溉 | 抗坏血酸、花青素 | Moor et al.(2009) |
| 草莓 | 磷酸(Phi 占总磷的 20%~30%) | 营养液根施 | 果实的 pH,EC 和花青素浓度 | Estrada-Ortiz et al.(2013) |

　　亚磷酸盐的施用方法主要依据作物和病原菌的情况而定,最为常见的是叶片喷施。其他施用方法主要包括根灌、滴灌、与水培营养液混合、种子处理、超低量喷雾或者浸渍处理等。在使用安全性方面,亚磷酸在新鲜水果和加工水果中的残留问题是关注的重点。因此,亚磷酸盐产品于果树开花前进行喷施效果较好。

　　叶面肥施用方法有以下几种。

　　(1)无人机航喷　先在稀释容器中加水 4 L,依次加入需要喷雾的农药溶解,亚磷酸钾溶解,最后加入其他液肥稀释后加水至 10~15 L,航喷面积 1 hm²。

　　(2)人工喷雾　喷雾器中加半喷雾器水,依次加入杀菌剂、杀虫剂(最好进行2 次稀释)溶解,再加入亚磷酸钾溶解,最后加其他液肥等溶解,人工喷雾每公顷喷雾 225~300 L,喷雾机喷雾每公顷 150~200 L。

　　(3)滴灌、冲施　稀释 2000 倍冲施或滴灌,视作物及生育期不同,每公顷用量为15~45 L 稀释液。

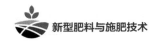

# 4.4 磷酸铵镁

## 4.4.1 简介

磷酸铵镁($MgNH_4PO_4 \cdot 6H_2O$),也称为鸟粪石,英文名称 struvite,分子量为 245.41,属粗晶形沉淀,斜方晶系,晶体常呈等轴状或楔状,常温下在水中的溶度积为 $2.5 \times 10^{-13}$,易溶于热水和稀酸,微溶于冷水,遇碱溶液分解,在空气中不稳定,在 100 ℃失水变为无水盐,加热至熔化会分解成焦磷酸镁。磷酸铵镁是一种无机化合物,一般呈白色粉末状,用作药物和肥料(图 4-13)。在自然界中,磷酸铵镁是一种常见的矿物,存在于土壤、湖泊沉积物以及动物的排泄物中,尤其是鸟类的粪便中(刘闯等,2024)。

图 4-13 磷酸铵镁

在磷酸铵镁的晶体结构中,镁离子和铵根离子通过静电作用与磷酸根阴离子结合,形成一个稳定的离子晶体。这种结合方式使晶体内部呈有序排列,其中磷酸根可作为桥梁连接镁离子和铵根离子,形成一个三维网络结构。其分子空间结构式见图 4-14。

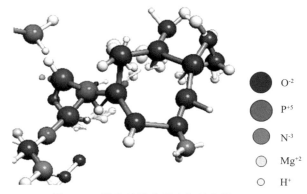

$O^{-2}$

$P^{+5}$

$N^{-3}$

$Mg^{+2}$

$H^+$

图 4-14　磷酸铵镁分子空间结构模式图

在工业上,磷酸铵镁由镁盐和磷酸盐相互作用而得,目前因其生产成本较高,无专门生产磷酸铵镁的企业,产品主要来自工业物料回收转化。磷酸铵镁在富磷、铵的污水处理厂中常见,当污水 pH、温度和镁、磷、铵离子浓度到达一个合适的范围区间时,就能形成 $MgNH_4PO_4 \cdot 6H_2O$ 沉淀。此外,从废水中去除并回收氮、磷的常用工艺之一为磷酸铵镁结晶(马艳茹,2023)。废水中的高氮、磷浓度是采用磷酸铵镁结晶工艺回收的前提条件,如养猪废水中含有高浓度的铵态氮和磷酸盐,利用常规的水处理技术难以实现达标排放,磷酸铵镁结晶工艺不仅兼具脱氮除磷功能,而且回收的磷酸铵镁产品还可作为肥料,但由于其养分释放速率缓慢,通常用作缓释肥料(陈哲,2023;Guan,et al.,2023;Li,et al.,2023)。

## 4.4.2　产生原理和影响因素

### 1. 产生原理

磷酸铵镁是通过沉淀反应生成的化合物。其生产原理基于镁离子($Mg^{2+}$)、铵离子($NH_4^+$)和磷酸根离子($PO_4^{3-}$)在适当条件下结合形成稳定的沉淀物。这一反应的方程式为:

$$Mg^{2+} + NH_4^+ + PO_4^{3-} + 6H_2O \longrightarrow MgNH_4PO_4 \cdot 6H_2O$$

磷酸铵镁结晶的形成机理是当溶液中的 $Mg^{2+}$、$NH_4^+$、$PO_4^{3-}$ 三种离子的活度积大于磷酸铵镁的溶度积常数 ksp 时,就会自发沉淀生成磷酸铵镁沉淀。在水溶液中,磷酸铵镁的形成过程为:首先,将含有镁离子的溶液(如硫酸镁)与含有铵离子和磷酸根离子的溶液混合。然后,调节混合溶液的 pH 至中性到弱碱性(通常为7~9),以确保镁离子和磷酸根离子有效结合。然后,在上述条件下,镁离子、铵根

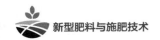

离子和磷酸根离子通过离子交换形成磷酸铵镁晶体沉淀。最后,通过过滤将沉淀从溶液中分离出来,进行洗涤以去除杂质,最终干燥得到高纯度的磷酸铵镁产品。晶体的形成需要经过 2 个阶段,分别为成核阶段和成长阶段。在第一阶段的成核阶段,溶液中的镁离子、铵根离子和磷酸根离子结合,形成最初的晶核;成长期的长短随反应动力学条件而变化。在成长阶段,在晶核上不断结合组成晶体的离子,晶核逐渐长大形成棒状,最后达到生长平衡。具体过程可以用以下 3 个化学方程式来描述(全武刚等,2002):

$$Mg^{2+} + PO_4^{3-} + NH_4^+ + 6H_2O \longrightarrow MgNH_4PO_4 \cdot 6H_2O$$

$$Mg^{2+} + HPO_4^{2-} + NH_4^+ + 6H_2O \longrightarrow MgNH_4PO_4 \cdot 6H_2O + H^+$$

$$Mg^{2+} + H_2PO_4^- + NH_4^+ + 6H_2O \longrightarrow MgNH_4PO_4 \cdot 6H_2O + 2H^+$$

**2. 影响因素**

在形成磷酸铵镁结晶的反应过程中会同时受到多种不同因素的影响,主要影响因素有物质摩尔比、pH、反应温度、不同的镁源以及反应时间等。

(1)摩尔比 磷酸铵镁沉淀中三种物质的配比为 1:1:1,但磷酸盐在溶液中有很多存在形式,镁离子也有几种其他存在形式,按理论配比往往得不到好的磷回收效果(张培,2023)。增大溶液中 $Mg^{2+}$、$NH_4^+$ 的浓度,可以提高磷的回收率。关于这方面的研究多采用人工配水模拟废水,并通过改变各离子的浓度和物质的量的比以考察其对磷酸铵镁法磷回收率和结晶产物形态的影响。

(2)pH 溶液的 pH 会对生成的晶体纯度造成影响,由于生成磷酸铵镁的反应有 $H^+$ 生成,如果反应溶液体系的 pH 太低,反应会向逆反应方向进行,而且在低 pH 条件下,容易生成 $Mg(H_2PO_4)_2$ 沉淀,不利于磷酸铵镁的生成;如果反应溶液体系的 pH 太高,溶液中的铵态氮会生成氨水,并以氨气的形式逸出到空气中,并且随着 pH 的增大,正磷酸盐的浓度将增大,当溶液处于碱性条件且 pH 不超过 10.0 时,水中将主要产生磷酸铵镁沉淀,当溶液的 pH 为 10.0～11.0 时,主要产生的沉淀为磷酸镁,如果水中的 pH 大于 11,水中将会主要产生氢氧化镁沉淀,既会影响氮的去除效果,也会影响生成磷酸铵镁晶体的纯度。在 7.0～10.0 的 pH 范围内,磷酸铵镁在水中的溶解度随着 pH 的升高而降低;但当 pH 升高到一定值时,磷酸铵镁的溶解度会随着 pH 的升高而增大。这是因为在 pH 值较高的情况下,$PO_4^{3-}$ 的平衡浓度会增加,而 $Mg^{2+}$ 和 $NH_4^+$ 的平衡浓度则会下降(Degryse et al.,2017)。

(3)温度 反应温度能够对磷酸铵镁晶体的溶解度产生直接的影响,当温度大于 70 ℃时磷酸铵镁晶体在中性和碱性条件下就会发生如下热分解反应(曾

佳,2023):

$$MgNH_4PO_4 \cdot 6H_2O \longrightarrow Mg_3HPO_4 + NH_3 + 6H_2O$$

$$MgNH_4PO_4 + 2OH^- \longrightarrow Mg(OH)_2 + NH_3 + PO_4^{3-} + H_2O$$

　　磷酸铵镁晶体在湿态条件下加热,随着温度的升高,晶体被分解越多,分解产物也越复杂,目前研究磷酸铵镁形成结晶的最佳温度条件为 $20\sim35$ ℃。

　　(4)时间　反应时间一般取决于晶体的成核速率和成长速率,这些都受表面扩散、溶液过饱和程度及传质效率的影响。磷酸铵镁晶体的反应时间非常迅速,晶体成长与除磷效果并不直接相关,但晶体粒径会随着反应时间的增加而增大。在磷酸铵镁沉淀过程中,混合能会影响它的结晶作用。混合能是溶液中参加反应的离子的混合速度和程度,通过搅拌强度和混合时间来控制。增大混合能,可缩短磷酸铵镁的诱导时间,加快晶核形成,促进晶体生长。但是混合能不宜过大,在一定混合时间下,混合能越大,需要的搅拌强度越大,而过大的搅拌强度容易造成氨挥发,并且会打碎晶体,破坏沉淀体系,不利于沉降性能较好的磷酸铵镁沉淀生成,造成能量浪费,影响磷的回收。一般搅拌速度在中速的情况下进行,搅拌强度控制在 $100\sim250$ r/min(Maarten et al.,2018)。

### 4.4.3　产品性能与用途

　　磷酸铵镁微溶于水,不易随水流失并且富含有 N、P、Mg 等植物必需营养元素,N、P 释放缓慢且不易被淋洗,其具有以下特点:①多种营养元素共存,协同增效;②肥料释放速率缓慢,能够有效减少养分流失;③相较于其他富含氮的肥料如尿素,磷酸铵镁的氨挥发损失更少;④可提供缓释磷源与镁源,作为酸性土壤调理剂成分(Korchef et al.,2011;Li et al.,2003;Yetilmezsoy et al.,2009)。

**1. 磷酸铵镁特性之一:多种营养元素共存,协同增效**

　　磷酸铵镁的三种必需营养元素在作物生长中扮演着重要的角色。纯净的磷酸铵镁 $w(Mg)$ 为 $9.9\%$,$w(N)$ 为 $5.7\%$,$w(P)$ 为 $12.6\%$,相当于 $5.7$-$29$-$0+9.9Mg$ 的复合肥料,可以直接施用(倪志强等,2015)。磷是植物生长发育过程中的关键成分,参与能量转移和细胞分裂,促进根系生长和果实发育。氮是植物生长的主要驱动力,是叶绿素和蛋白质合成的重要组成部分,对植物的生长速度和养分吸收起到关键作用。镁是叶绿素的组成部分,影响光合作用和植物的色素合成,对提高作物的光合效率和抗逆能力至关重要。尽管目前发表的大规模田间试验较少,但有许多基于盆栽评估的研究表明磷酸铵镁与传统复合肥相比,具有更加优异的效果。磷酸铵镁溶解性小,不伤作物根系,能够满足作物不同时期的养分需求。此外,磷

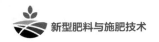

酸铵镁还可促进作物生长,增强作物抗病能力,提高瓜果、蔬菜的品质和产量,使作物的果实色泽更鲜艳,味道更醇美,营养更丰富(牛庆赫,2022)。已有研究表明,在酸性土壤上能够有效补充氮、磷、镁等养分,获得产量增长、养分吸收增加等效果。

**2. 磷酸铵镁特性之二:释放速率慢,养分持久**

磷酸铵镁中 P 的含量约为 12.6%,是一种很好的缓释磷肥,肥料利用率高,且不会出现烧苗的情况,其在水中的溶解度较低,极大限度地减少肥料中的氮、磷进入水体,有效避免了水体富营养化的发生。在重视环保的农业生态环境中,肥料的水溶性越强,越易造成养分流失,越易对水体环境造成污染。磷酸铵镁的缓释特性能够有效降低养分流失,有利于保护生态环境。与水溶性较高的传统磷肥(如磷酸一铵、过磷酸钙等)相比,磷酸铵镁的养分利用效率会更高,并具有较好的增产、提高养分利用率的效果,所以特别适用于缺镁、高温多雨的南方酸性土壤区及稻田中,并广泛适用于草坪、观赏性植物和蔬菜等作物。由于磷酸铵镁在酸性土壤中的缓释作用,使其可以作为缓释肥而被用作基肥或追肥。磷酸铵镁在作基肥时,可一次性施入满足作物整个生育期所需的养分量,且施用量过大也不易引起作物的烧苗、徒长和倒伏等现象。不同作物在不同生育期的养分吸收比例不同,因此在生产中可根据作物的养分吸收规律,将磷酸铵镁与其他肥料进行复配,对作物平衡施肥具有重要作用(Talboys et al.,2016)。

若用磷酸镁铵为包膜材料,在缓释性能上要优于硫包衣尿素,且包膜为植物营养成分,施入土壤后不会造成任何残留物质,在防止二次污染上优于高分子聚合物包膜肥料。在日本采用磷酸铵镁涂覆水溶性颗粒肥料表面,以延长贮存稳定性及提高肥料利用率。在我国,为了减少碳酸氢铵肥料的挥发和提高其肥效,在含水 3%～5% 的碳铵中添加 5%～9% 的磷酸铵镁制成长效碳酸氢铵,使碳铵具有较好的稳定性,其有效成分明显提高(梁蕊,2007)。

**3. 磷酸铵镁特性之三:氨挥发损失更少,具有环保价值**

氮素在农业生产中广泛使用,但过量的氮素施用会导致环境问题,如温室气体排放和地下水污染。尤其是氨挥发不仅会造成氮素的损失,还会对空气质量和生态系统造成不良影响(perakis et al.,2002)。因此,考虑施用磷酸铵镁对农业生产是有利的,因为磷酸铵镁中的 $NH_4^+$ 和 $PO_4^{3-}$ 被固定在晶格之中,缓慢释放,有利于延长养分释放时间,使作物能够更充分地吸收养分,从而使得氨排放的减少,同时还能减少径流和硝化、反硝化作用造成的氮损失,使得作物更有效地吸收氮和磷,这不仅可以减少养分的流失,还可以降低农业生产中的施肥量,提高养分利用效率(Liu et al.,2011)。

　　磷酸铵镁的缓释性使其具有良好的环境效应。施用磷酸铵镁能有效减少土壤氮素淋洗损失,减少温室气体排放,并具有缓解土壤酸化等作用。磷酸铵镁的氮素淋洗损失显著低于尿素,且其 $N_2O$ 的排放量能够减少 $75\%$ 以上,可为作物生长提供更为持久的有效养分。

**　　4.磷酸铵镁特性之四:作为酸性土壤调理剂成分**

　　酸性土壤使阳离子交换量和盐基饱和度降低,土壤矿物质营养元素钾、钙、硅、镁、硫等流失严重,加之南方酸性土壤中铁、铝含量丰富,易与土壤中的磷素结合,从而降低土壤磷素的有效性,进而影响植物的正常生长和发育。磷酸镁铵的缓释性、不易淋失的特点,特别适用于缺镁、易淋失养分的沙质土壤和缺镁、高温多雨的南方酸性土壤。因此,磷酸铵镁作为缓释磷源与镁源,可被用作酸性土壤调理剂的原料用于补充镁养分,在调节酸性土壤 pH 的同时,还能为作物提供营养元素(夏浩,2023)。

### 4.4.4　应用技术

　　作为一种高效的磷肥,磷酸铵镁在农业领域扮演着至关重要的角色(胡育化等,2017)。按镁计算,一般每公顷施用 $15\sim22.5$ kg。施用 1 次可满足一年生作物整个生长期对营养的需求,且不需追肥。用于蔬菜和禾谷类作物时,应与速效氮肥配合施用。作追肥时宜早施。

　　磷酸铵镁作为一种有效的磷回收剂,能够从废水中回收磷元素,减少磷的排放。这不仅能够降低环境污染,还能够实现资源的循环利用。同时,磷酸铵镁还能够与废水中的重金属离子结合,形成稳定的沉淀物,从而去除废水中的重金属污染。这一特性使得磷酸铵镁在废水处理和农业生产领域具有广阔的应用前景(曾凡哲,2019)。

　　磷酸铵镁在医药领域也有着一定的应用。它可以作为药物的缓释剂,控制药物的释放速度,延长药物的作用时间。同时,磷酸铵镁还具有一定的抗菌作用,能够抑制细菌的生长繁殖,减少感染的风险。这一特性使得磷酸铵镁在医药领域具有潜在的应用价值。

## 参考文献

安军妹.2020.不同形态磷肥对小麦根系生长及硒吸收的影响.石河子:石河子大学.

曹佳.2023.矿渣掺杂制备磷酸镁水泥及其性能研究.鞍山:辽宁科技大学.

常鑫,贾燕燕.2021.磷酸脲生产工艺研究.化工管理(22):140-141.

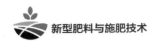

陈清,卢树昌. 2015. 果类蔬菜养分管理. 北京:中国农业大学出版社.

陈哲. 2023. 磷酸铵镁法回收厌氧消化液中氮磷的过程研究及灰度分析. 桂林:桂林电子科技大学.

楚雯瑛,段增强. 2013. 亚磷酸盐作缓释磷肥对黄瓜体内养分吸收和光合特性的影响. 植物营养与肥料学报,19(3):753-759.

胡育化,詹水华,蔚霞,等. 2017. 缓释微肥包裹复(混)合肥水稻大田试验效果及应用前景. 化工管理(1):76-78.

焦立强. 2009. 磷酸脲基产品反应结晶及聚合作用研究. 郑州:郑州大学.

亢龙飞,王静,朱丽娜,等. 2020. 不同形态磷酸盐及施用方式对石灰性土壤磷移动性和有效性的影响. 植物营养与肥料学报,26(7):1179 – 1187.

李宝玉,高明杰,高春雨,余婧婧. 2017. 亚磷酸盐在农业上的应用及机制研究进展. 南京农业大学学报,40:949 – 956.

李会勇,汤建伟,解田等. 2020. 磷酸脲的应用及国内产业化概况. 磷肥与复肥,35(11):14-16.

李文娟,曹明慧,杜鹏祥,等. 2022. 液体聚磷酸铵在农业上的应用研究进展. 山西农业大学学报(自然科学版),42(3):72-79.

梁蕊. 2007. 吸水保水缓释肥的制备及其性能研究. 兰州:兰州大学.

林明,印华亮. 2014. 谈聚磷酸铵水溶液在液体肥料发展中的重要作用. 企业科技与发展(5):12-14.

刘闯,吴志博,马兴冠,等. 2024. 尿液制备磷酸铵镁对茼蒿生长及品质的影响. 北方园艺(8):1-8.

刘续,汤建伟,刘咏,等. 2020. 水溶性农用聚磷酸铵的研究与应用进展. 无机盐工业,52(12):7-11.

柳潇. 2018. 湿法磷酸制备工业级磷酸脲的工艺研究. 武汉:武汉工程大学.

骆介禹,骆希明,孙才英,等. 2005. 聚磷酸铵及应用. 北京:化学工业出版社.

马艳茹. 2023. 秸秆炭强化镁锏水滑石(LDH)回收沼液磷机制与工艺研究. 武汉:华中农业大学.

倪志强,周爽,陆鹏,等. 2015. 磷酸铵镁结晶技术与肥料化利用. 磷肥与复肥,30(11):13-16.

牛庆赫. 2022. 隔膜电解-微滤耦合工艺高效除硬及磷资源回收的应用研究. 青岛:青岛理工大学.

田静,张开亮,赵丽芳. 2022. 亚磷酸钾在水溶肥料中的应用研究. 山东化工,51(18):144-146.

全武刚,王继徽. 2002. 磷酸铵镁除磷脱氮技术. 工业用水与废水(5):4-6.

汪家铭. 2009. 新型肥料聚磷酸铵的发展与应用. 杭州化工,39(4):6-10.

王保明,吕中豪,李会勇等. 2020. 湿法磷酸制备磷酸脲的研究进展. 无机盐工业,52(11):1-5.

王凤霞,刘旭,杨俊,等. 2018. 农用聚磷酸铵研究概况. 云南化工,45(3):1-3.

王蕾,邓生生,涂攀峰,等. 2015. 聚磷酸铵水解因素研究进展及在肥料中的应用. 磷肥与复肥,30(4):25-27.

王利阳. 2022. 不同供磷对玉米根-土-微生物互作效应的影响与磷高效利用根际调控机制. 北京:中国农业大学.

王连祥. 2008. 农用肥料聚磷酸铵的制备与应用. 磷肥与复肥(2):49-50.

王龙,贾莉莉,曹洪建,等. 2023. 亚磷酸盐新型"药肥"研究进展. 农业工程技术,43:112-114.

王燕,王辛龙,许德华,等. 2020. 镁离子对水溶性聚磷酸铵的水解影响研究. 无机盐工业,52(10):5.

王玉琦,朱昌华,夏凯,等. 2016. 磷酸脲缓解锰离子拮抗草甘膦的除草功效. 江苏农业学报,32(5):1029-1036.

夏浩. 2023. 生物炭与氮肥配施提升酸性土壤肥力和氮素利用率的效应及其微生物学机制.武汉:华中农业大学.

谢萍. 2007. 磷酸脲生产工艺研究.成都:四川大学.

谢汶级,王辛龙,许德华,等. 2019. 不同 pH 对焦磷酸铵水解的影响. 无机盐工业,51(10):28-31.

许德军,钟本和,张志业,等. 2020. 水溶性聚磷酸铵的制备及应用研究进展. 化工进展,40(1):378-385.

杨贵婷. 2021. 磷酸脲基复合肥制备工艺优化及其在滨海盐渍土中的磷素增效机制.泰安:山东农业大学.

杨旭,张承林,胡义熬,等. 2018. 农用聚磷酸铵在土壤中的有效性研究进展及在农业上的应用. 中国土壤与肥料,(3):1-6.

曾凡哲. 2019. 剩余污泥中磷的厌氧释放与结晶回收的效能与机制.哈尔滨:哈尔滨工业大学.

张承林. 2016.聚磷酸铵肥料应因地制宜. 中国农资(48):16.

张培. 2023. 希瓦氏菌矿化鸟粪石:重金属、氧浓度的影响及环境应用. 合肥:中国科学技术大学.

张伟,陈轩敬,马林,等. 2023. 再论中国磷肥需求预测—基于农业绿色发展视角. 土壤学报,60(5):1389-1397.

Achary V M M,Ram B,Manna M,et al. 2017. Phosphite:A novel P fertilizer for weed management and pathogen control. Plant Biotechnology Journal,15(12):1493-1508.

Bertsch F,Ramírez F,Henríquez C. 2009. Evaluación del fosfito como fuente fertilizante de fósforo vía radical y foliar. Agronomía Costarricense,33(2):249-265.

Borza T,Schofield A,Sakthivel G,et al. 2014. Ion chromatography analysis of phosphite uptake and translocation by potato plants:Dose-dependent uptake and inhibition of Phytophthora infestans development. Crop Protection,56:74-81.

Carswell C,Grant B,Theodorou M,et al. 1996. The fungicide phosphonate disrupts the phosphate-starvation response in brassica nigra seedlings. Plant Physiology. 110(1):105-110.

Daniel R,Guest D. 2005. Defence responses induced by potassium phosphonate in Phytophthora palmivora-challenged Arabidopsis thaliana. Physiological and Molecular Plant Pathology,67

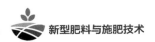

(3-5):194-201.

Degryse F,Baird R,da Silva R C,et al. 2016. Dissolution rate and agronomic effectiveness of struvite fertilizers-effect of soil pH,granulation and base excess. Plant and Soil,410(1-2): 139-152.

Estrada-Ortiz E,Trejo-Téllez LI,Gómez-Merino FC,et al. 2013. The effects of phosphite on strawberry yield and fruit quality. Journal of soil science and plant nutrition,13(3): 612-620.

Farr T D,Williard J W,Hatfield J D. 1972. Solubility and hydrolysis in system $NH_3-H_6P_4O_{13}-H_2O$ [*Ammonia-tetrapolyphosphoric acid-water*]. Journal of Chemical & Engineering Data,17(3):313-317.

Förster H,Adaskaveg J E,Kim D H,et al. 1998. Effect of phosphite on tomato and pepper plants and on susceptibility of pepper to phytophthora root and crown rot in hydroponic culture. Plant Disease,82(10):1165-1170.

Guan Q,Li Y,Zhong Y,et al. 2023. A review of struvite crystallization for nutrient source recovery from wastewater. Journal Of Environmental Management,344:118383.

Guest D,Grant B. 2008. The complex action of phosphonates as antifungal agents. Biological Reviews,66(2): 159-187.

Hardy G E S J,Barrett S ,Shearer B L . 2001. The future of phosphite as a fungicide to control the soilborne plant pathogen Phytophthora cinnamomi in natural ecosystems. Australasian Plant Pathology,30(2):133-139.

Jackson,Burgess,Colquhoun,et al. 2000. Action of the fungicide phosphite on Eucalyptus marginata inoculated with Phytophthora cinnamomi. Plant Pathology,49(1):147-154.

Korchef A,Saidou H,Amor M B. 2011. Phosphate recovery through struvite precipitation by CO2 removal:Effect of magnesium,phosphate and ammonium concentrations. Journal of Hazardous Materials,186(1):602-613.

Li X Z,Zhao Q L. 2003. Recovery of ammonium-nitrogen from landfill leachate as a multi-nutri-ent fertilizer. Ecological Engineering,20(2):171-181.

Li X,Nan H,Jiang H,et al. 2023. Research trends on phosphorus removal from wastewater:A review and bibliometric analysis from 2000 to 2022. JOURNAL OF WATER PROCESS ENGINEERING,55: 104201.

Liu Y,Rahman M M,Kwag J H,et al. 2011. Eco-friendly production of maize using struvite re-covered from swine wastewater as a Sustainable Fertilizer Source. Asian-Australasian Jour-nal of Animal Sciences,24(12):1699-1705.

Lobato M C,Machinandiarena M F,Tambascio C,et al. 2011. Effect of foliar applications of phosphite on post-harvest potato tubers. European journal of plant pathology,130(2): 155-163.

Lovatt C J. 1990. A definitive test to determine whether phosphite fertilization can replace phosphate fertilization to supply P in the metabolism of "Hass" on "Duke 7". (A preliminary report). California Avocado Society Yearbook,74(1):61-64.

Lovatt,C. J.,Mikkelsen,R. L. 2006. Phosphite fertilizers: What are they? Can you use them? What can they do. Better crops,90(4):11-13.

Maarten E,Rodrigo C, Degryse F,et al. 2018. Limited dissolved phosphorus runoff losses from layered double hydroxide and struvite fertilizers in a rainfall simulation study. Journal of Environmental Quality,47(2):371-377.

MacIntire W H,Winterberg S H,Hardin L J,et al. 1950. Fertilizer evaluation of certain phosphorus, phosphorous,and phosphoric materials by means of pot cultures. Agronomy journal,42(11):543-549.

McDonald A E,Grant B R,Plaxton W C. 2001. Phosphite (phosphorous acid): Its relevance in the environment and agriculture and influence on plant phosphate starvation response. Journal of Plant Nutrition,24(10):1505-1519.

McDowell M M,Ivey M M,Lee M E,et al. 2004. Detection of hypophosphite, phosphite,and orthophosphate in natural geothermal water by ion chromatography. Journal of Chromatography A,1039(1-2):105-111.

McGrath J W,Hammerschmidt F,Preusser W,et al. 2009. Studies on the biodegradation of fosfomycin: Growth of Rhizobium huakuii PMY1 on possible intermediates synthesised chemically. Organic & Biomolecular Chemistry,7(9):1944-1944.

Moor U,Põldma P,Tõnutare T,et al. 2009. Effect of phosphite fertilization on growth,yield and fruit composition of strawberries. Scientia Horticulturae,119(3):264-269.

Morton S C,Glindemann D, Edwards M A. 2003. Phosphates,Phosphites,and phosphides in environmental samples. Environmental Science & Technology,37(6):1169-1174.

Ochmian I,Oszmiański J,Jaśkiewicz B,et al. 2018. Soil and highbush blueberry responsesto fertilization with urea phosphate. Folia Horticulturae,2018;30(2):295-305.

Pasek M A. 2008. Rethinking early Earth phosphorus geochemistry. Proceedings of the National Academy of Sciences,105(3):853-858.

Perakis S S,Hedin L O. 2002. addendum: Nitrogen loss from unpolluted South American forests mainly via dissolved organic compounds. Nature,418(6898):665-665.

Schink B,Friedrich M. 2000. Phosphite oxidation by sulphate reduction. Nature,406(6791):37.

Singh V K,Wood S M,Knowles V L,et al. 2003. Phosphite accelerates programmed cell death in phosphate-starved oilseed rape ( *Brassica napus* ) suspension cell cultures. Planta,218 (2):233-239.

Talboys P J,Heppell J,Roose T,et al. 2015. Struvite: A slow-release fertiliser for sustainable phosphorus management? Plant and Soil,2015;401(1-2):109-123.

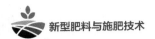

Tambascio C, Covacevich F, Lobato M C, et al. 2014. The Application of K Phosphites to Seed Tubers Enhanced Emergence, Early Growth and Mycorrhizal Colonization in Potato (*Solanum tuberosum*). American Journal of Plant Sciences, 5(1):132-137.

Thao H T B, Yamakawa T, Shibata K, et al. 2008. Growth response of komatsuna (Brassica rapa var. peruviridis) to root and foliar applications of phosphite. Plant and Soil, 308(1-2):1-10.

Wang B, Lv Z, Yu M. 2022. One-Pot synthesis and hydrolysis behavior of highly water-soluble ammonium polyphosphate. ACS Sustainable Chemistry & Engineering, 10: 13037-13049.

Yan Z, Wang Y, Xu D, et al. 2023. Hydrolysis mechanism of water-Soluble ammonium polyphosphate affected by zinc ions. ACS Omega, 8(20):17573-17582.

Yetilmezsoy K, Sapci-Zengin Z. 2009. Recovery of ammonium nitrogen from the effluent of UASB treating poultry manure wastewater by MAP precipitation as a slow release fertilizer. Journal of Hazardous Materials, 166(1):260-269.

# ⑤ 新型中微量元素肥料

伴随国家对粮食安全的重视,实施千亿斤粮食产能提升行动,推动中微量元素肥料的应用成为必然趋势。农业农村部已提出要加大中微量元素肥料的推广力度,以应对土壤养分失衡的问题。但是我国许多地区的土壤普遍缺乏中微量元素,尤其是长江以南地区,土壤缺镁的比例高达 42%。另外,尽管中微量元素肥料的市场潜力巨大,但目前市面上相关产品仍较少,且农户对其认知度不高。需要加强宣传和教育,提升农户的应用意识,同时推动政策支持和项目实施,以促进中微量元素肥料的广泛应用。新型中微量元素肥料在提升农业生产效率、改善土壤质量和保障粮食安全方面具有重要作用,而且对环境保护和农业可持续发展也具有重要意义,未来的市场需求将持续增长。本章主要通过产生背景、种类以及用途等几方面介绍新型钙、镁、硫、硫酸钾钙镁、铁以及硅等几种新型中微量元素肥料,以期丰富学生的科学知识,提高其专业技能,并为推动绿色农业生产、环境保护、经济发展和社会进步做出积极贡献。

## 5.1  新型钙肥——牡蛎壳钙

### 5.1.1  施用外源钙肥能够提高作物产品与品质

钙(Ca)是第五大无机元素,约占人体总质量的 2%,是人类健康的重要营养元素(Knez et al.,2021)。它能调节人体各系统、组织和器官的生理功能,如体内约99%的钙储存在骨骼中,其余储存在牙齿和软组织中,主要以磷酸钙的形式存在(Guo et al.,2014),维持肌肉-神经的正常活动、促进酶的活性以及参与凝血过程等生理功能。人体若长期缺钙会导致骨骼和牙齿发育不良,血凝不正常,甲状腺功能减退(高爱民,2005)。同样地,钙也是动物生长发育过程中不可或缺的营养元素,并且具有调节细胞渗透性、神经系统以及心脏功能兴奋性的作用。缺钙会导致动物生长缓慢、骨抗弯力强度明显降低等后果。

钙是植物生长所必需的营养元素。钙元素在植物的生长过程和细胞功能发展中起着不可替代的作用(图 5-1)。钙是构成细胞壁的重要元素,对于细胞壁的合成及维持稳定性起关键作用(王连根,2021)。钙增加了叶片光合色素含量和提高了净光合速率,进一步提高了植株的光合效率,使植物能更好地进行光合作用,不仅增加了"源",而且增多了"库",为增产提质打下生理基础。钙对于提升植物抗逆性和减少重金属污染也有重要作用(赵亚飞等,2019;鲁荣海等,2019;张玉梅等,2018)。钙还作为第二信使参与偶联胞外信号和胞内生理反应(图 5-2),起到提高细胞稳定性、提高组织硬度、延缓软化的作用。钙在作物中调控细胞极性生长和细胞壁生物合成,在根毛发育、花粉管伸长、茎秆和果实发育等方面具有重要调节作用,同时在提高作物光合效率、抗逆性及抗倒性等方面也具有重要意义(陈德伟等,2019)。

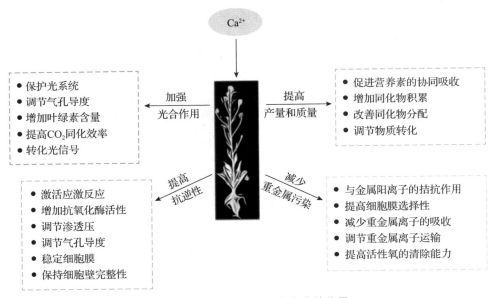

图 5-1　施钙在作物生长发育中的作用

(引自 王连根,2021)

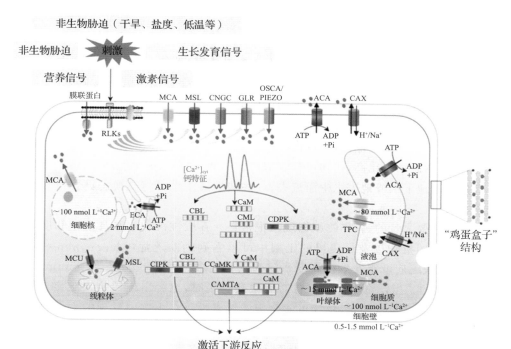

图 5-2　钙在作物细胞中的角色、分布、运动及钙信号传导

（引自 陈德伟等，2019）

作物主要从土壤中吸收钙，但是土壤中的钙大多为植物难以吸收的矿物态钙，移动性以及活性差，易沉淀固定。由此引起的缺钙症状最终都会体现为植株生长发育受阻，产量或品质衰减，大幅度地降低了作物种植的经济效益（Knez et al.，2021），因此充足的钙供应是作物产量与品质进一步提升的潜在突破口。

在粮食作物上，钙肥在 104 kg/hm² 水平处理下，甘薯叶片的净光合速率、气孔导度、蒸腾速率以及叶绿素含量均比其他处理高；钙肥在 104 kg/hm² 水平处理下可以显著提高鲜薯产量和薯干产量，分别提高了 16.04% 和 4.97%（林泽彬，2024）。钙肥不仅能提高马铃薯产量和大中薯率，还可以显著提高马铃薯中的维生素 C 含量、粗蛋白含量和钙含量。当钙肥用量为 45 kg/hm² 时，马铃薯的产量、维生素 C 含量和粗蛋白含量均最高（梁杰等，2020）。同时，钙肥也能提高大豆、水稻、小麦的产量和品质（Attipoe et al.，2023）。

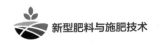

### 5.1.2 补充外源钙的必要性

中国土壤中的钙浓度(以土壤中 CaO 含量计算)总体上呈现由西北向东南递减的趋势。如在福建平和地区果园交换性钙平均含量为 348.02 mg/kg,处于缺乏等级。土壤表层(0～25 cm)钙浓度的中位值为 1.96%,其中干旱、半干旱、半湿润和湿润地区的钙浓度中位值分别为 4.61%、2.73%、1.37% 和 0.56%(Wang et al.,2022)。在西北等干旱地区,钙可作为蒸发岩矿物质沉积在土壤中,导致土壤钙含量高,但矿物态钙占比高,作物可吸收的钙比例低;而在东南部湿润地区,水溶性钙易直接溶于地下水或地表水中而流失,一些酸性离子也可将交换态钙置换为水溶性钙,使钙流失。

植物需要大量的钙,作物缺钙现象很常见。在酸性沉积水平高或饱和度低的土壤中生长的植物以及易浸出的土壤中可以看到钙缺乏症(McLaughlin et al.,1999)。钙缺乏症可能发生在高度暴露的热带土壤、钠土和盐碱土壤上(Broadley et al.,2010)。当作物生长组织暂时无法获得钙时,也会出现钙的缺乏症。如果根际溶液中存在过量的钙,植物可能会遭受钙毒性。在土壤中发现的大多数钙基成分是不溶的,以 $Ca^{2+}$ 的形式在土壤中存在,因此植物在土壤中钙含量充足时也会发生钙缺乏症。钙在植物细胞中移动性不高,尽管钙供应充足,但很难循环到植物的生长部分,这也可能导致植物钙缺乏(Dayod et al.,2010)。

补充外源钙能有效提高作物对病虫和逆境的抗性,增强作物在高温、盐碱、强光、干旱、低温等条件下的适应能力,增强植株的光合作用,促进植株生长发育,提高作物产量;可预防植株早衰,延迟衰老,提升果实的抗腐能力和贮藏性(王连根,2021);可促进果实着色,增加果实含糖量,改善果实色泽、口感,减少畸形果,提高果实品质。

传统钙肥及其特征介绍如下。

**1. 石灰**

(1)生石灰(CaO) 又称烧石灰,以石灰石、白云石及含碳酸钙丰富的贝壳等为原料,经过煅烧而成。

主要特征:化学性质活泼,能迅速中和酸性土壤,提高土壤 pH。但遇水反应剧烈,操作不当可能引起烧伤,且其矿物态钙容易被淋洗流失,土壤调理效果不持久。

(2)熟石灰[Ca(OH)$_2$] 又称消石灰,由生石灰加水或堆放时吸水而成,吸水时释放出大量的热。

主要特征:化学性质相对温和,使用安全,能迅速改良酸性土壤。但同样易被淋洗流失,影响持久效果。

(3)碳酸石灰($CaCO_3$)　由石灰石、白云石或贝壳类直接磨细而成,主要成分是碳酸钙。

主要特征:稳定性较高,改良酸性土壤效果显著,钙含量丰富。但溶解度低,作用较慢,需要较长时间才能显现效果。

**2. 其他含钙肥料**

(1)含石灰质的工业废渣　作为基肥施用。

主要特征:利用工业副产品,经济环保,含有一定量的钙和其他营养成分。但成分复杂,可能含有有害物质,使用需谨慎。

(2)硝酸钙、硝酸铵钙、氯化钙　追肥结合根外喷施,对于需钙量比较高的作物,尤其是经济作物,如香蕉、猕猴桃等采用条施或滴灌施用。

主要特征:溶解度高,吸收快,能迅速补充作物所需的钙。但施用不当可能引起盐害,且易被淋洗,需频繁施用。

(3)硫酸钙、过磷酸钙、钙镁磷肥、磷矿粉　作为基肥施用。

主要特征:含有多种营养元素,能全面改善土壤肥力。但矿物态钙的溶解度较低,利用率不高。

(4)草木灰　基肥、种肥。

主要特征:富含钾、钙等多种营养元素,能改良土壤结构。但碱性强,使用不当可能造成土壤盐碱化。

### 5.1.3　牡蛎壳钙的特点和功能

**1. 牡蛎壳物质构成**

牡蛎壳是由矿物质、蛋白质和多糖等有机质大分子共同组成的、高度有序的多重微层结构(Sudo et al.,1997)。牡蛎壳的基本结构分为 3 层(图 5-3):外层是对外界刺激具有较强的抵抗力、厚度很薄的硬化蛋白角质层;中间层是由方解石构成的棱柱层,具有丰富的、纳米级别的天然气孔结构;内层主要是由文石碳酸钙晶体和少量有机质构成的珍珠层(Borbas et al.,1991;Yoon et al.,2003)。牡蛎壳中的无机物主要成分为 $CaCO_3$,占牡蛎壳质量分数的 90% 以上(Slivat et al.,2019)。牡蛎壳中除 Ca 含量丰富外,还富含以氧化物形式存在的 Cu、Fe、Zn、Mn、Sr 等 20 多种微量元素(Lu et al.,2017)。此外,牡蛎壳中还含有多糖、糖蛋白和珍珠蛋白等有机成分,其含量占牡蛎壳总质量的 3%~5%(Sakalauskaite et al.,

2020；Bonard et al.，2020；陈玉枝等，1999）

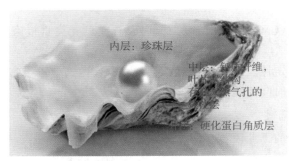

内层：珍珠层

中层：钙质纤维，
叶状结构，
有大量气孔的
棱柱层

外层：硬化蛋白角质层

图 5-3　牡蛎壳的结构成分

（引自 Borbas et al.，1991）

### 2. 牡蛎壳的开发利用

牡蛎是我国产量最高的海洋经济贝类。近十年来，中国牡蛎产量逐年增加，2019 年全国牡蛎产量达 523 万 t。福建是牡蛎生产大省，牡蛎年产量达 201 万 t，占全国总产量的 38.4%，居全国首位（Fan et al.，2015）。牡蛎壳的主要应用领域为食品、医药、轻工业、农业等行业（图 5-4）。根据不同领域的需求，将牡蛎壳经高温煅烧、超微粉碎、改性等不同方式处理后，其在食品、医药、农业以及工业等相关领域都表现出令人满意的应用前景。尤其是在农业领域，将高温煅烧牡蛎壳制备成土壤调理剂，其具有改良土壤酸化、增加土壤透气性、保水保肥、钝化重金属，以及提高农产品产量与质量的效果。牡蛎壳优良的生物相容性和抑菌能力已经在相关领域取得显著成效。

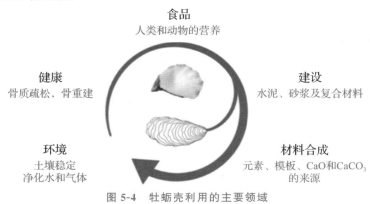

食品
人类和动物的营养

健康
骨质疏松，骨重建

建设
水泥、砂浆及复合材料

环境
土壤稳定
净化水和气体

材料合成
元素、模板、CaO和$CaCO_3$
的来源

图 5-4　牡蛎壳利用的主要领域

（译自 Sena et al.，2024）

现有的牡蛎壳活化方法一般有物理法(如粉碎、球磨)和化学法(如煅烧、溶剂反应)。

### 3. 牡蛎壳物理活化及应用

物理活化方法,如粉碎和球磨,工艺相对简单,不需要复杂的设备和工艺控制,适合大规模生产和操作。相对于一些化学活化方法,物理活化的成本较低,不需要使用昂贵的化学试剂和特殊的处理条件(如高温)。物理活化过程不涉及化学反应,不会产生化学废料和副产物,对环境友好,操作过程也较为安全。物理方法不会引入新的化学成分,能够保持牡蛎壳的原始成分纯度,避免引入可能对植物或土壤有害的物质。但物理活化主要通过机械力将牡蛎壳粉碎成更小的颗粒,虽然能增加比表面积和反应性,但并不能改变其化学性质,钙的溶解性提高有限,释放速度较慢。

Marchini 等(2023)的研究结果表明,在牡蛎壳、扇贝壳和蛤蜊壳中加入不同的分散剂和稳定剂,制备非晶 $CaCO_3$ 结构和纳米晶 $CaCO_3$ 的复合材料(图 5-5),这些材料可以扩大牡蛎壳类的应用领域,如从材料学到农学。在扫描电镜下(图 5-6)可以清晰地看到较大贝壳类显示出晶体形状,较小的颗粒则呈现球形颗粒;尺寸约为 500 nm。

### 4. 牡蛎壳化学活化及应用

化学活化方法包括煅烧和溶剂反应,可以将碳酸钙($CaCO_3$)转化为更易溶解的形式,如氧化钙(CaO)或氢氧化钙[$Ca(OH)_2$]。这种转化显著提高了钙的溶解性,使植物能够更迅速和更高效地吸收钙。活化后的牡蛎壳,特别是转化为氧化钙或氢氧化钙后,能迅速中和土壤中的酸性,提高土壤的 pH。这对于改良酸性土壤、

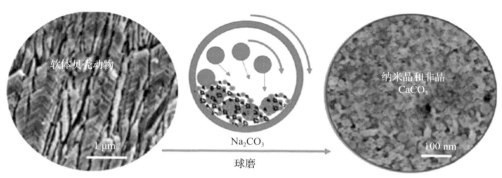

图 5-5　贝壳类机械活化的产品

(引自 Marchini et al.,2023)

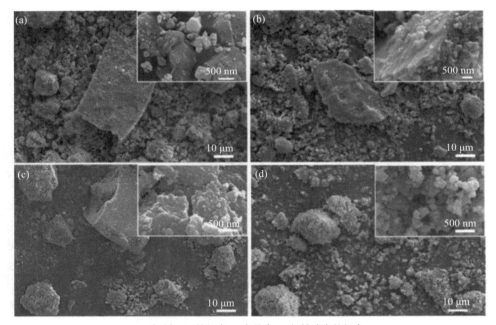

a.碳酸钙；b.牡蛎壳；c.扇贝壳；d.机械球磨牡蛎壳

图 5-6　贝壳类的扫描电镜图

（引自 Marchini et al.，2023）

提高土壤肥力有显著效果。化学活化过程中，可以引入其他有益元素或化合物，赋予牡蛎壳钙肥更多的功能。例如，通过溶剂反应，可以将牡蛎壳与其他营养元素结合，制成复合肥料，提供更多的植物生长所需养分。但化学活化方法需要使用特定的化学试剂和设备，工艺控制也较为复杂，导致生产成本相对较高。

**5. 牡蛎壳钙功能**

（1）牡蛎壳作为土壤调理剂　由于化肥的过度施用以及酸雨等因素的影响，我国土壤酸化、肥力减弱、板结等问题日渐突出，直接导致农作物减产和品质下降。牡蛎壳自身含有大量的钙等作物生长所需的元素，其煅烧后由于 $CO_2$ 的排除、物质的分解，孔隙及孔道都发生变化，形成复杂的多孔结构，使之具有较强的吸附能力，土壤改良效果持久。煅烧后其不仅具有特殊的孔隙结构，还含有丰富的 CaO。将其制备成土壤调理剂施用于土壤中，可有效改善土壤酸化，钝化重金属活性，从而达到调酸、补钙、修复土壤的效果。牡蛎壳土壤调理剂的使用还可促进作物对土壤养分的吸收，提高作物产量，改善作物品质（罗华汉等，2016；刘顺梅，2004）。

（2）肥料缓释剂　在现代农业生产过程中，施用化肥是有效提高农业增收的手段。但是我国部分地域长期过量地不合理施用化肥,只增成本不增产量,化肥利用率低,对水体污染大。经高温煅烧后,牡蛎壳自身的不规则大孔隙变成直径为 2～10 μm 的规则蜂窝状,其孔隙和孔道发生明显改变,形成了复杂的多孔结构。因此,牡蛎壳具有较好的吸附作用,有利于减缓肥料释放速度,提高肥料利用率。

## 5.2 新型硫肥——老虎硫

### 5.2.1 产生背景及简介

硫是继氮、磷、钾后居第四位的作物必需营养元素(Salisbury et al.,1992)。在植物内含量占干物质的 0.1%～0.5%,平均为 0.25%。在植物必需的营养元素中,硫作为蛋白质及氨基酸的基本组成元素,对提高作物产量及营养品质具有重要作用(Tandon et al.,2002)。过去的 40 年中,硫(S)缺乏已被认为是全世界农作物生产的关键限制因子(Haneklaus et al.,2003)。补充硫肥不仅可以满足作物硫营养需求,更重要的是其对氮磷具有增效作用(Joshi et al.,2021;刘崇群,1995)。补充硫肥可以改善土壤生物和物理性质、降低 pH 并增加植物 N、P 及微量元素的可用性(Malik et al.,2021;Zenda et al.,2021;Abdel et al.,2000;Halfawi et al.,2010)。

硫肥包括两种形态,一种是化合硫形态,一种是单质硫形态。化合硫指硫酸根,其较易获取但容易在土壤中淋洗,尤其在碱性或沙性土壤上。单质硫黄不溶于水,在土壤中主要受微生物的调节,在微生物作用下氧化成硫酸盐形态后才能被作物吸收利用(Gigolashvili et al.,2014)。但是,硫黄在土壤中氧化速率较低,往往与作物生长周期不匹配,导致应用受限,同时其安全性等问题也导致施用不方便。为解决这些问题,老虎硫产品被创制并广泛应用。

老虎硫(Tiger-Sul),是一种由美国老虎硫公司(Tiger Sul Inc.)生产的硫肥产品,其主要成分是硫黄和膨润土。该公司自 1964 年成立以来,专注于硫肥的生产和技术创新,拥有多项全球专利技术,并在控释硫肥和微量元素增强型控释硫肥技术领域中具有绝对领先优势,目前也是农用硫黄最主要的产品。老虎硫产品发展历史见图 5-7。

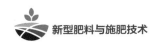

新型肥料与施肥技术

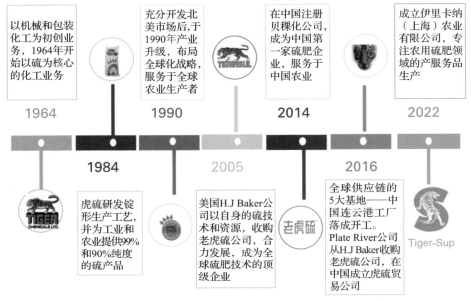

图 5-7　老虎硫产品发展史

## 5.2.2　作用原理

### 1. 提高土壤养分有效性

单质硫对植物氮素吸收和土壤氮素利用率有显著的正向作用。施用单质硫可显著降低土壤硝化速率,提高土壤 $NH_4^+$-N 含量,并减少土壤 $58\%\sim72\%$的$NO_3^-$-N淋溶损失(Brown et al.,2000)。在蔬菜土壤上的研究同样发现,施用单质硫后,土壤无机氮的淋洗量降低了 $60\%$ 左右(刘常珍,2004)。与普通尿素相比,加硫尿素可以降低氨挥发量和氨挥发速率,同时有效降低土壤中硝态氮和尿素态氮的淋洗(雷利斌,2006)。Schnug 研究发现(Schnug,1991),对于许多欧洲作物,当 S不足时,N 利用效率降低,这导致由挥发和淋溶损失的 N 显著增加。Haneklaus等(2008)计算出每千克 S 缺乏导致 15 kg N 损失到环境中。由此可见,合理施用硫肥对减少氮素损失,提高氮素利用效率意义重大。

中性或石灰性土壤单质硫的添加可以活化土壤有效磷(Rezapour,2014),原因是磷对硫的氧化过程具有促进作用,而硫氧化过程中所产生的 $H^+$ 可以促进难溶性钙磷向易溶性钙磷和有效磷的转化(Havlin et al.,2013)。也有可能是单质硫在土壤中转化为硫酸盐可以取代并释放固定在土壤中的磷酸盐(Jaggi et al.,

2005）。Wolf 和严焕焕的研究均表明,施用适量单质硫肥后,土壤脲酶和磷酸酶活性提高,从而促进土壤有机态养分的转化和利用（Wolf et al.，2003；严焕焕等,2020）。单质硫对土壤微量元素生物有效性的影响主要是源于氧化期间对根际的酸化,改变了土壤的理化性质,从而促进了植物对微量元素的吸收（Norton et al.，2013；Weil et al.，2016）。而随着土壤 pH 的降低,土壤中铁、锰等金属离子的有效性会得到提高（姜勇等,2009）。土壤 pH 降低还会促进氧化态的 Zn 或者络合态的 Zn 转化为有效态的 Zn（Wang et al.，2016；Feng et al.，2019；Liu et al.，2021）。作用机理如图 5-8 所示。

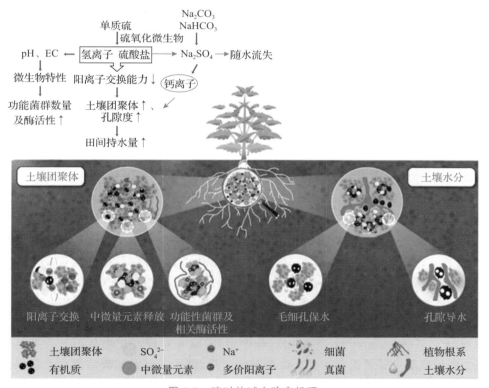

图 5-8　硫对盐碱土改良机理

## 2. 改良盐碱地土壤

（1）降低土壤 pH　硫黄氧化会释放 2 个氢离子,从而降低土壤 pH。土壤 pH 的降低可减少土壤中的碱性物质含量。这对于改良盐碱地尤为重要,因为高 pH 会抑制作物的生长。

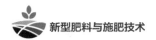

（2）促进盐分淋洗　硫肥施入土壤中经过氧化形成 $SO_4^{2-}$，与石灰质矿物反应产生大量硫酸钙，钙离子置换出土壤胶体中的钠离子，被释放的钠离子随水排出，所以会使土壤中的钠离子含量降低，从而降低盐害。再通过灌溉和排水系统，硫肥帮助将土壤中的盐分冲洗掉，减少盐分在土壤表层的积累。这种方法在灌溉充足地区尤为有效。

（3）改善土壤结构　硫肥可以改善土壤的物理结构，单质硫氧化过程生成的高价酸或阳离子对土壤胶体有絮凝作用，这降低了土壤胶体进一步吸附阳离子的能力，增加土壤的孔隙度和渗透性。这有助于水分和养分的渗透，减少盐分在土壤表层的积累。良好的土壤结构有助于作物根系的发展，提高作物对水分和养分的吸收能力。

（4）促进微生物活动　硫肥的使用可以促进土壤中微生物的活动。微生物在土壤中发挥着重要作用，如分解有机质、固氮、解磷等。硫肥通过改善土壤环境，促进有益微生物的生长，从而提高土壤的肥力和作物的生长条件。

**3. 提高产量并改善品质**

硫是各种蛋白质、氨基酸、酶和辅酶的重要组成元素，也是叶绿素前体的重要组成元素，充足的硫营养可促进作物生根，使根系发达，增加作物叶片面积、叶厚、株高，提高作物果实干物质、淀粉、可溶性糖等的含量，从而增加作物的产量（刘烁然，2022）。如图 5-9 所示，施硫显著提高了玉米产量。已有研究表明玉米产量随施硫量的增加呈先上升后下降趋势，当施硫量为 112.5 kg/hm² 时，玉米产量达到最大（刘存辉等，2004）；施用硫肥可增加玉米的穗粒数、千粒质量，从而提高产量（刘烁然，2022）。增施硫肥能增加小麦千粒重和穗数，对提高产量具有一定的作用（王钧强等，2012）。增施硫肥可以不同程度地提高油菜植株的单株结荚数、角果长和每角粒数等，可使籽粒产量增加 25.5% 以上（Malhi，2012）。Kihara 对南非地区作物施用硫肥的分析表明，76% 的作物对施用硫肥有积极响应，谷物产量平均增加 35%（Kihara et al.，2017）。除产量外，硫素对提高作物品质具有重要作用。施用硫肥可显著提高小麦籽粒总蛋白含量，增加谷蛋白和醇溶蛋白含量以及谷蛋白与醇溶蛋白的比值（Castellari et al.，2023）。而对于油料作物，施硫对作物品质提高更为明显，在花生上研究发现（王媛媛等，2014），施硫不仅显著增加了花生荚果产量，而且明显提高了籽仁中蛋白质和脂肪含量及油酸/亚油酸（O/L）的值，其中施硫量为 40 kg/hm² 时效果最好；另外，硫还会参与硫脂化合物的合成，使作物具有特殊的辛香气味，洋葱和大蒜叶片及球茎中蒜氨酸含量与硫的施用量密切相关，氮硫配施后两种作物球茎中蒜氨酸的含量提高了一倍（Ali et al，2015）。

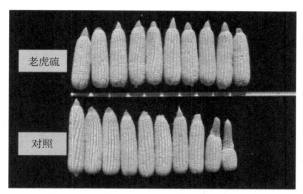

图 5-9　老虎硫对玉米籽粒形成的效果图

**4. 抗病虫害**

硫肥的使用可以减少作物病害的发生。例如,硫元素可以抑制某些病原菌的生长,减少病害的侵染,提高作物的健康水平。硫在氧化为硫酸根之前,先氧化为亚硫酸根。亚硫酸根是强氧化剂,也是溶菌剂,可增加病菌细胞膜的通透性,破坏病菌细胞壁,使得细胞内物质外流,从而杀死病菌。作物吸收充足的硫营养,有足够的硫代谢的次生化合物,这些硫代化合物在提高作物品质和风味的同时,也能提高作物对病虫害的自然抵御性。

## 5.2.3　产品性能

老虎硫的生产工艺是采用液态硫黄与膨润土通过特殊工艺制作而成,主要成分为硫(S)90%±0.5%:膨润土≥10%。它相比传统硫肥有以下优点。

(1)工艺精湛,颗粒均匀　老虎硫的生产加工原理主要涉及将单质硫熔融后加入惰性的膨胀剂或微量元素,在分子水平下充分混匀后经特殊设备挤出,在回转的钢带上冷却,即得到半球型的软锭剂老虎硫颗粒(图 5-10)。老虎硫锭剂有统一的粒度和密度,非常适合混配和精准施用。这种工艺确保了肥料颗粒的均匀分布,可使硫在土壤中全方位发挥作用。

图 5-10　普通硫黄(左)与老虎硫颗粒性状(中和右)

（2）土壤中崩解快，粒径小，当季可发挥作用　老虎硫在土壤中遇到水分就会崩解成极小的颗粒，迅速转化为作物可以吸收的硫营养（图 5-11）。通过"Tiger Microsite Enhanced"技术，数以百万计的硫颗粒分散在土壤中，形成老虎硫肥际微域。由于颗粒小，表面积大，增加了与微生物的接触面积，使单质硫更快转化为硫酸盐。

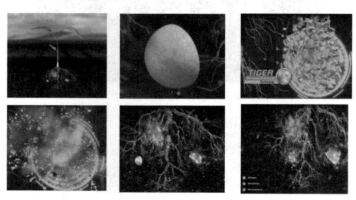

图 5-11　老虎硫在土壤中崩解

（3）肥效持久　老虎硫把硫黄与新材料膨润土结合起来，来控制其释放速率。崩解出来的硫会较快地被作物吸收，未崩解的硫会逐渐缓慢释放出来。如图 5-12 所示，相比于硫酸根的快速释放，老虎硫的养分释放曲线与大豆的养分需求规律是基本匹配的。另外，通过改变膨润土、硫黄和硫酸铵的比例可以来控制硫的释放与不同作物需求相匹配。

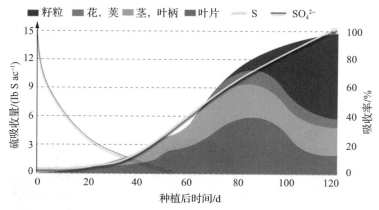

图 5-12　老虎硫养分释放曲线与不同时期大豆硫吸收

（引自 Bender et al，2015.）

### 5.2.4 应用技术

**1. 缓释硫锌肥 1%（2%）-T-Zinc1%（2%）**

含微量元素的老虎硫产品,是将优质的老虎 T90 缓释硫肥与微量元素融合于锭剂中,可使微量元素更好地被混合使用并散布于土壤中。当老虎微量营养素锭剂与土壤中水分接触时,"Tiger Microsite Enhanced"技术能使微量营养元素转化为植物可利用的形式。这种转化过程非常迅速,而且能给作物整个生育期提供养分。含微量元素的老虎硫产品系列包括含锌 1% 和含锌 2% 的配方。锌是植物生长、成熟所必需的重要微量元素,缓释硫锌肥的适量施用,可以解决土壤和作物缺锌的问题。

缓释锌硫肥的产品优势:提供硫和锌素营养;"Tiger Microsite Enhanced"技术有助于提高作物对锌的吸收;提供高纯度及高质量的微量营养素;养分分布更均匀,作物吸收更充分;每个颗粒都含有相同的营养成分,确保每棵庄稼都得到均衡的养分;作物营养环境更好;可用于撒施、条施或随种沟施;使用方便,与其他肥料混合效果好。

**2. 缓释硫镁肥 5%-T-Mg5%**

缓释硫镁肥 5% 是一种独特的中量营养元素肥料,可带来很好的农艺效果和经济效益;能在整个生长季节内释放出作物可用的硫和镁,从而使整个生长季节中对硫镁最敏感的作物能够受益。缓释硫镁肥拥有膨润剂、硫和镁的三重平衡。这种独特的配方可利用元素硫被细菌氧化过程中释放出的有效硫,将镁转化为植物可吸收的营养元素。缓释硫镁肥提供了一种经济有效的方法来预防作物硫镁缺乏症,因为作物缺乏硫镁会影响作物体内叶绿素和磷的转运功能,影响作物的产量和品质。

## 5.3 新型镁肥——速缓效含镁肥料

### 5.3.1 背景

**1. 镁的发现历史**

镁的发现历史可追溯到 18 世纪。1729 年,Hoffman 发现硫酸与苦土反应生成了发苦的水溶性盐;1755 年,Joseph Black 首次确认了镁是一种元素,并辨别了

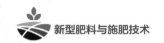

石灰中的苦土(MgO);1808 年,Humphry Davy 通过电解 MgO 制得了纯净但非常少量的金属镁;1831 年,Brutus Bussy 等通过氯化镁和钾制取了大量的金属镁;1904—1912 年,Richard Willstatter 证实了镁是组成叶绿素的中心原子;1930 年初,首次用鼠和犬系统观察了动物缺镁反应;1934 年,首次发表了人体缺镁的临床报道,证实了镁是人体的必需元素(Barker et al.，2015;Watson et al.，2013;Emilien et al.，2007)。

**2. 镁在维持人体、动物健康方面有重要影响**

镁是含量位居第 4 位的人体所必需矿质元素(Grzebisz et al.，2011),在人体中控制着 300 多个酶的活化,在维持肌肉和神经功能等方面有重要作用(Faryadi et al.，2012)。有关研究表明,冠心病、血管疾病、肌肉痉挛等多项疾病的发生都与人体缺镁有很高的相关性(Grzebisz et al.，2011;Shechter et al.，2000;李洁焕 1997;朱天伦等 1991)。同时研究表明,动物镁元素供应不足,会引起其功能紊乱,造成生长迟缓、抽搐、水肿等症状(Emilien,2007)。

镁摄取量在 7～10 mg/(kg·d)才能维持身体的健康(Seelig,1964)。但目前人们的饮食习惯、饮食结构导致人体镁摄入不足,已有文献报道西方社会有超过 2/3 的人口镁摄入量低于推荐值(Nielsen,2010;Rosanoff et al.，2012),人体镁营养问题已成为国内外关注的热点。

**3. 镁对植物的正常生长发育有重要作用**

镁是植物正常生长所必需的中量矿质营养元素之一。植物体中有 15％～35％的镁在叶绿体内,直接影响着光合作用的正常进行(Cakmak et al.，2010)。镁参与蛋白质合成,核糖体是蛋白质的合成场所,镁对于核糖体亚基的结合和核糖体活性的维持都是必不可少的(Shenvi et al.，2005;Weiss et al.，1973)。镁参与酶的活化、能量代谢和碳水化合物分配。镁是 ATP 合成酶的辅助因子,ATP 的合成高度依赖于镁离子的参与(Chen et al.，2018)。镁还会影响碳水化合物代谢有关酶的活性(陆景凌,2003)。此外,镁还可以缓解铝毒胁迫(Bose et al.，2011;Chen et al.，2013)、盐胁迫(Chen et al.，2017)和热胁迫(Grzebisz,2013)等对作物带来的不利影响(图 5-13)。

**4. 施用镁肥能提高作物产量与品质**

前人已经在多个地区、多种作物上证明了施用镁肥可显著提高作物产量(Chen et al.，2017;Grzebisz,2013;Senbayram et al.，2016;Sun et al.，2018;Tinker 1967;Wang et al.，2020)。在粮食作物上,施用镁肥可使小麦增产 4.3％～11.4％、水稻增产 5.0％～18.0％和玉米增产 3.0％～10.2％(张书中等,2009;谢

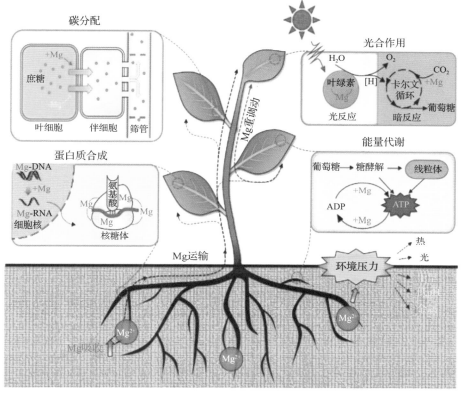

图 5-13　镁在植物体中的功能

（译自 Chen et al.，2018）

建昌等，1965）。在经济作物上，施用镁肥可使大豆和花生增产 23.5%～40.0%，茶叶和烤烟增产 20.0%～25.0%（谢建昌等，1965；黄鸿翔等，2000）。同样，在十字花科蔬菜上施用镁肥可使作物增产 8.1%～29.2%（余斌等，2017）。在全球尺度上，通过对国内外已发表文献进行整合分析发现，施用镁肥可平均增产 8.5%（图 5-14）（Wang et al.，2020）。

近些年来，品质提升日益成为农业研究与农业生产中关注的热点。镁对作物品质的提升作用在不同作物上均得到了证实。在粮食作物上，施用镁肥可使水稻脂肪和蛋白质含量分别提高 2.2%～31.7% 和 2.2%～56.2%（Ali et al.，2021；范肖飞，2020），同时也能显著提高玉米、马铃薯和冬小麦的品质（姚丽贤等，2006；杜承林等，1993；梁杰等，2020）。在经济作物上，施用镁可平均增加茶叶游离酸含量 7.0% 和显著提高咖啡因含量（张群峰等，2021）。同时，施用镁肥也能提

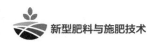

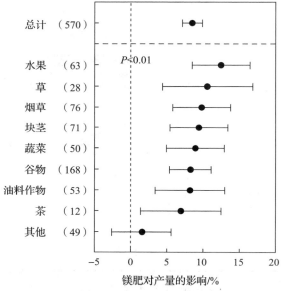

图 5-14 镁肥的增产效果

(译自 Wang et al.，2020)

高油菜、苹果、甘蔗等作物的品质（Kisters et al.，2013；Zhang et al.，2020；Geng et al.，2021；田贵生等，2019；李秉毓，2020；臧小平等，2017；吴一群等，2019；李灿等，2021；陈星峰等，2006；马晓丽等，2018）。

**5. 土壤和作物缺镁现状**

在农业生产实践中，农民过量投入氮、磷、钾肥料，镁肥施用较少，致使土壤和作物缺镁现象愈发普遍（Gerendás et al.，2013；Peacock et al.，1996）。我国土壤镁缺乏现状严重，尤其在南方地区（王正，2020）。另外，作物自身的镁含量也呈现下降趋势。意大利选育的现代小麦品种镁含量比 1910—1974 年间的小麦品种的镁含量下降了 12.5%（Ficco et al.，2009）；同样，英国的研究也发现，1940—2000 年间肉类、奶酪、水果和蔬菜中的镁含量分别下降了 14%、26%、16%、和 24%（Grzebisz et al.，2011）。在我国土壤与作物镁营养缺乏愈发普遍的背景下，为提高作物产量与品质，实现农业绿色发展，及时、合理地施用镁肥显得尤为迫切。作物缺镁症状见图 5-15。

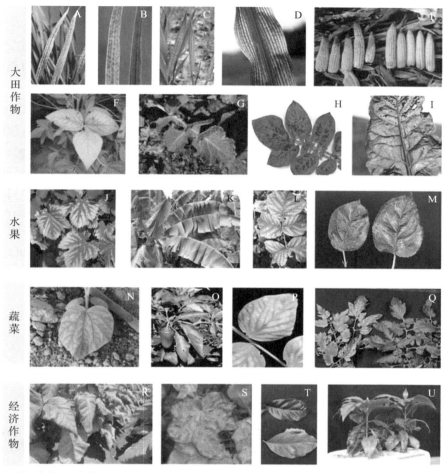

耕地作物:A,大麦;B,小麦;D,玉米;E,缺镁玉米(左),充足供应(右);F,大豆;G,油菜;H,马铃薯;I,甜菜。水果:J,葡萄;I,香蕉;J,乌薁子;M,苹果。蔬菜:N,黄瓜;O,甜椒;P,豌豆;Q,番茄,缺镁(左),供应充足(右)。经济作物:R,烟草;S,棉花;T-U,咖啡

图 5-15　作物缺镁症状

(引自 Cakmak et al.，2010)

## 5.3.2　土壤和作物缺镁原因

**1. 作物带走大量镁养分,农民不重视镁肥投入**

为保障国家粮食安全,粮食增产是我们不懈追求的目标。作物产量增加的同

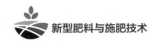

时,从土壤中带走了越来越多的镁养分(白木,2008)。1980 年作物收获每年从土壤中带走 84.2 万 t Mg;而到了 2010 年,带走量增加到了 175.1 万 t Mg(王正,2020)。全国镁营养协作网调研数据显示,镁肥平均施用量仅为 2.3～67.5 kg MgO/hm²,不足磷肥投入量的 10%(王正,2020)。土壤中镁养分被不断消耗的同时未得到及时补充,致使土壤交换性镁含量不断降低(江善襄,1999)。

**2. 镁在土壤中的离子拮抗作用**

土壤中的镁含量大约在 0.05%～0.5%,而其中 90%～98% 的镁是不能够被植物直接吸收利用的(Gerendás et al.,2013;Maguire et al.,2002)。作物缺镁简单来说是绝对的缺乏和离子竞争的结果。其中绝对的缺乏包括土壤镁含量低、镁从土壤中被带走、长期不合理施肥等(Horswill et al.,2008;Cai et al.,2015);而离子竞争主要是受到 $H^+$、$NH_4^+$、$Ca^{2+}$、$K^+$ 和 $Al^{3+}$ 等阳离子的影响(Gerendás et al.,2013)。土壤溶液中高浓度阳离子会干扰植物对镁的吸收(称为营养拮抗)。沙质土壤中,施用高水平的钾或铵($NH_4^+$)态氮肥料会增加缺镁的风险(图 5-16)(Mulder et al.,1956)。过量的钙也可能干扰作物对镁的吸收(Metson,1974;Wilkinson et al.,1990;Mayland et al.,1989)。

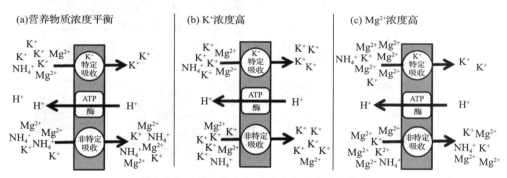

箭头向左:土壤中的养分;箭头向右:根部中的养分

图 5-16　钾(K)和镁(Mg)的拮抗作用:从土壤溶液中吸收养分的模型

(引自 Senbayram et al.,2016)

**3. 镁在土壤中的淋洗作用**

镁淋洗损失与镁肥类型、气候条件和土壤质地等均有密切关系。在土壤中,镁离子易被钙离子和钾离子取代土壤结合位点,进入土壤溶液;在降水和灌溉的影响下,随水淋失,不易被作物吸收利用(Senbayram et al.,2016;Gerendás et al.,2013;Maguire et al.,2002;Jakobsen,1993)。酸性土壤有较高的氢离子交换能力,易引发较高的镁元素淋洗损失(Gerendás et al.,2013)。同时,降水量与土壤交换性镁含量存在极显著相关性,降水量越高,土壤镁含量越低(王正,2020)。

**4.磷肥产品结构变化降低了镁肥的投入**

我国磷肥产品结构继续由低浓度向高浓度化发展(图 5-17)(张卫峰等,2017)。磷矿中的镁元素对湿法磷酸和高浓度磷复肥的生产有不利影响(刘荣等,2012),在工业生产过程中,须进行脱镁预处理,极大地降低了磷复肥中镁养分的含量,间接减少了镁肥的投入。与此同时,钙镁磷肥作为补充我国农田镁营养的主要化学肥料产品(许秀成,2005),年产量也因技术和环保等因素下降(侯翠红等,2019)。农业农村部资料显示,截至 2020 年 5 月,登记的大量元素水溶肥和中量元素肥中含镁产品数量占比分别为 5.4% 和 16.3%;低占比的含镁肥料产品现状也限制了镁肥的应用。

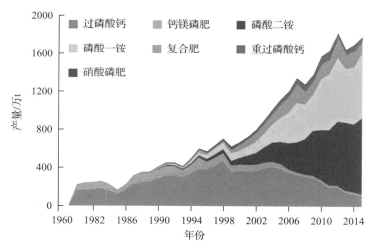

图 5-17　1960—2015 年不同磷肥产品产量的历史变化

(引自 张卫峰等,2017)

## 5.3.3　传统镁肥及其特征

镁肥种类按溶解性主要分为两类,即水溶性和枸(难)溶性。农业中常见的镁肥类型见表 5-1。

**1.水溶性镁肥**

(1)硝酸镁　白色结晶性粉末。

(2)氯化镁　无色片状晶体,以海水制盐时副产物卤水为原料,经过一系列工艺制成。

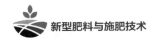

(3)硫酸镁　无色或白色晶体或粉末,以氧化镁、氢氧化镁、碳酸镁等为原料加硫酸分解或中和而得。

**2.枸(难)溶性镁肥**

(1)氧化镁　白色粉末,主要以菱镁矿、白云石、卤水或卤块为原料制得。

(2)白云石粉　一种无水碳酸盐矿物粉末,主要由碳酸钙镁组成。

(3)碳酸镁　白色颗粒性粉末,在空气中稳定,几乎不溶于水。

表 5-1　农业上常见的镁肥类型　　　　　%

| 资源 | 分子式 | 镁含量 | 形状 |
|---|---|---|---|
| 氯化镁 | $MgCl_2$ | 25 | 片状 |
| 硫酸镁石 | $MgSO_4 \cdot H_2O$ | 15～16 | 粉末 |
| 无水硫酸镁 | $MgSO_4$ | 20 | 晶状 |
| 泻盐(七水硫酸镁) | $MgSO_4 \cdot 7H_2O$ | 10 | 晶状 |
| 硝酸镁 | $Mg(NO_3)_2 \cdot 2H_2O$ | 13 | 片状 |
| 氢氧化镁 | $Mg(OH)_2$ | 35～45 | 粉末 |
| 白云石 | $CaMg(CO_3)_2$ | 8～20 | 粉末 |
| 氧化镁 | $MgO$ | 54～58 | 粉末 |
| 硫酸钾镁(重盐) | $K_2SO_4 \cdot 2MgSO_4$ | 11 | 粉末 |
| 碳酸镁 | $MgCO_3$ | 28 | 粉末 |

### 5.3.4　新型镁肥——速缓效结合镁肥的特点

镁肥的水溶性是控制有效镁释放速率的主要因素之一(Mayland et al.,1989)。在高降雨量地区,水溶性镁肥较易发生淋洗,且淋洗量与施用量呈正相关关系(Härdter et al.,2005)。枸(难)溶性镁肥能一定程度减少镁淋洗,但较难满足作物快速生长期对镁养分大量的需求。因此,创制满足作物需求且有效减少镁淋洗损失的速缓效含镁肥料有重大意义。

**1.磷基肥料中添加速缓效镁对磷溶解性的影响**

针对我国肥料产业界普遍认为的镁肥加入复合肥后会降低水溶性磷含量的观点,现有研究进展表明,在磷酸一铵中不论添加硫酸镁或白云石粉,同时添加硫酸镁和白云石粉均未显著影响磷的水溶性(表 5-2)。

表 5-2    不同复合造粒含镁肥料中有效磷与水溶性磷状况

| 处理 | 有效磷 /(g/kg) | 水溶性磷 /(g/kg) | 水溶性磷与有效磷占比/% |
|---|---|---|---|
| MAP（磷酸一铵） | 265±0.6 | 265±0.3 | 100.0 a |
| M100（MAP＋100％硫酸镁） | 225±0.2 | 222±1.0 | 98.7 a |
| M75＋D25（MAP＋75％硫酸镁＋25％白云石粉） | 225±1.0 | 223±0.6 | 99.1 a |
| M50＋D50（MAP＋50％硫酸镁＋50％白云石粉） | 222±0.4 | 220±0.8 | 99.1 a |
| M25＋D75（MAP＋25％硫酸镁＋75％白云石粉） | 225±0.5 | 222±1.0 | 98.7 a |
| D100（MAP＋100％白云石粉） | 224±0.6 | 223±1.0 | 99.6 a |

X 线（XRD）结果进一步解释了未造成磷养分"退化"的原因，在磷酸一铵中添加硫酸镁或（和）白云石粉，磷酸根离子均未与镁离子发生反应。M100 和 D100 处理的含镁产物分别为 $Mg(NH_4)_2(SO_4)_2 \cdot 6H_2O$ 和 $CaMg(CO_3)_2$。M75＋D25、M50＋D50 和 M25＋D75 处理的含镁产物均为 $Mg(NH_4)_2(SO_4)_2 \cdot 6H_2O$ 和 $CaMg(CO_3)_2$（图 5-18）。

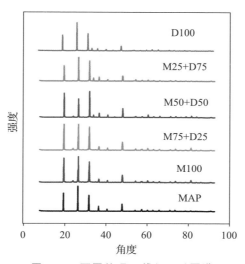

图 5-18    不同处理 X 线（XRD）图谱

## 2. 速缓效含镁肥料产品镁养分释放状况

M100 处理镁养分释放累积量占比在第 6 h 已达 99.0％（图 5-19）。M75＋D25、M50＋D50 和 M25＋D75 处理，49 h 之后其镁养分释放累积量占比分别为

82.5％、60.9％和 32.3％；D100 处理 49 h 之后镁养分释放累积量占比仅为 8.8％。可以看出，随着缓释镁肥白云石粉添加量的增加，镁养分释放速率呈下降趋势。速缓效结合镁肥相较于传统镁肥能够很好地控制养分释放速率，能够较好地满足作物的镁元素需求。

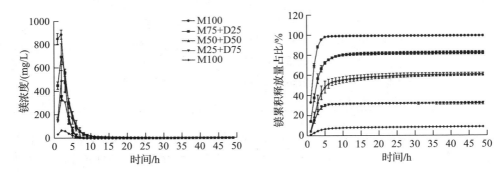

图 5-19　不同复合造粒含镁肥料在石英砂介质中的镁养分释放状况

### 3.速缓效含镁肥料产品在土壤中的镁淋洗状况

对速缓效含镁肥料的镁淋洗评价试验结果表明，在三次淋洗中，镁的淋洗损失主要发生在第一次淋洗过程(图 5-20)。随着缓释镁肥白云石粉添加量的增加，镁淋洗量呈下降趋势，说明在酸性土壤上施用速缓效含镁复合肥具有更好的保肥性能。

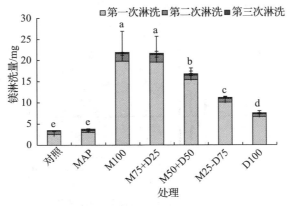

图 5-20　不同处理镁淋洗状况

### 4.速缓效含镁肥料产品的农学效果

与磷酸一铵(MAP)处理相比，含镁肥料处理显著提高了大豆地上部镁含量和镁吸收量。M100 处理的地上部镁含量和镁吸收量低于其他含镁肥料处理，而速缓效含镁肥料处理（M75＋D25、M50＋D50 和 M25＋D75）均表现出一定的优势。这表明速缓效镁肥可显著提高作物镁含量，促进作物对镁的吸收（图 5-21、图 5-22）。

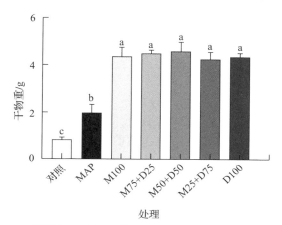

图 5-21　不同复合造粒含镁肥料对大豆地上部干物重的影响

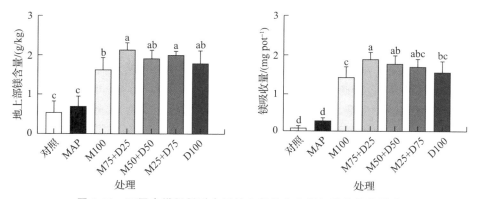

图 5-22　不同含镁肥料对大豆地上部养分含量与吸收量的影响

## 5.速缓效含镁复合肥的发展潜力

我国的缺镁地区主要集中在南方（王正，2020）。南方的高降雨、低土壤 pH 等自然条件给含镁复合肥的研制提出了更高的要求。从农业需求方面考虑，与传统镁肥相比，速缓效含镁肥更能满足作物需求且有效减少了镁淋洗损失，符合农业绿色发展要求。从市场或政策角度考虑，在复合肥中同时添加速缓效镁适合在南方高降雨量地区施用且符合新时代绿色发展要求，较国外添加单一速效硫酸镁具有更大的产品创新度与竞争力。

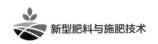 

## 5.4　硫酸钾钙镁

### 5.4.1　产生背景

钾肥是植物生长中至关重要的养分之一,对农作物的生长和产量具有重要作用。钾对植物有促进光合作用、提高抗逆性、促进果实发育、提高抗病性、维持渗透调节功能。因此,适量的钾供应对于农作物的健康生长、高产高质、抗逆抗病具有非常重要的作用。但是,目前我国钾肥施用已经过量,部分地区土壤作物体系出现钾盈余。钾的过量施用会降低钙和镁的利用效率。合理施用含有适当比例的钾肥是确保农作物获得充分养分、提高产量和质量的关键措施。

硫酸钾钙镁【$K_2Ca_2Mg(SO_4)_4 \cdot 2(H_2O)$】,学名杂卤石,以葆力素(Polysulphate)作为商品推广名称使用,是一种包含硫、钾、钙、镁 4 种养分的矿质肥料(48% $SO_3$,14% $K_2O$,6% $MgO$ 和 17% $CaO$),这些矿质肥料主要分布于英国北海海底,目前由以色列化工集团进行实质性的商业开采和市场开发。化工集团旗下的英国克利夫兰钾肥公司拥有世界上第一个也是唯一一个在产硫酸钾钙镁矿井,约有十亿 t 的储量。该新型"4 合 1"肥料是由史前海洋蒸发而形成的以硫酸盐为基础的矿物质,包含硫、钾、镁和钙 4 种养分,所有的养分均是可溶解的。

硫酸钾钙镁作为带 2 个结晶水的单晶体化合物,性质稳定,不易吸湿潮解,养分综合,其分子 3-D 空间结构如图 5-23 所示。

硫酸钾钙镁分子空间结构中:淡蓝色的 2 个小球代表 2 个钾原子;深蓝色的 2 个小球代表 2 个钙原子;黄色的 4 个四面体代表 4 个硫原子;绿色的 4 个六面体代表 4 个镁原子;其他红色的小球代表氧原子。正是由于硫酸钾钙镁这种独特的分子空间结构,使得原子间的结合键能不同,不同原子打破结合化学键所需的能量也不同,最终表现为硫酸钾钙镁所含的养分具有独特的释放模式——前期快速释放,后期稳定释放,养分肥效时间长,可以为生育期较长的作物持续供应养分。硫酸钾钙镁适合氯敏感作物施用,特别适合于需钙、镁和硫较多的作物,以及酸化土壤和盐渍化土壤的改良,一般作为基肥和早期追肥施用或作为土壤调理剂施用。

这种肥料包含硫、镁、钾和钙 4 种养分,是一种非常独特的产品。其所有养分均为可溶的,因此其营养成分可被植物有效吸收。硫酸钾钙镁拥有自然状态,且碳足迹非常小(图 5-24)。它能提供可靠的高价值,对环境的影响也很小,并已获得

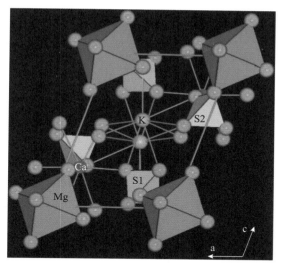

图 5-23　硫酸钾钙镁分子 3-D 空间结构模式

欧盟等各国的有机认证。硫酸钾钙镁包含以下几种养分：①48％的三氧化硫（硫19.2％），形式为硫酸盐；②14％的氧化钾（钾 12％），形式为硫酸钾；③6％的氧化镁（镁 3.6％），形式为硫酸镁。

图 5-24　硫酸钾钙镁颗粒产品

## 5.4.2　硫酸钾钙镁生产原理

硫酸钾钙镁开采自英国北海 1000 m 之下的杂卤石矿层，靠近英国北约克郡海岸。该岩层堆积成形于 2.6 亿年以前，2010 年第一份硫酸钾钙镁矿物样品在英国克利夫兰矿区钾矿层之下 150 m（硫酸钾钙镁位于地下 1250 m）开采出来（图 5-25），这是世界上第一个也是唯一一个运作的杂卤石矿山。

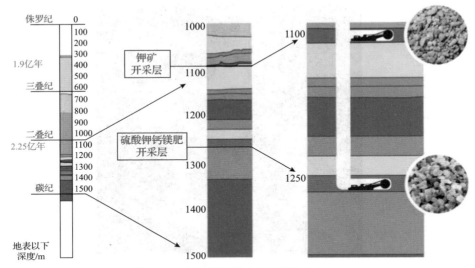

图 5-25　硫酸钾钙镁矿井开采层分布

采用大型矿层开采机(图 5-26)在地下 1250 m 开采硫酸钾钙镁矿层,通过开凿机的物理破碎,破碎后的硫酸钾钙镁矿石通过输送带被运送至地上部工厂车间。接着,车间的对辊破碎机将矿石进一步破碎,通过筛分处理获得不同粒径等级的硫酸钾钙镁产品,包括大颗粒级、小颗粒级和标准粉末级。

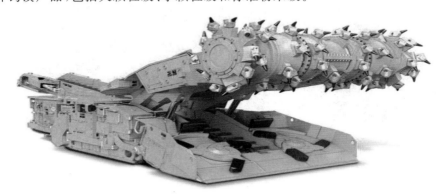

图 5-26　硫酸钾钙镁地下矿井开采机

硫酸钾钙镁可根据消费者的需求,以多种形式施用到土壤(单独施用、或作为原料生产掺混肥、或作为原料生产复合肥)。其中,大颗粒等级的硫酸钾钙镁粒径为 2~4 mm,该产品具有优越的散播性,是一种可与氮素合用的理想肥料。它属于一种低氯肥料,所有作物均可安全使用,这也包括氯敏感作物。硫酸钾钙镁具有优异的存储特性,其产品类型及用途如图 5-27 所示。

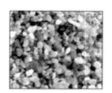
颗粒级
◎ 直接施用
◎ 掺混肥原料

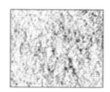
标准级
◎ 直接施用
◎ 复合肥原料

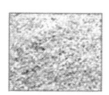
Mini颗粒级
◎ 直接施用

图 5-27　硫酸钾钙镁产品种类及用途

### 5.4.3　产品性能与用途

硫酸钾钙镁作为一种天然的矿物肥料,拥有多种独一无二的产品特性,总结起来包括以下特性。

**1. 纯天然,通过欧盟和美洲有机认证**

硫酸钾钙镁与掺混肥或复合肥不同,其具有一种自然状态。它在开采、粉碎、筛选和装袋的过程中,并没有使用化学分离方法或其他工业过程。凭借这种自然形态,硫酸钾钙镁减少了其自身的碳足迹。它能提供可靠的高价值,对环境的影响也非常小。硫酸钾钙镁的生产是一种自然过程。因此,这种肥料产生的碳排放非常少,有利于种植者达到零售商和一些食品加工商所要求的碳排放目标。硫酸钾钙镁肥拥有许多关键益处,因此成为农民的理想选择。

(1)速效　具有可溶性,以硫酸盐形式存在,可被快速吸收;

(2)本质是一种包含多种元素的肥料,能按田地作物需求灵活施用;

(3)浓缩物质,易于存储,散播快;

(4)氯化物含量非常低,适用于氯敏感作物;

(5)环保　在天然状态下使用不会产生加工产品或废品,不会发生酸化反应;

(6)碳足迹低,供应安全。

硫酸钾钙镁的整个生产过程没有经过任何的化学加工,所以硫酸钾钙镁通过了不同国家和组织的有机认证,包括①英国:2012 年获得英国土壤协会和有机农业种植业者协会的有机认证;②美国:通过了美国有机物质检查委员会认证;③欧盟:硫酸钾钙镁符合欧盟 889/2008 有机生产规程,获得有机认证;④加拿大:通过了加拿大有机物质检查委员会认证;⑤德国:硫酸钾钙镁在有机农业的生产设施、设备列表中获得注册;⑥意大利:硫酸钾钙镁列于有机肥料清单中,列单号 D. Lgs. 75/2010。

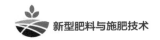
**2. 多养分,钾钙镁协同提效作用**

硫酸钾钙镁的养分含量非常丰富,包含全中量元素硫、钙和镁,同时还含有丰富的钾养分。硫酸钾钙镁与目前市场上销售的其他相似肥料如含镁盐的硫酸钾、含镁盐的氯化钾、钾镁硫酸盐复合肥、硫酸钾、硫酸镁以及硫酸铵相比具有养分多元性的优势。硫酸钾钙镁的钾和镁含量比例为 2.5:1,钙和镁的比例为 2.8:1,养分比例非常协调。经济作物尤其是果树对钙和镁养分的需求比例为(3~4):1。硫酸钾钙镁的钙和镁的养分含量恰好符合作物对两种养分的最佳需求,可提高作物对养分的吸收利用效率。

**3. 单晶体,性质稳定,混配性优异**

将硫酸钾钙镁分子的 3-D 空间结构转换成 2-D 平面结构,如图 5-28 所示。通过硫酸钾钙镁的 2-D 的空间结构图可知,硫酸钾钙镁的原子结构非常紧密稳定,从而决定了硫酸钾钙镁是性质非常稳定的天然矿物质。硫酸钾钙镁肥是无害的惰性原料,没有出现在欧盟的“危险货物或有害物质”列单中。因此,硫酸钾钙镁与其他单质肥料的原料的混配性非常优异。

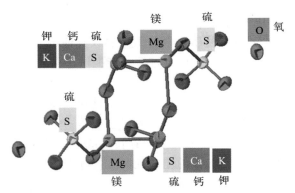

图 5-28　硫酸钾钙镁分子 2-D 空间结构

硫酸钾钙镁可作为原料生产不同的 NPK 肥料来满足不同作物、土壤和气候条件的需求。硫酸钾钙镁中氯含量低的特性降低了生产的 NPK+S 肥中氯的含量,是氯敏感作物的理想肥料。硫酸钾钙镁是硫养分极好的来源,可以与氮混合施用来确保为作物提供合理的 N 和 S 营养。硫酸钾钙镁是 NPK 肥料的理想原料,可提供不同硫含量的肥料,同时可用于生产不含氮的肥料。硫酸钾钙镁作为原料生产其他衍生肥料产品后,硫酸钾钙镁中的镁元素是补充作物从土壤吸收镁的重要来源。同时,当硫酸钾钙镁作为原料生产复合肥时,硫酸钾钙镁中的钙和硫可以帮助造粒,提高滚筒复合肥造粒的成球率和增加复合肥的单日产量。硫酸钾钙镁呈现弱碱性,因此当与铵基产品混合时不会有氨挥发,这与含氧化镁的产品不同。另外,由于硫酸钾钙镁的晶体强度高,因此减少了生产和运输过程中产生的粉尘。硫酸钾钙镁可与其他原料完美搭配,如硝酸铵、尿素、过磷酸盐、MOP 和 SOP。与传统的以 SOP 和 MOP 为原料生产氮磷钾肥料相比,以硫酸钾钙镁为原料生产的氮磷钾肥料生产成本和能耗均较低。硫酸钾钙镁可替代 SOP 和硫酸镁石,作为作物养分的供应源。

**4. 长效性,独特的养分持久释放**

通过对硫酸钾钙镁分子中原子间化学结合键能的测试发现,硫酸钾钙镁两端的原子基团与主体原子团的化学键能结合较弱,很容易受外界环境影响并断开(图 5-29);而硫酸钾钙镁中间原子团间的化学键能结合较强,不容易被外界环境断开(图 5-30)。

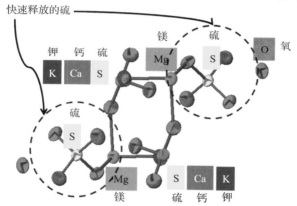

图 5-29　硫酸钾钙镁分子两端原子团化学键能结合情况

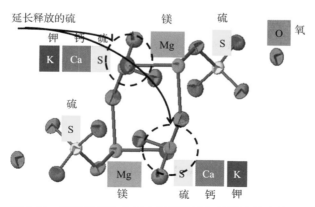

图 5-30　硫酸钾钙镁分子中间原子团化学键能结合情况

硫酸钾钙镁施用到土壤中后,分子两端的原子基团可以快速断开并释放,而中间的原子团缓慢断开。因此,硫酸钾钙镁在土壤中表现出来的特性为:部分养分可以快速释放出来,满足作物对养分的迫切需求,剩余的部分养分可以长效、持久地释放,满足作物生长发育过程中对养分的长期需求。

硫酸钾钙镁室内柱状沙土试验检测了硫酸钾钙镁中硫的溶解释放特性(图 5-31)。试验结果表明,与其他常规的肥料不同,硫酸钾钙镁在土壤中 5 d 后可以释放 40%～50% 的硫养分,剩余的 50%～60% 的硫养分可以持续释放约 50 d。

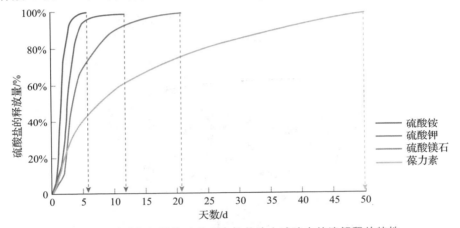

图 5-31　硫酸钾钙镁的硫养分在柱状沙土试验中的溶解释放特性

通过水培试验,我们对硫酸钾钙镁、氯化钾和硫酸钾中钾的溶解性进行了比较。与速溶性的常规钾肥如硫酸钾和氯化钾不同,硫酸钾钙镁溶解于水中 5 d 后可释放 55%～60% 的钾养分,剩余的约 40% 的钾养分可以在水中持续 21 d(图5-32)。

硫酸钾钙镁的这种独特的养分持久释放特性可以满足长生育期作物对养分的需求。以大豆整个生育期对硫养分的需求曲线为例,硫酸钾钙镁施用后前期硫养分快速释放,后期硫养分持续释放的模式与大豆整个生育期对硫养分的需求曲线非常匹配,可以极大地提高大豆对硫养分的利用效率(图 5-33)。

### 5. 淋洗少,养分当季利用效率高

硫酸钾钙镁施用到土壤中后,钾、钙和镁等阳离子会持续释放至土壤溶液。土壤溶液中的阳离子(钾、钙和镁)被黏粒和有机物质表面的阳离子吸附位点迅速吸附(图 5-34)。因此,土壤溶液中的离子浓度很低,不会与释放出来的硫酸根形成硫酸钙沉淀。

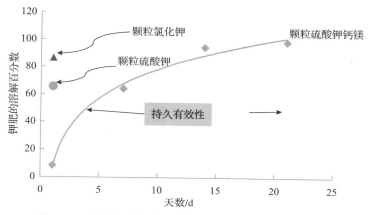

图 5-32　硫酸钾钙镁、氯化钾和硫酸钾中钾的溶解性比较

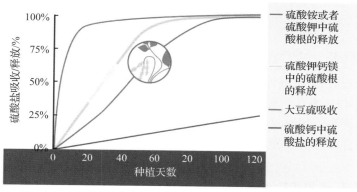

图 5-33　硫酸钾钙镁中 S 的释放与大豆的 S 养分需求曲线比较

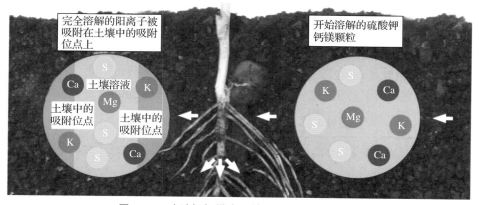

图 5-34　硫酸钾钙镁在土壤中的养分移动去向

经过分析比较硫酸钾钙镁田间试验结果以及以色列植物营养与肥料研发中心(CFPN)获取的室内盆栽试验数据,我们可以看出硫酸钾钙镁中的钾养分与常规钾肥(如氯化钾和硫酸钾)的钾养分在施用到土壤后的移动去向(图5-35)。

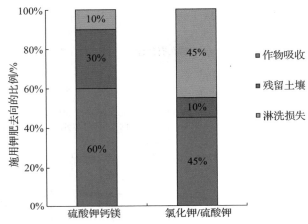

图 5-35    硫酸钾钙镁、氯化钾和硫酸钾被施用至土壤后养分的去向比较

统计分析表明,硫酸钾钙镁的钾养分的当季利用效率为60%,远高于氯化钾和硫酸钾的45%的当季利用效率。硫酸钾钙镁钾养分的当季淋洗损失量为10%,远低于氯化钾和硫酸钾的45%损失率。正是硫酸钾钙镁的养分持久释放模式促进了作物对钾养分的吸收,提高了钾养分的当季利用效率,降低了钾养分的淋洗损失量。

### 6. 盐度低,适用于盐渍化的土壤

常见的肥料大多数都是由阴离子和阳离子化合而成的无机盐,少数属于有机化合物的肥料,如尿素,施入土壤后也很快转化成无机盐。因此,肥料施入土壤后一般具有增加土壤溶液的盐分浓度,引起土壤溶液渗透压提高的作用。用以衡量肥料提高土壤溶液盐分浓度和渗透压的效应强弱的指标为盐分指数(由电导率 EC 值衡量)。盐分指数越高,提高土壤溶液盐分浓度和渗透压的效应越强,反之越弱。通常含氯及硝酸根离子的化肥盐分指数都较高,各种磷肥的盐分指数都较低(表5-3)。

表5-3    不同类型肥料的盐分指数比较

| 材料和分析 | 盐分指数 | 材料和分析 | 盐分指数 |
|---|---|---|---|
| KCl | 116.2 | $MgSO_4$ | 44 |
| $KNO_3$ | 69.5 | $CaSO_4$ | 8.1 |
| $K_2SO_4$ | 42.6 | 硫酸钾钙镁 | 12 |

因此,盐分指数是一种肥料重要的特性。盐分指数高的肥料一次施肥过多或过浓,会快速提高土壤溶液盐分浓度和渗透压,造成土壤溶液的浓度大于根毛细胞液的浓度,结果使得根毛细胞液中的水分渗透到土壤溶液中去,这样根毛细胞不但吸收不到水分,反而还要失去水分,造成整个植株脱水萎蔫,俗称"烧苗"。通常将硝酸钠的盐分指数设定为 100。盐分指数大于 100 的肥料表示其产生的渗透压要大于同当量的硝酸钠产生的渗透压。同时,盐分指数小于 100 的肥料产生的渗透压要小于同当量的硝酸钠产生的渗透压。

硫酸钾钙镁的所有养分均是可溶性的,所含的养分具有独特的释放模式——前期快速释放,后期稳定释放,养分肥效时间长。正是由于硫酸钾钙镁这种养分持续释放的模式,使得硫酸钾钙镁的盐分指数非常低,约为 12(氯化钾的盐分指数为116.2)。因此,同一地块连续多年大量使用硫酸钾钙镁不会造成土壤盐害的发生,并能减少盐害对作物产量的影响,对于改良盐碱地有良好的作用。

### 7.含有硼,微量元素同补品质高

硫酸钾钙镁不仅含有丰富的全中量养分和钾养分,还含有 $200 \sim 600$ mg/kg的微量元素硼(B)。以色列植物营养与肥料研发中心(CFPN)开展的室内小麦沙培试验结果表明,施用 $2.5$ t/hm² 的硫酸钾钙镁肥后,小麦干物质中硼的浓度显著高于对照处理(图5-36)。

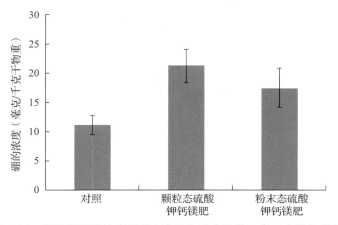

图 5-36 硫酸钾钙镁的施用对小麦干物质中微量元素 B 含量的影响

### 8.播幅广,大型机械撒播更高效

大颗粒级硫酸钾钙镁的粒径均匀,比重大。而且,硫酸钾钙镁变异系数很低,机械施用幅度达到 36 m,是一种理想的早春硫肥品种和根外追肥品种。图 5-37

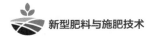

为机械播撒颗粒级硫酸钾钙镁。

图 5-37    机械播撒颗粒级硫酸钾钙镁

法国的 Clermont-Ferrand IRSTEA 研究中心用 CEMIB 对硫酸钾钙镁的施用性能进行了测试,硫酸钾钙镁播撒效果显著(图 5-38)。在法国、丹麦以及德国进行的试验表明,在重叠播撒模式下颗粒态的硫酸钾钙镁可达到 32 m 的宽度,变异系数为 4.3,播幅达到 36 m 时,肥料的铺展性表现依然非常好。

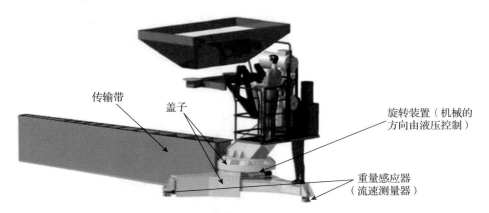

图 5-38    法国机械测试颗粒级硫酸钾钙镁示意

采用适当的施肥装置可实现硫酸钾钙镁肥和硝酸铵钙(CAN)大宽度的混合播施(40%的硫酸钾钙镁和 60%的 CAN,播施宽度为 32 m 时,变异系数小于6%)。同时,也可采用适当的施肥装置实现硫酸钾钙镁和颗粒级尿素大宽度的混合播施(34%的硫酸钾钙镁和 66%的尿素),播施宽度为 32 m 时,变异系数小于6%,最大播幅可达 35 m(变异系数等于 10%)。

### 5.4.4　应用技术

ICL 在生产硫酸钾钙镁肥时,根据不同地区的具体需肥情况而对应做出了许多不同的产品(图 5-39)。

(1)标准级葆力素　ICL 公司把开采出的硫酸钾钙镁矿经过简单加工、粉碎、筛选制得的多功能产品,适用于各种土壤和作物类型,适合做基肥和早期追肥。

(2)小颗粒级葆力素　肥效期可长达 3 个月以上,适合作为底肥和追肥使用,但不建议用于冲施。

(3)颗粒级葆力素　是标准级葆力素的升级产品,适用于柑橘类等果树作物,适合在柑橘秋肥或春肥时期施用,可与复合肥或有机肥搭配施用。养分持久释放,可有效降低养分淋洗损失,提高养分利用效率。

(4)特制级葆力素　经过复杂造粒工艺制成的高级产品,主要应用于高经济效益的作物上,价格比较昂贵。

(5)灌溉级葆力素　可完全溶于水,适合管道滴灌和喷灌施用。

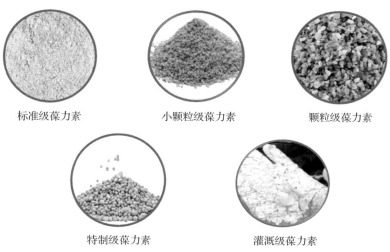

图 5-39　不同产品硫酸钾钙镁示意图

硫酸钾钙镁单独施用时具有许多优良的特性,同时还可以与其他肥料物质混合使用来提高效果。

硫酸钾钙镁作为原料生产复合肥时,其中的钙和硫可以帮助造粒,提高滚筒复合肥造粒的成球率和增加复合肥的单日产量。

硫酸钾钙镁呈现弱碱性,因此当与铵基产品混合时不会有氨挥发,这与含氧化

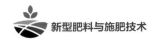

镇的产品不同。

由于硫酸钾钙镁的晶体强度高,减少了生产和运输过程中产生的粉尘。

硫酸钾钙镁可与其他原料完美搭配,如硝酸铵、尿素、过磷酸盐、MOP和 SOP。

与传统的以 SOP 和 MOP 为原料生产氮磷钾肥料相比,以硫酸钾钙镁为原料生产的氮磷钾肥料生产成本和能耗均较低。

硫酸钾钙镁可替代 SOP 和硫酸镁石,作为作物养分的供应源。

# 5.5 新型螯合微量元素肥料

## 5.5.1 产生背景

铁(Fe)是所有生物生长发育所必需的微量元素,参与调节多种细胞过程。作为酶的重要辅因子,铁在调节光合作用、线粒体呼吸、DNA 的合成与修复,以及蛋白质结构稳定等方面发挥着重要作用。虽然铁是地壳中第四大元素,在土壤中含量丰富,但多数以难被植物利用的羟基氧化物或氢氧化物的形式存在,严重限制了植物对铁的高效吸收和利用,因而成为植物生长的第三大限制性营养元素。据统计,全世界约有 60% 的人口存在缺铁或潜在缺铁的问题,其中约25% 的人口存在严重的缺铁性贫血问题。目前,常用的铁肥主要包括无机铁肥、螯合铁肥和有机复合铁肥。无机铁肥成本低,但稳定性差,容易转化成难溶形态;有机复合铁肥成本低,铁含量低,效果不稳定。而螯合铁肥相对高效,可针对不同应用场景灵活选择相应的螯合剂。

化学合成类螯合剂目前主要有 EDTA、DTPA、IDHA、EDDHA、HBED 等。EDTA 能在较宽的酸度范围内有效结合金属阳离子,并通过螯合反应生成新的物质,具有良好的螯合性能,且 EDTA 螯合微量元素的生产工艺较简单,设备共用性强,同时无"三废"污染,适合且易于工业化生产。但是 EDTA 螯合铁含量低,仅有 4.8%~6%,且为有机螯合剂,作物吸收性差(表 5-4)。此外,EDTA、DPTA 等使用不当会对作物和环境造成伤害,生成不易降解的有机污染物,且成本较高。

因此,进一步挖掘和研制新型高效环保生物友好的微量元素螯合剂成为国内外研究的热点。近年来,植物根系分泌的麦根酸类(mugineic acids,MAs)和微生物分泌的铁载体(microbial siderophore,MS)等物质高效螯合活化土壤中难溶铁

表 5-4　不同铁肥的种类及其功能特性

| 铁肥种类 | 功能特点 |
| --- | --- |
| 硫酸亚铁 | 在石灰性土壤中不稳定,常作为叶面肥,成本低 |
| EDTA-Fe | 在石灰性土壤中不稳定,常作为叶面肥,降解产物污染环境 |
| EDDHA-Fe | 在石灰性土壤中高度稳定,肥效快,成本高 |
| HBED-Fe | 在石灰性土壤中高度稳定,和 EDDHA-Fe 一样肥效高,比 EDDHA-Fe 长效 |
| IDHA-Fe | IDHA-Fe 和 EDTA-Fe 结构类似,容易降解,稳定性低,更适于叶面肥 |
| [S,S]-EDDS-Fe | 环保,生物可降解,稳定性低,土壤中 Zn 和 Cu 的生物利用效率低 |
| 铁胶体粒子/铁氧化物纳米粒子 | 肥料利用率高,长效,拥有良好的应用前景,但对生物和环境有潜在毒性风险,还需要更多的毒理学证据和相关风险评估 |
| 木质素磺酸铁 | 天然螯合物,成本低,在石灰性土壤上不稳定,铁含量低 |

以促进植物吸收利用的相关研究取得了突破性进展,为进一步研发绿色高效且可生物降解的新型生物源螯合剂提供了重要的理论和技术依据。

通常来说,根据植物获取铁的策略可分为机理Ⅰ植物和机理Ⅱ植物。在缺铁条件下,机理Ⅰ植物如拟南芥和花生等双子叶和非禾本科单子叶植物(Fourcroy et al.,2014;Xiong et al.,2013),通过 AHA2($H^+$-ATPases)质子泵向根际释放 $H^+$ 酸化根际,或通过 PDR9(pleiotropic drug resistance 9)分泌酚类物质提高铁的溶解性。游离的 $Fe^{3+}$ 经质膜蛋白 FRO2(ferric reduction oxidase 2)还原为 $Fe^{2+}$,$Fe^{2+}$ 通过质膜上 IRT1(iron-regulated transporter 1)转运蛋白进入胞内(图 5-40)。但是这一过程容易受土壤高 pH 抑制,影响植物对铁的吸收。因此,机理Ⅰ植物在高 pH 土壤中容易表现缺铁黄化症状。而主要通过螯合吸收铁的机理Ⅱ表明禾本科植物对铁的吸收受环境 pH 的影响较小,在中性及高 pH 环境中依然能够保持铁高效吸收效率(图 5-41)。因此,机理Ⅱ植物对铁的螯合吸收具有明显的生态优势。在缺铁条件下,禾本科植物如水稻、玉米、小麦等(Aciksoz et al.,2011;Wang et al.,2020),能够合成一类对 $Fe^{3+}$ 具有高亲和力的小分子氨基酸——植物铁载体(phytosiderophores,PS)。PS 经 TOM1(transporter of mugineic acid 1)转运蛋白分泌至根际土壤,与 $Fe^{3+}$ 形成 $Fe^{3+}$-PS 螯合物,然后通过 YS1/YSL(yellow stripe like transporter)转运蛋白运输至胞内。

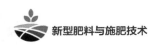

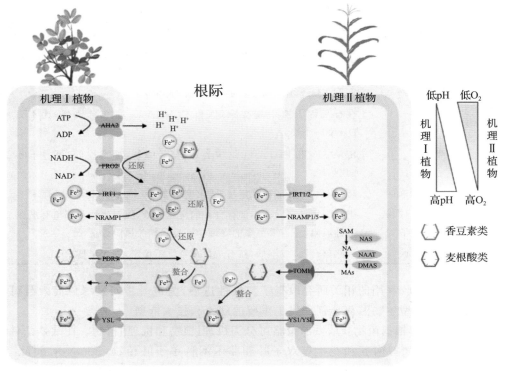

**图 5-40　植物吸收铁的生理分子机制**

（引自 Fourcroy et al.，2014；Xiong et al.，2013）

## 5.5.2　PDMA 作用原理

　　科学家们通过研究禾本科作物对铁离子的吸收机理，发现禾本科植物在缺铁条件下大量分泌植物铁载体（phytosiderophore，PS），可以螯合土壤中的铁离子，然后通过通道蛋白使植物更好地吸收铁且不受 pH 影响。麦根酸类是最常见的植物铁载体，DMA（2′-脱氧麦根酸）是其他麦根酸类物质的前体，进一步可转化为麦根酸（mugineic acid，MA）、阿凡酸（avenic acid，AVA）、3-表-羟基麦根酸（3-epi-hydroxymugineic acid，epi-HMA）、3-表-羟基脱氧麦根酸（3-epihydroxy 2′-deoxy-mugineic acid，epi-HDMA）等麦根酸类植物铁载体（Zhang et al.，2019）。向石灰性土壤施用 DMA 有望促进植物生长和改善铁营养。然而，DMA 的四元环结构具有高度应变性，导致 DMA 的稳定性较差。此外，DMA 的合成需要大量昂贵的 *L*-氮杂环丁烷-2-羧酸作为起始原料。为了克服 DMA 的这些局限性，科学家们通过用五元环代替四元氮杂环成功合成了 DMA 类似物脯氨酸-2′-脱氧麦根酸（PDMA）（图 5-41）（Suzuki et al.，2021）。PDMA 能够有效改善作物缺铁黄化,且比 DMA 稳定,可直接螯合土壤难溶铁,用量低,持效期长,可在土壤中存在 1 个月,且原料方便获取,合成价格低廉。同时,蛋白质结构解析的结果表明植物吸收转运 PDMA 的途径与 DMA 相同,表明 PDMA 是一种高效的新型微量元素螯合剂。

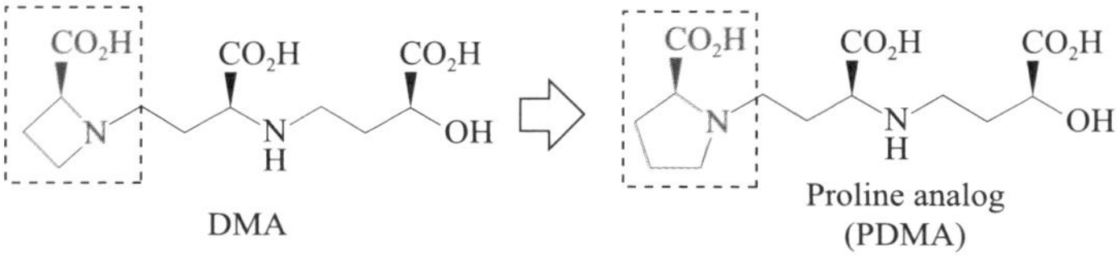

图 5-41　由 DMA 合成 PDMA

（引自 Suzuki et al.，2021）

### 5.5.3　性能与用途

对于传统的螯合铁肥（如 EDTA-Fe）,机理Ⅱ植物需要先分泌 MAs 进行配体交换形成 MAs-Fe 后才能被植物吸收。而 PDMA 作为 DMA 的衍生物,蛋白质结构解析的结果表明机理Ⅱ植物吸收转运 PDMA-Fe 的途径与 DMA-Fe 相同,植物根系吸收 PDMA-Fe 更加简单、直接和有效。另外,PDMA 能够直接将土壤中难溶铁螯合活化进而被植物吸收,因此在土壤施用过程无须额外添加铁,而传统铁肥中则包含了大量铁。对于机理Ⅰ植物而言,研究发现,花生根表存在 AhYSL1,且 AhYSL1 基因主要在花生根表皮细胞中表达,AhYSL1 能够专一性地吸收转运麦根酸铁螯合物（DMA-Fe）,表明机理Ⅱ植物所螯合的 DMA-Fe 可以被机理Ⅰ植物吸收利用而改善其铁营养（Xiong et al.，2013）。综上所述,PDMA-Fe 均能够被机理Ⅰ植物和机理Ⅱ植物良好吸收利用。

### 5.5.4　应用技术

Ueno 等（Ueno et al.，2021）将 $Fe^{3+}$-PDMA 施用于黄瓜根际,发现 $Fe^{3+}$-PDMA 在改善黄瓜缺铁性黄化的效果上与 $Fe^{3+}$-EDDHA 相似。Wang 等（Wang et al.，2023）将 PDMA 施用于石灰性土壤上的花生根际,结果表明 PDMA 能够有效溶解根际难溶铁,花生通过上调 AhYSL1 的表达进而改善铁营养。田间施用 PDMA 还显著提高了花生产量和籽粒微量元素含量,花生产量提高 33.4%,籽粒微量元素含量提高 38.2%,表明 PDMA 在实际农业生产中对于改善作物铁营养及提高产量方面具有较大的潜力和优势（表 5-5）。

表 5-5 PDMA 对于改善作物铁营养及提高产量方面的潜力与优势

| 作物 | 栽培方式 | PDMA 浓度/ (μmol/L) | 对铁营养的影响 | 对产量的影响 |
|---|---|---|---|---|
| 水稻 | 盆栽试验 | 30 | 新叶 SPAD 值持续提高,新叶活性铁含量显著增加 | — |
| | 田间试验 | 30 | 新叶 SPAD 值持续提高 | — |
| 黄瓜 | 盆栽试验 | 30 | 新叶 SPAD 值提高,新叶活性铁浓度增加 2 倍多 | — |
| | 水培试验 | 0.5 | 新叶 SPAD 值提高,新叶活性铁浓度增加,CsFRO1 与 CsIRT1 的表达量显著降低 | — |
| 花生 | 盆栽试验 | 40 | 新叶 SPAD 值提高,新叶活性铁含量增长 48.7%,铁还原酶活性和 AhIRT1 表达降低,AhYSL1 表达上调 | — |
| | 田间试验 | 40 | 新叶 SPAD 值提高,新叶活性铁含量增长 50.3% | 花生产量提高33.4%,籽粒微量元素含量提高 38.2% |

(引自 Ueno et al., 2021;Wang et al., 2023)

因此,鉴于微生物铁载体可以直接利用土壤中丰富的难溶性铁源并兼具生防功能,在生物环境友好和降低成本方面具有极大的优势和潜力(表 5-6),有望成为人工合成螯合剂及农药的绿色替代品,应用前景广阔。

表 5-6 植物铁载体类似物作为生物源螯合剂开发绿色智能肥料的特点和优势

| 关键性能 | 传统铁肥 | 植物铁载体类似物 |
|---|---|---|
| 矫治植物缺铁及增产效果 | FeSO₄ 容易被固定,EDTA-Fe 在石灰性土壤上不稳定,需要大量外源铁的投入,且改善铁营养及增产有限。EDDHA-Fe 矫治植物缺铁及增产效果最佳 | 可利用土壤中充足的难溶铁,减少外源铁的添加,改善铁营养及增产效果优于传统铁肥 |
| 成本 | FeSO₄ 成本较低,EDTA-Fe 次之,EDDHA-Fe 较高,多用于经济作物 | 原料易得,可通过优化工艺降低成本,且可减少外源铁的投入成本 |
| 稳定性 | FeSO₄ 极不稳定,易被氧化和固定;EDTA-Fe 在石灰性土壤上不稳定;EDDHA-Fe 稳定性高 | 在土壤中可稳定存在一段时间 |
| 环境代价 | EDTA-Fe 降解产物容易造成环境污染 | 生物可降解,不会造成环境污染 |
| 多功能性 | 无 | 无 |

# 5.6　硅肥及其在盐胁迫中的应用

## 5.6.1　硅及其营养功能

硅是一种对植物有益的元素,土壤中硅的平均含量为 33%,主要以氧化物和硅酸盐的形式存在,但其中能被作物吸收利用的有效硅含量很低,能被植物吸收的有效硅只有 50~250 mg/kg。能被植物直接吸收利用的硅形态是单硅酸($H_4SiO_4$)。

植物主要通过根系吸收硅,然后通过蒸腾流运输到地上部。在水稻中,超过 90% 的硅以硅胶的形态存在于地上部分。硅主要沉积在细胞壁和细胞间隙中。叶片中的硅沉积在紧邻角质层下面,形成约 2.5 μm 的薄层,称为"角质-双硅层",这种结构作为一种物理屏障在抵抗多种生物和非生物胁迫中发挥重要作用。

硅有三大营养功能:参与细胞壁的形成、影响植物光合作用和蒸腾作用、提高植物的抗逆性能。

(1)参与细胞壁的形成　硅与植物体内果胶酸、多糖醛酸、糖脂等物质有较高的亲和力,形成稳定性强、溶解度低的单硅酸、双硅酸、多硅酸复合物,并沉积在木质化细胞壁中,增强组织的机械强度和稳固性。此外,硅在初生壁中与果胶质、多酚等细胞壁成分结合形成网状交联结构,能在细胞伸长时增加细胞壁的弹性。

(2)影响光合作用和蒸腾作用　植物叶片的硅化细胞对于散射光的透过量是绿色细胞的 10 倍,可促进群体的受光姿态,从而促进光合作用;另外,硅化物沉淀在细胞壁和角质层之间,能抑制植物的蒸腾。

(3)提高植物的抗逆性能　大量研究表明,硅能提高植物对各种非生物和生物胁迫的抗性,且硅对植物生长的促进作用在胁迫条件下更为显著。

逆境胁迫包括生物胁迫和非生物胁迫,生物胁迫包括病害和虫害,非生物胁迫包括低温、高温、干旱、盐害、重金属等胁迫。大量研究表明,硅可提高植物对生物胁迫和非生物胁迫的抗性,可缓解盐害、干旱、高温、低温等对植物的损伤,改善植物的生长,提高作物的产量,改善作物的品质。表 5-7 是刘春成等汇总整理的逆境条件下硅肥的功效与作用机理。

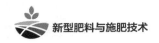新型肥料与施肥技术

表 5-7　逆境条件下硅肥功效与作用机理

| 硅肥功效 | 作用机理 |
| --- | --- |
| 抗寒性 | 参与代谢,改变生理生化指标 |
| 抗病害性 | 物理屏障;参与代谢活动 |
| 抗盐碱性 | 削弱植物蒸腾旁路途径,减少 $Na^+$ 随蒸腾的吸收及向地上部运输<br>Si 沉积于根部表皮减少了 $Na^+$ 质外运输途径的非选择吸收 |
| 抗旱性 | 硅化作用,降低水分损失<br>参与植物代谢活动诸如渗透调节等,间接影响其抗旱性<br>影响植物叶片气孔的关闭以及细胞液浓度,调节植物体内矿质元素的平衡 |
| 抗重金属性 | 改善土壤理化性质;改变土壤重金属的形态 |

(引自 刘春成等,2021)

### 5.6.2　硅提高植物耐盐性

**1.盐胁迫对植物的伤害**

当土壤或水中盐分浓度显著高于植物适宜的生长浓度时,会破坏植物质膜的选择透过性,胞内溶质外渗,盐离子大量进入细胞,使植物遭受盐害。在盐胁迫条件下,植物明显缺水,叶绿素含量和光合作用相关酶活性降低,气孔关闭,叶绿体类囊膜受损,光合速率降低,进而减缓地上部生长且抑制根系生长,使叶片脱落,生物量下降。

盐胁迫对于植物的伤害分为两个阶段(闫国超,2020):第一个阶段是渗透胁迫,外界高浓度的盐离子会迅速降低植物生长环境的渗透势,影响根系对水分的吸收和植物的生长代谢。第二个阶段是离子胁迫,高浓度的盐离子(主要是钠离子和氯离子)被植物吸收后,一方面会影响钾离子的正常功能,造成植物代谢紊乱;另一方面会破坏植物膜蛋白等重要结构。随着盐离子在植物中的积累,叶片逐渐出现衰老和坏死,最终引起整个植株的死亡。

**2.硅对植物抗盐胁迫中的作用**

(1)抑制 $Na^+$ 或 $Cl^-$ 积累,缓解离子毒害　盐胁迫中主要的盐离子是钠离子和氯离子,一般来说钠离子在植物中的毒害作用比氯离子更强。在高浓度的盐离子影响下,硅可以调控植物对钠离子、氯离子的吸收,增强对钠离子的区隔,同时提高钾离子含量以维持植物较高的钾/钠含量比,缓解离子胁迫。

如图 5-42 结果显示,盐胁迫下,水稻施硅能促进钠离子外排与区隔化相关基

因的表达,降低钠离子向地上部的转运,同时增加钾离子的吸收和向地上部的转运,从而改善盐胁迫下水稻的钾营养状况(闫国超,2020)。

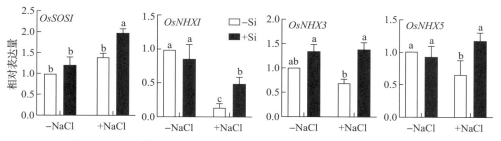

图 5-42　硅对盐胁迫下水稻钠离子外排与区隔化相关基因表达的影响

(引自 闫国超,2020)

(2)改善植物水分状况,缓解渗透胁迫　盐胁迫引发的渗透胁迫出现相较于盐离子在植物中积累后引发的离子胁迫发生得更快,渗透胁迫会严重影响根系对水分的吸收,引起植物生理性缺水。硅通过调控根系水分吸收和叶片蒸腾失水来改善植物水分状况:①硅可提高盐胁迫下根系的抗氧化防御能力,从而促进根系的生长和水力学导度的增加,有利于根系吸水;②硅在植物叶表面的沉积可降低蒸腾速率,减少植株蒸腾失水,从而维持植株体内较高的水分含量(王丹,2022)(图 5-43)。

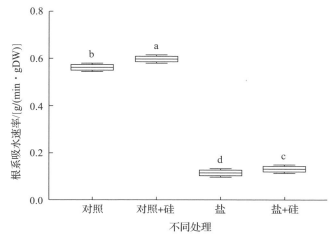

图 5-43　盐胁迫下硅对烟草根系吸水速率的影响

(小写字母表示差异显著)

（3）改善光合作用　光合作用在叶绿体内进行，对盐胁迫十分敏感。盐胁迫会破坏叶绿体结构，导致类囊体膜肿胀、基粒片层数量减少，从而降低光合效率。硅在作物中对光合作用最直接的影响是硅的机械作用。硅被植物吸收后会在植物组织中沉积，在叶片和茎秆中硅的沉积可以提高植物组织的机械强度和直立性，使植物具有更好的受光姿态和更大的受光面积。除此之外，硅可以维持盐胁迫下植物叶绿素含量、提高气孔透性、增加 $CO_2$ 同化效率等而改善植物光合效率（闫国超，2020）。

王丹研究结果显示，在对照中加入盐后，会使烟草幼苗的光合速率显著降低，较对照中降低了 85.7％，但在盐处理中加入硅后，能够显著增加盐胁迫下烟苗的光合速率，增加幅度为 71.36％（图 5-44）（王丹，2022）。

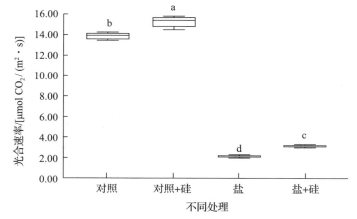

图 5-44　盐胁迫下硅对烟草幼苗光合速率的影响

（小写字母代表差异显著）

叶绿素 a/b 比值是一个重要的生理指标，它可以反映植物的光合效率和生理状态，较高比例的叶绿素 a 通常与更高的光合效率相关。孟元发的研究结果表明，外源硅能显著提高盐胁迫下苜蓿叶片的叶绿素含量，特别是叶绿素 a 的含量，提高盐胁迫下叶绿素 a/b 比值（表 5-8）（孟元发，2020）。

表 5-8　盐胁迫下硅对苜蓿光合色素含量的影响　　　　　　　　　mg/g FW

| 处理 | 叶绿素 a | 叶绿素 b | 叶绿素(a＋b) | 叶绿素 a/b |
|---|---|---|---|---|
| CK | 2.04±0.10a | 1.27±0.01a | 3.31±0.15a | 1.60±0.13b |
| Si | 2.08±0.11a | 1.25±0.07a | 3.22±0.16a | 1.67±0.15b |
| Na | 1.09±0.15b | 0.98±0.09b | 2.07±0.23c | 1.12±0.09c |

续表 5-8

| 处理 | 叶绿素 a | 叶绿素 b | 叶绿素(a＋b) | 叶绿素 a/b |
|---|---|---|---|---|
| Na＋Si | 1.81±0.17a | 0.94±0.05b | 2.75±0.31b | 1.92±0.11a |

注:FW 指植物组织的鲜重。小写字母代表差异显著。

CK:营养液;Si:2 mmol/L Si 处理;Na:150 mmol/L 盐胁迫;Na＋ Si:2.0 mmol/L Si＋150 mmol/L NaCl 盐胁迫。

(引自 孟元发,2020)

（4）缓解氧化损伤

盐胁迫下会导致植物产生过多的活性氧(reactive oxygen species,ROS),从而在植物中造成膜脂过氧化伤害,破坏生物膜结构与功能。活性氧的清除主要靠细胞内的保护酶,保护酶系统主要包括抗坏血酸过氧化物酶(APX)、过氧化物酶(POD)、过氧化氢酶(CAT)和超氧化物歧化酶(SOD)等。盐胁迫下,硅能通过提高保护酶系统活性来清除活性氧,降低丙二醛(MAD)含量,从而缓解盐胁迫所带来的氧化损伤。

丙二醛(malondialdehyde,MDA)是衡量细胞膜受损程度最直接的指标,它是膜脂过氧化的产物,其含量的高低可反映膜质过氧化程度和间接评估植物细胞膜的受损状况。盐胁迫下植物体内的活性氧平衡被打破,活性氧水平上升导致MDA 大量累积,细胞膜上产生膜脂过氧化作用,损害膜蛋白,导致细胞结构损害。

王丹(2022)研究结果显示,在盐胁迫下,施加外源硅能够显著提高烟草幼苗的SOD、POD、APX 活性,加速对活性氧的清除,减少活性氧在植物体内的聚集,减少膜脂过氧化作用,减轻盐胁迫带给烟苗的伤害(图 5-45)。闫国超(2020)的研究结果也表明盐胁迫下硅能提高水稻地下和地上部保护酶系统活性。

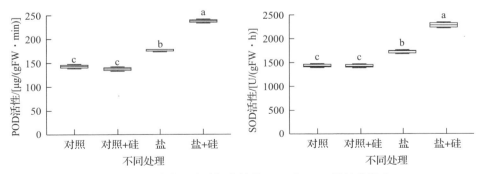

图 5-45  盐胁迫下硅对烟草幼苗 POD 和 SOD 活性的影响

（小写字母代表差异显著）

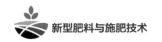

总之,许多研究表明,适量施硅可显著提高作物的抗盐性,降低作物盐害。硅提高作物耐盐性的机理主要有 3 种:①盐胁迫下,硅具有选择性吸收 $Na^+$ 和 $K^+$ 的作用;②盐胁迫下,硅可以稳定作物细胞膜的完整性、稳定性和功能性;③硅参与作物代谢过程,提高保护酶(SOD、POD、CAT)活性,降低丙二醛(MDA)含量和活性氧的积累,提高叶绿素含量和光合速率(姬景红,2011;易晓璇等,2020)。

### 5.6.3 硅肥及其应用技术

**1. 硅肥种类**

我国生产的硅肥主要有 2 大类,即人工合成和利用工业固体废弃物加工而成(邹文思,2023)。人工合成的硅肥主要以水玻璃为原料,先将水玻璃离心脱水,再利用高速离心喷雾干燥设备将其干燥固化成粉状,即得到高效硅肥。这种技术制备得到的硅肥有效硅含量超过 50%。利用工业固体废弃物加工而成的硅肥的主要原料有炼铁高炉渣、磷渣、粉煤灰、废玻璃等,有效硅含量($SiO_2$) 20%～30%,水分含量≤3%,为缓效性硅肥。

根据硅肥的溶解性,其可以分为水溶性和枸溶性 2 类。水溶性硅肥的化学组成主要是硅酸钠盐和硅酸钾盐,含有较高的有效硅含量,能够快速发挥肥效;枸溶性硅肥化学成分主要是硅酸钙盐,有效硅含量比水溶性硅肥少,肥效作用较慢,施入土壤后硅元素缓慢释放,因此肥效更持久。

近年来,纳米技术已成为研究热点。纳米材料具有一系列特殊的物理和化学性质,包括小尺寸效应、表面界面效应等,在吸收、催化、磁效应等方面表现出特殊的性质。常用的纳米硅肥具有种类多样、尺寸小(通常为 10～180 nm)、比表面积大、利用率高、对污染物吸附性高等优点。与传统硅肥相比,纳米硅肥(二氧化硅纳米颗粒 $SiO_2$ NPs 或硅纳米颗粒 Si NPs)具有更高的生物利用度和溶解度,可显著提高根际土壤微生物的丰度,进而改善土壤环境质量,提高作物的产量和质量。此外,纳米硅肥($SiO_2$ NPs)具有独特的表面化学特性和孔隙率,可实现污染物的选择性和高效吸附。

**2. 新型硅肥——有机硅**

有机硅化合物兼备有机材料和无机材料的双重特性,被视作合成材料中的佼佼者,有人称之为"工业维生素"。它是一类品种众多、性能优异和应用广阔的新型化工产品,包括各类硅烷、硅氧烷中间体以及由它们制得的硅油、硅橡胶、硅树脂(包括它们的二次加工品)、硅烷偶联剂四大门类几千个品种牌号。目前农业上应用的主要是正硅酸乙酯和改性有机硅。

1)正硅酸乙酯

正硅酸乙酯又名硅酸四乙酯,是一种有机化合物,化学式为 $C_8H_{20}O_4Si$,简称 TEOS。硅酸四乙酯是无色液体,微溶于水,无水存在下稳定,遇水分解成乙醇与硅酸,主要用作电器绝缘材料、涂料、光学玻璃处理剂,还用于有机合成。

谢宇涵研究发现,喷施正硅酸乙酯能有效缓解盐胁迫对高羊茅的伤害,降低膜透性,使丙二醛和脯氨酸的含量有所降低,同时使它的叶绿素含量增加,增强其根系活力,使草坪质量得以提升(谢宇涵,2019)。

刘子豪采用盆栽试验的方式,基肥选用大量元素水溶肥,用 100 mmol/L 氯化钠进行盐胁迫,设置不施用有机硅(T1)和施用有机硅(T2)两种处理,以蒸馏水作为对照(CK),有机硅(硅酸四乙酯)浓度为 0.5 mmol/L,共计 3 种处理。研究结果发现,施用硅酸四乙酯可以显著缓解盐胁迫对生菜生长、光合以及品质的影响(表5-9 至表 5-11)(刘子豪,2021)。

表 5-9　有机硅对盐胁迫下生菜生长的影响

| | 株高/cm | 根长/cm | 地上部鲜重/g | 地下部鲜重/g | 地上部干重/g | 地下部鲜重/g |
|---|---|---|---|---|---|---|
| CK | 17.34±0.20b | 19.90±0.12a | 64.45±1.65a | 11.98±0.36a | 3.12±0.01a | 0.49±0.00a |
| T1 | 12.94±0.15c | 14.43±0.07c | 49.61±1.24c | 7.11±0.14c | 2.99±0.01c | 0.40±0.01c |
| T2 | 14.02±0.19b | 16.79±0.29b | 57.06±0.90b | 10.72±0.18b | 3.04±0.01b | 0.45±0.00b |

注:同列小写字母不同表示有显著性差异($P<0.05$),下同。

(引自 刘子豪,2021)

表 5-10　有机硅对盐胁迫下生菜光合的影响

| | 净光合速率/<br>[μmol/(m²·s)] | 胞间 $CO_2$ 浓度/<br>(μmol/mol) | 气孔导度/<br>[μmol/(m²·s)] | 蒸腾速率/<br>[μmol/(m²·s)] |
|---|---|---|---|---|
| CK | 6.50±0.01a | 198.40±3.35c | 0.27±0.01a | 3.50±0.01a |
| T1 | 4.78±0.01c | 362.50±3.81a | 0.15±0.00c | 2.13±0.04c |
| T2 | 5.35±0.01b | 304.97±1.79b | 0.19±0.01b | 2.79±0.15b |

(引自 刘子豪,2021)

表 5-11　有机硅对盐胁迫下生菜品质的影响

| | 可溶性蛋白<br>含量/(mg/g) | 可溶性糖<br>含量/(mg/g) | 可溶性维生素 C<br>含量/(mg/g) | 硝酸盐/(g/kg) |
|---|---|---|---|---|
| CK | 6.93±0.21a | 4.08±0.10a | 0.42±0.01a | 2.52±0.06b |
| T1 | 5.10±0.12b | 3.18±0.15b | 0.39±0.01b | 2.83±0.05a |
| T2 | 6.52±0.28a | 3.72±0.10a | 0.41±0.01a | 2.61±0.07b |

(引自 刘子豪,2021)

2) 改性有机硅

主要是聚二甲基硅氧烷改性有机硅,是以二氯二甲基硅烷、三氯甲基硅烷、三乙氧基氯甲硅烷和 $C_n H_{2n+1}(CH_3)Si(OCH_3)_2$ 经水解缩合反应后生成聚硅氧烷,再经强碱性条件下催化水解改性后,部分 Si—O—Si 键水解断裂生成 Si—OH 基团。改性有机硅可能的分子结构片段见图 5-46。

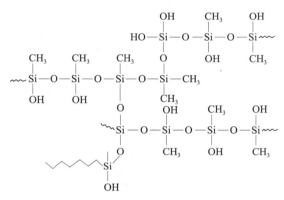

图 5-46    改性有机硅可能的分子结构片段

将改性有机硅与基肥按一定配比混合复配形成有机硅功能肥,应用于盐碱土壤和酸性土壤改良,可有效调节土壤的 pH(图 5-47)。

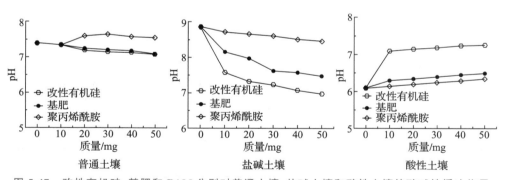

图 5-47    改性有机硅、基肥和 PAM 分别对普通土壤、盐碱土壤和酸性土壤的酸碱性缓冲作用

改性有机硅能调节土壤 pH 的机理是:改性有机硅主链由 Si—O—Si 键构成,硅醚结构中氧原子的孤对电子与土壤中金属阳离子的空轨道形成配位键或较强的作用力(宋福如等,2023),使土壤溶液中阳离子的活度发生不同程度的降低,具有显著的路易斯碱的性能;改性有机硅中多个游离的硅羟基可以提供氢质子,与土壤溶液中的氢氧根作用,使土壤 pH 不同程度减小,具有显著的质子酸的性能。因

此,改性有机硅具有调控土壤酸性和盐碱性的作用。

改性有机硅与复合肥、有机质、腐殖酸等可制成有机硅土壤调理剂或有机硅功能肥。宋福如等通过比较发现,纯盐碱土在水中可以较均匀地分散,当加入有机硅复合肥后,土壤颗粒团聚成大颗粒土壤,表明有机硅复合肥可促使盐碱土壤颗粒聚集;同样地,黏土样品放入水中后分散,加入有机硅水溶肥后土壤出现明显的团粒化作用(宋福如等,2021),表明有机硅复合肥可以有效地促进土壤团粒化。这主要是由于有机硅水溶肥中有机硅分子中含有 Si-O-Si 键和游离的羟基基团,一方面可以与盐碱土壤中的离子产生配位键和氢键作用,降低其在土壤中的浓度;另一方面,有机硅分子链中 Si-O-Si 键和不同位置上的羟基基团对土壤颗粒产生吸附作用,将多个土壤颗粒"黏聚"在一起(图 5-48)。

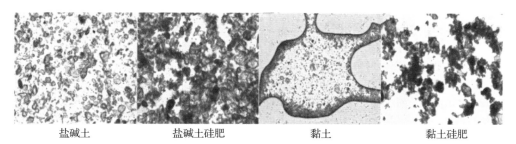

盐碱土　　　　　　盐碱土硅肥　　　　　黏土　　　　　黏土硅肥

图 5-48　不同土壤与有机硅水溶液的结合团聚

改性有机硅中含有 Si-O-Si 键和多个游离的羟基,可以与盐碱土壤中的离子产生配位键和氢键作用,降低土壤中的离子浓度,从而改良盐碱土(表 5-12)。

表 5-12　盐碱土电导率的测定结果　　　　　　　　　　　　μs/cm

| 样品编号 | 有机硅肥 | 纯有机硅 | 基肥 | PAM |
|---|---|---|---|---|
| 0 | 440 | 440 | 440 | 440 |
| 1 | 340 | 320 | 443 | 567 |
| 2 | 356 | 339 | 454 | 592 |
| 3 | 366 | 354 | 465 | 618 |
| 4 | 369 | 373 | 465 | 616 |
| 5 | 365 | 397 | 480 | 728 |

(引自 宋福如等,2021)

宋福如等在多点盐碱地改良的试验结果显示,在研究条件下,与本底值相比,施用有机硅复合肥的土壤容重降低 3.17%～28.4%,耕作层水溶性盐总量降低 4.32%～80.00%,土壤 pH 降低 0.10～1.32 个单位(表 5-13)。

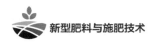

表 5-13　不同处理对土壤耕作层理化性质的影响

| 处理 | 容重/(g/cm³) | | 水溶性盐总量/(g/kg) | | pH | |
|---|---|---|---|---|---|---|
| | 本底值 | 试验后 | 本底值 | 试验后 | 本底值 | 试验后 |
| 底用量处理 | 1.26~1.69 | 1.22~1.28 | 1.0~5.1 | 0.4~3.0 | 7.95~9.34 | 7.10~9.01 |
| 高用量处理 | 1.26~1.69 | 1.20~1.21 | 1.0~5.1 | 0.2~2.9 | 7.95~9.34 | 7.05~9.14 |
| CK | 1.26~1.69 | 1.24~1.68 | 1.0~5.1 | 1.0~5.2 | 7.95~9.34 | 7.93~9.64 |

　　注:试验地点分别位于辽宁大连、吉林洮水、甘肃高台、甘肃临泽、宁夏平罗、吉林大安、吉林前郭、黑龙江林甸、内蒙古五原、内蒙古临河、甘肃靖远,选取了各个试验地中最小值和最大值。

(引自 宋福如等,2021)

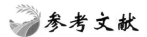参考文献

白木.2008.我国推广硫酸钾镁肥的必要性、施用情况及前景.硫磷设计与粉体工程(2):8-12.

曹志洪,孟赐福,胡正义.2011.中国农业与环境中的硫.北京:科学出版社.

陈德伟,汤寓涵,石文波,等.2019.钙调控植物生长发育的进展分析.分子植物育种, 17(11):3593-3601.

陈桂芬,黄玉溢,熊柳梅,等.2013.钙肥对春甜桔产量和品质的影响.南方农业学报,44(1): 92-95.

陈星峰,张仁椒,李春英,等.2006.福建烟区土壤镁素营养与镁肥合理施用.中国农学通报, 22(5):261-263.

陈秀文,陈吉宝,蔡德宝,等.2019.钙肥不同用量对巨峰葡萄产量及品质的影响.中国农业科 技导报,21(8):140-146.

陈玉枝,林舒.1999.牡蛎壳与龙骨成分的分析.福建医科大学学报,33(14):432-434.

丁希月,王妍,翁凌,等.2022.煅烧牡蛎壳粉对荔枝园土壤酸化及果实品质的改良效果.集美 大学学报(自然科学版),27(5):408-416.

杜承林,王颖明.1993.缺镁土壤上镁肥对某些经济作物的效应.土壤通报,24(2):74-76.

范肖飞.2020.不同用量镁对土壤植株养分及水稻产量品质的影响.沈阳:沈阳农业大学.

高爱民.2005.人体必需的营养元素:钙.微量元素与健康研究,22(1):66.

侯翠红,苗俊艳,谷守玉,等.2019.以钙镁磷肥产品创新促进产业发展.植物营养与肥料学 报,25(12):2162-2169.

黄鸿翔,陈福兴,徐明岗,等.红壤地区土壤镁素状况及镁肥施用技术的研究.2000.中国土壤 与肥料,4(5):19-23.

姬景红.2011.逆境胁迫下硅的抗性作用机理研究.黑龙江农业科学(1):137-140.

江善襄.1999.磷酸、磷肥和复混肥料.北京:化学工业出版社.

姜勇.2009.森林生态系统微量元素循环及其影响因素分析.应用生态学报,20:197-204.

雷利斌.2006.加硫尿素 N、S 在土壤中的转化及其作物效应研究.合肥:安徽农业大学.

李秉毓.2020.施镁对苹果 C、N 吸收利用及产量品质的影响.泰安:山东农业大学.

李灿,陈晓东,郑卓越,等.2021.镁和微量矿质元素对黑皮冬瓜外观和品质的影响.中国农学
通报,37(4):49-55.

李洁焕.1997.镁与血管痉挛.心血管病学进展,4(1):54-56.

李雁乔,章骞,黄永生,等.2020.煅烧牡蛎壳粉对土壤酸化及琯溪蜜柚果实的改善效果.集美
大学学报(自然科学版),25(4):256-264.

李益清,李天来.2010.钙对弱光胁迫下番茄生长发育及产量和品质的影响.沈阳农业大学学
报,41(5):526-530.

李振威,谢丽丽,曹阳,等.2012.天然牡蛎壳纳米体复合型骨材料修复桡骨缺损的研究.实用
骨科杂志(9):807-812.

李中勇,高东升.2007.喷钙对设施油桃产量和品质的影响.落叶果树(3):25-26.

梁杰,吴凌娟,李功义.2020.钙肥对马铃薯产量和品质的影响.现代农业科技,769(11):
71-75

梁杰,张雅奎,李功义.2020.镁肥对马铃薯品质提升的影响试验.现代农业研究,26(8):
94-95.

林泽彬.2024.钙肥对甘薯产量与品质的影响及其生理机制的初步研究.福州:福建农林大学.

刘常珍.2004.元素硫、双氰胺及其组合对蔬菜地土壤 $NO_3^--N$ 淋失的影响及机理研究.南京:
南京农业大学.

刘崇群.1995.中国南方土壤硫的状况和对硫肥的需求.磷肥与复肥(3):14-18.

刘春成,李中阳,胡超,等.2021.逆境条件下硅肥调控效应研究进展.中国土壤与肥料(4):
337-346.

刘存辉,董树亭,胡昌浩.2004.硫素水平对夏玉米产量及生理特性影响的研究.玉米科学,
12:95-97,100.

刘军丽,包婕,李建设,等.2019.限根下不同施钙量对番茄品质、产量及养分的影响.西南农
业学报,32(10):2403-2411.

刘荣,郑之银,陈宇,等.2012.化学法脱除磷矿中镁杂质的研究进展.磷肥与复肥,27(4):
11-13.

刘顺梅.2004.牡蛎壳土壤调理剂对北沙参生理生化影响的研究.青岛:中国海洋大学.

刘烁然.2022.施硫提高玉米产量、品质及养分利用效率的生理机制.长春:吉林农业大学.

刘子豪.2021.有机硅缓解生菜干旱和盐胁迫耐性的影响研究.邯郸:河北工程大学.

鲁荣海,王波,吴永枚,等.2019.镁、钙、硼、钼肥对茄子幼苗生长的影响.北方园艺(6):
49-53.

陆景凌.2003.植物营养学.北京:中国农业大学出版社.

罗华汉,柳开楼,余跑兰,等.2016.牡蛎壳粉对水稻产量和土壤重金属钝化的影响.中国稻

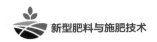

米，22(3)：30-33.

罗小飞，曹旖旎，李永.2024.纳米硅肥在农田重金属污染修复中的应用.生态学杂志，24：1-10.

马文博.2022.高钙酵素水溶肥制备及对蔬菜钙含量和产量影响.哈尔滨：东北农业大学.

马晓丽，刘雪峰，杨梅，等.2018.镁肥对葡萄叶片糖、淀粉和蛋白质及果实品质的影响.中国土壤与肥料，4(4)：114-120.

孟元发.2020.外源硅对苜蓿盐胁迫的缓解效应及调控机理.呼和浩特：内蒙古大学.

秦贞苗，邓静英，张丹蕾，等.2019.超微粉碎对牡蛎壳粉体学性质和溶出度的影响.中国药房，30(16)：2216-2220.

宋福如，侯静，宋利强，等.2021.有机硅复合肥促土壤颗粒团粒化行为分析.山东农业大学学报(自然科学版)，52(4)：642-647.

宋福如，侯静，宋利强，等.2023.聚甲基硅氧烷改性有机硅对土壤酸碱调节的作用及机理研究.中国土壤与肥料(5)：140-147.

宋福如，宋利强，曹子库，等.2022.有机硅产品治理盐碱土壤研究初报.中国土壤与肥料，2021(3)：272-282.

田贵生，陆志峰，任涛，等.2019.镁肥基施及后期喷施对油菜产量与品质的影响.中国土壤与肥料，4(5)：85-90.

王丹.2022.硅提高烟草幼苗抗盐性的效果及作用机理.泰安：山东农业大学.

王钧强，张明锁，胡良勇.2012.硫肥对小麦产量和品质的影响.陕西农业科学，58(2)：23.

王连根.2021.蔬菜缺钙原因与补钙方法.西北园艺(综合)(9)：49-50.

王媛媛，高波，张佳蕾，等.2014.硫肥不同用量对花生生理性状及产量、品质的影响.山东农业科学，46(12)：67-71.

王正.2020.镁肥对我国经济作物提质增效的效果评价.北京：中国农业大学.

吴一群，林琼，陈子聪，等.2019.不同镁水平对无限生长型番茄吸收镁及果实品质与产量的影响.安徽农学通报，25(7)：54-56.

谢建昌，马茂桐，朱月珍，等.1965.红壤区土壤中镁肥肥效的研究.土壤学报(4)：377-386.

谢宇涵.2019.有机硅对高羊茅耐盐胁迫能力的影响.兰州：兰州大学.

许玲玲，章骞，王永明，等.2020.煅烧牡蛎壳粉对土壤酸化及玉菇甜瓜品质的改良效果.集美大学学报(自然科学版)，25(5)：336-343.

许秀成.2005.再论"人口·粮食·环境·肥料".磷肥与复肥，20(2)：9-13.

闫国超.2020.硅调控水稻耐盐性的生理与分子机制研究.杭州：浙江大学.

严焕焕，耿贵工，乔枫，等.2020.氮、硫及氮硫交互对土壤酶活性的影响.青海大学学报，38(2)：20-25.

姚丽贤，李国良，许潮漩，等.2006.镁肥在荔枝和柑橘上的施用效应.磷肥与复肥，21(4)：76-78.

叶昆，吴卫红，姚志通，等.2018.煅烧牡蛎壳粉对水体中 $Pb^{2+}$ 和 $Cd^{2+}$ 的吸附研究.杭州电子

科技大学学报（自然科学版），38(5):76-82

易晓璇，马肖，刘木兰，等. 2020. 硅对植物逆境胁迫耐受能力的影响及其机理研究进展. 作物研究，34(4)：398-404.

余斌，丁和权，温权州，等. 2017. "最镁"在十字花科蔬菜上的应用效果. 湖北农业科学，56(18)：3438-3443.

臧小平，王甲水，周兆禧，等. 2017. 土壤施镁对芒果产量与品质的影响. 中国土壤与肥料，4（3）：89-92.

张利云，刘海河，张彦萍，等. 2014. 硝酸钙对厚皮甜瓜坐果节位叶片衰老及果实产量和品质的影响. 植物营养与肥料学报，20(2):490-495.

张群峰，倪康，伊晓云，等. 2021. 中国茶树镁营养研究进展与展望. 茶叶科学，41(1)：19-27.

张书中，王生军，黄玉波，等. 2009. 镁对小麦产量及生长发育的影响. 磷肥与复肥，24(2)：86-86.

张卫峰，易俊杰，张福锁. 2017. 中国肥料发展研究报告2016. 北京：中国农业大学出版社.

张玉梅，龙胜碧，吴平成，等. 2018. 锦屏县果园耕地耕层土壤障碍因子分析及对策. 耕作与栽培(2):51-52,17.

赵亚飞，张彩军，孟谣，等. 2019. 施钙对花生荚果不同发育时期光合特性及叶面积指数的影响. 青岛农业大学学报(自然科学版)，36(4):247-254.

赵玉英，王颖莉. 2016. 热解温度对牡蛎壳物理化学特性的影响. 化工进展，33(5):1247-1251.

朱天伦，张启发，张太阳. 1991. 镁与心脏病. 现代诊断与治疗，2(4)：346-349.

邹文思. 2023. 硅肥研究进展和我国硅肥需求及生产现状. 农业与技术，43(15)：97-100.

Abdel-Fattah M A. 2000. Effect of sulfur on mobility and availability of some nutrients in soil and plant. Fac. Agric, Moshtohor, Zagazig Univ.

Aciksoz S B, Ozturk L, Gokmen O O, et al. 2011. Effect of nitrogen on root release of phytosiderophores and root uptake of fe(iii)-phytosiderophore in fe-deficient wheat plants. Physiologia Plantarum，142(3)：287-296.

Ali H, Sarwar N, Muhammad S, et al. 2021. Foliar application of magnesium at critical stages improved the productivity of rice crop grown under different cultivation systems. Sustainability，13(9)：4962.

Ali N, Teymur K. 2015. Inoculation of rapeseed under different rates of inorganic nitrogen and sulfur fertilizer: Impact on water relations, cell membrane stability, chlorophyll content and yield. Arch Agron Soil Sci, 61(8):1137-1149.

Aparna B, Chitdeshwari T, Suganya S, et al. 2023. Calcium nutrition for improving the growth and yield of carrot in acid soils. International Journal of Plant & Soil Science, 35(19)：1174-1183.

Attipoe, J Q,kham W, Tayade, et al. 2023. Evaluating the effectiveness of calcium silicate in enhancing soybean growth and yield. Plants, 12(11)：2190.

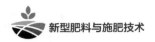
Balk E M，Adam G P，Langberg V N，et al. 2017. Global dietary calcium intake among adults： a systematic review. Osteoporos. Int，28，3315-3324

Barker A V，Pilbeam D J. 2015. Handbook of plant nutrition. Boca Raton：CRC Press.

Bennett B L，Sammartano R. 2013. The complete idiot's guide to vegan living. Second Edition.

Bonard M，Boury B，Parrot I. 2020. Key insights，tools，and future prospects on oyster shell end-of-life：a critical analysis of sustainable solutions. Environmental Science and Technology，54(1)：26-38.

Borbas J E，Wheeler A P，Sikes S，et al. 1991. Molluscan shell matrix phosphoproteins：correlation of degree of phosphorylation to shell mineral microstructure and to in vitro regulation of mineralization. Journal of Experimental Zoology，258(1)：1-13.

Bose J，Babourina O，Rengel Z. 2011. Role of magnesium in alleviation of aluminium toxicity in plants. Journal of Experimental Botany，62(7)：2251-2264.

Broadley M R，White P J. 2010. Eats roots and leaves. Can edible horticultural crops address dietary calcium，magnesium and potassium deficiencies Proc. Nutr. Soc，69：601-612.

Brown L，Scholefield D，Jewkes E C，et al. 2000. The effect of sulphur application on the efficiency of nitrogen use in two contrasting grassland soils. Journal of Agricultural Science，135：131-138.

Cai Z J，Wang B R，Xu M G，et al. 2015. Intensified soil acidification from chemical N fertilization and prevention by manure in an 18-year field experiment in the red soil of southern China. Journal of Soils and Sediments，15(2)：260-270.

Cagri M A. 2011. Inhibition of Listeria monocytogenes and Salmonella enteritidis on chicken wings using scallop-shell powder. Poultry Science，90(11)：2600-2605.

Cakmak I，Yazi·ci· A M. 2010. Magnesium：A forgotten element in crop production. Better Crops with Plant Food，94(2)：23-25.

Castellari M P，Poffenbarger H J，Van Sanford D A. 2023. Sulfur fertilization effects on protein concentration andyield of wheat：A meta-analysis. Field Crops Research(302)：109061.

Chen J H，Li Y P，Wen S L，et al. 2017. Magnesium fertilizer-induced increase of symbiotic microorganisms improves forage growth and quality. Journal of Agricultural and Food Chemistry，65(16)：3253-3258.

Chen Z C，Ma J F. 2013. Magnesium transporters and their role in Al tolerance in plants. Plant and Soil，368(1)：51-56.

Chen Z C，Peng W T，Li J，et al. 2018. Functional dissection and transport mechanism of magnesium in plants. Seminars in Cell & Developmental Biology，74：142-152.

Chim，P.，Hong Cheang. Chanthy H.，et al. 2024. "Effect of Calcium on the Growth of Melon (*Cucumis melo* L.)." GPH-International Journal of Agriculture and Research，7(2)：13-27.

Dayod M，Tyerman S D，Leigh R A，et al. 2010. Calcium storage in plants and the implications for calcium biofortification. Protoplasma，247：215-231.

Emilien G. 2007. NewPerspectives in Magnesium Research-Nutrition and Health. London：Springer.

Fan L W，Zhang S L，Zhang X H，et al. 2015. Removal of arsenic from simulation wastewater using nano-iron /oyster shell composites. Journal of Environmental Management，156：109-114.

FAO in India，UNICEF，WFP，et al. 2020. Brief to the State of Food Security and Nutrition in the World 2020. Rome：FAO.

Faryadi Q. 2012. The magnificent effect of magnesium to human health：A critical review. International Journal of Applied Science and Technology，2(3)：118-126.

Feng X，Yu Q，Wang RZ，et al. 2019. Decoupling of plant and soil metal nutrients as affected by nitrogen addition in a meadow steppe. Plant and Soil，443：337-351.

Ficco D B，Riefolo C，Nicastro G，et al. 2009. Phytate and mineral elements concentration in a collection of Italian durum wheat cultivars. Field Crops Research，111(3)：235-242.

Filipek-Mazur B，Gorczyca O，Tabak M. 2017. The effect of sulfur coating fertilizers on soil biological properties. Water Environ，Rural Areas(2)：69-81.

Fourcroy P，Siso-Terraza P，Sudre D，et al. 2014. Involvement of the abcg37 transporter in secretion of scopoletin and derivatives by arabidopsis roots in response to iron deficiency. New Phytologist，201(1)：155-167.

Geng G，Cakmak I，Ren T，et al. 2021. Effect of magnesium fertilization on seed yield，seed quality，carbon assimilation and nutrient uptake of rapeseed plants. Field Crops Research，264：108082.

Gerendás J，Führs H. 2013. The significance of magnesium for crop quality. Plant and Soil，368(1/2)：101-128.

Gigolashvili T，Kopriva S. 2014. Transporters in plant sulfur metabolism. Frontiers in Plant Science，5：442-457.

Grzebisz W. 2011. Magnesium-food and human health. Journal of Elementology，16（2）：299-323.

Grzebisz W. 2013. Crop response to magnesium fertilization as affected by nitrogen supply. Plant and Soil，368(1/2)：23-39.

Guo L，Bafang L，Hu H，et al. 2014. Food protein-derived chelating peptides：biofunctional ingredients for dietary mineral bioavailability enhancement. Trends Food Sci. Technol，37：92-105.

Halfawi M H，Ibrahim S A，Kandil H. 2010. Influence of elemental sulfur，organic matter，sulfur oxidizing bacteria and cabronite alone or in combination on cowpea plants and the used

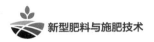

soil. Soil Forming Factors and Processes from the Temperate Zone，9(1):13-29.

Haneklaus S，Bloem E，Schnug E. 2003. The global sulphur cycle and its links to plant environment. In：Abrol，Y. P，Ahmad，A. (Eds. )，Sulphur in Plants. Springer，Dordrecht.

Härdter R，Rex M，Orlovius K. 2005. Effects of different Mg fertilizer sources on the magnesium availability in soils. Nutrient Cycling in Agroecosystems，70(3)：249-259.

Havlin J L，Beaton J D，Tisdale S L，et al. 2013. Soil Fertility and Fertilizers：an Introduction to Nutrient Management(8th eds). Pearson Prentice Hall，Upper Saddle River.

Horswill P，O'Sullivan O，Phoenix G K，et al. 2008. Base cation depletion，eutrophication and acidification of species-rich grasslands in response to long-term simulated nitrogen deposition. Environmental Pollution，155(2)：336-349.

Jaggi R C，Aulakh M S，Sharma R. 2005. Impacts of elemental S applied under various temperature and moisture regimes on pH and available P in acidic，neutral and alkaline soils. Biology and Fertility of Soils，41:52-58.

Jakobsen S T. 1993. Interaction between plant nutrients：Ⅲ. Antagonism between potassium，magnesium and calcium. Acta Agriculturae Scandinavica B-Plant Soil Sciences，43(1)：1-5.

Jeong J，Guerinot M L. 2008. Biofortified and bioavailable：the gold standard for plant-based diets. Proc. Natl. Acad. Sci. U S A，105：1777-1778.

Joshi N，Gothalwal R，Singh M，et al. 2021. Novel Sulphur-oxidizing bacteria consummate Sulphur deficiency in oil seed crop. Archives of Microbiology，203(1)：1-6.

Kalcsits L A. 2016. Non-destructive measurement of calcium and potassium in apple and pear using handheld X-ray fluorescence. Front. Plant Sci，7:442.

Kihara J，Sileshi G W，Nziguheba G，et al. 2017. Application of secondary nutrients and micronutrients increases crop yields in sub-Saharan Africa. Agronomy for Sustainable Development，37:1-14.

Kisters K，Gröber U. 2013. Magnesium in health and disease. Plant and Soil，368(1/2)：155-165.

Knez M，Stangoulis C R，2021. Calcium bio-fortification of crops-challenges and projected benefits. Front. Plant Sci，12：669053

Lanham-New S A. 2006. Fruit and vegetables：the unexpected natural answer to the question of osteoporosis prevention. Oxford：Oxford University Press.

Liu H Y，Wang R Z，Lü X T，et al. 2021. Effects of nitrogen addition on plant-soil micronutrients vary with nitrogen form and mowing management in a meadow steppe. Environmental.

Lu J S，Cong X Q，Li Y D，et al. 2017. Scalable recycling of oyster shells into high purity calcite powders by the mechanochemical and hydrothermal treatments. Journal of Cleaner Production，11(228):1978-1985.

Maguire M E，Cowan J A. 2002. Magnesium chemistry and biochemistry. Biometals，15(3)：

203-210.

Malhi S S. 2012. Improving organic C and N fractions in a S-deficient soil with S fertilization. Biology and Fertility of Soils，48：735-739.

Malik K M，Khan K S，Billah M，et al. 2021. Organic amendments and elemental sulfur stimulate microbial biomass and sulfur oxidation in alkaline subtropical soils. Agronomy，11(12)：2514.

Marchini C，Triunfo C，Greggio N，et al. 2023. Nanocrystalline and amorphous calcium carbonate from waste seashells by ball milling mechanochemistry processes. Crystal Growth & Design，24：657-668.

Mayland H F，Wilkinson S R. 1989. Soil factors affecting magnesium availability in plant-animal systems：a review. Journal of Animalence，67(12)：3437-3444.

McLaughlin S B，Wimmer R. 1999. Calcium physiology and terrestrial ecosystem processes. New Phytol. 142：373-417.

Metson A J. 1974. Magnesium in New Zealand soils. I. Some factors governing the availability of soil magnesium：A review. New Zealand Journal of Experimental Agriculture，2：277-319.

Mulder E G. 1956. Nitrogen-magnesium relationships in crop plants. Plant Soil，7：341-376.

Nielsen F H. 2010. Magnesium，inflammation，and obesity in chronic disease. Nutrition Reviews，68(6)：333-340.

Norton B R，Mikkelsen R，Jensen T. 2013. Sulfur for plant nutrition. Better Crops with Plant Food，97(2)：10-12.

Parikh，Shamik J，Jack A. 2003. Yanovski. Calcium intake and adiposity. The American journal of clinical nutrition，77(2)：281-287.

Peacock B，Christensen P. 1996. Magnesium deficiency becoming more common Univ. California，Cooperative Extension. Pub. NG5-96.

Pereira Mark A，David R，Jacobs Jv，et al. 2002. Dairy consumption，obesity，and the insulin resistance syndrome in young adults：the CARDIA Study. Jama 287，16：2081-2089.

Puranik S，Kam，J，Sahu P P，et al. 2017. Harnessing finger millet to combat calcium deficiency in humans：challenges and prospects. Front. Plant Sci，8：1311.

Rezapour S. 2014. Effect of S and composted manure on $SO_4$-S，P and micronutrient availability in a calcareous saline-sodic soil. Chemistry and Ecology，30：147-155.

Rosanoff A，Weaver C M，Rude R K. 2012. Suboptimal magnesium status in the United States：Are the health consequences underestimated. Nutrition Reviews，70(3)：153-164.

Sakalauskaite J，Plasseraud L，Thomas J，et al. 2020. The shell matrix of the European thorny oyster，Spondylus gaederopus：microstructural and molecular characterization. Journal of Structural Biology，211(1)：1-17.

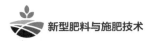

Salisbury F G, Ross C W. 1992. Plant physiology. Belmont, CA:Wadsworth Publ. Co.

Sanwalka N J, Khadilkar A V, Chiplonkar S A. 2011. Development of non-dairy, calcium-rich vegetarian food products to improve calcium intake in vegetarian youth. Curr. Sci. 101: 657-663.

Schnug E. 1991. Sulphur nutritional status of European crops and consequences for agriculture. Sulphur Agric, 15:7-12.

Seelig M. 1964. The requirement of magnesium by the normal adult: Summary and analysis of published data. Am J Clin Nutr(6): 242-290.

Sena J P D, Silva L D S, Oliveira F F D, et al. 2024. "Calcium fertilization strategy on mango physiological characteristics and yield." Pesquisa Agropecuária Tropical, 54: e76919.

Senbayram M, Gransee A, Wahle V, et al. 2016. Role of magnesium fertilisers in agriculture: Plant-soil continuum. Crop and Pasture Science, 66(12): 1219-1229.

Shechter M, Merz C N B, Rude R K, et al. 2000. Low intracellular magnesium levels promote platelet-dependent thrombosis in patients with coronary artery disease. American Heart Journal, 140(2): 212-218.

Shenvi C L, Dong K C, Friedman E M, et al. 2005. Accessibility of 18S rRNA in human 40S subunits and 80S ribosomes at physiological magnesium ion concentrations: implications for the study of ribosome dynamics. RNA, 11(12): 1898-1908.

Slivat H, Mesquita-Guimares J, Henriques B, et al. 2019. The potential use of oyster shell waste in new valueadded by-product[J]. Resources, 8(1):1-15.

Sudo S. 1997. Structure of mollusc shell framework proteins. Nature, 387( 6633):563-574.

Sun X, Chen J, Liu L, et al. 2018. Effects of magnesium fertilizer on the forage crude protein content depend upon available soil nitrogen. Journal of Agricultural and Food Chemistry, 66(8): 1743-1750.

Suzuki M, Urabe A, Sasaki S, et al. 2021. Development of a mugineic acid family phyto-siderophore analog as an iron fertilizer. Nature Communications, 12(1): 1558.

Tandon H L S, Messick D L. 2002. Practical sulfur guide book. Washington, DC: The Sulfur Institute.

Tinker P B H. 1967. The effects of magnesium sulphate on sugar-beet yield and its interactions with other fertilizers. The Journal of Agricultural Science, 68(2): 205-212.

Ueno D, Ito Y, Ohnishi M, et al. 2021. A synthetic phytosiderophore analog, proline-2'-deoxy-mugineic acid, is efficiently utilized by dicots. Plant and Soil, 469(1/2): 123-134.

Vatanparast H, Bailey D A, Baxter-Jones A D, et al. 2010. Calcium requirements for bone growth in Canadian boys and girls during adolescence. Br. J. Nutr, 103: 575-580.

Wang R Z, Dungait J A J, Buss H L, et al. 2016. Base cations and micronutrients in soil aggregates as affected by enhanced nitrogen and water inputs in a semi-arid steppe grassland. Science of the Total Environment，575：564-572.

Wang S D，Li L，Ying Y H，et al. 2020. A transcription factor osbhlh156 regulates strategy Ⅱ iron acquisition through localising IRO2 to the nucleus in rice. New Phytologist，225(3)：1247-1260.

Wang T Q，Wang N Q，Lu Q F，et al. 2023. The active fe chelator proline-2′-deoxymugineic acid enhances peanut yield by improving soil fe availability and plant fe status. Plant Cell and Environment，46(1)：239-250.

Wang Z，Hassan M U，Nadeem F，et al. 2020. Magnesium fertilization improves crop yield in most production systems：A meta-analysis. Frontiers in Plant Science，10：1727.

Wang X Q，Liu X M，Wang W. 2022. National-scale distribution and its influence factors of calcium concentrations in Chinese soils from the China Global Baselines project. Journal of Geochemical Exploration，233：106907.

Watson R R，Preedy V R，Zibadi S. 2013. Magnesium in human health and disease. New York：Humana Press.

Weil R R，Brady N C. 2016. The Nature and Properties of Soils(15th eds). Prentice Hall，Upper Saddle River，NJ，USA.

Weiss R L，Morris D R. 1973. Cations and ribosome structure. I. effects of the 30S subunit of substituting polyamines for magnesium ion. Biochemistry，12(3)：435-441.

White P J. 2001. The pathways of calcium movement to the xylem. J. Exp. Bot，52：891-899.

Wilkinson S R，Welch R M，Mayland H F，et al. 1990 Magnesium in plants uptake，distribution，function，and utilization by man and animals. Metal Ions in Biological Systems，26：33-56.

Wolf A，Wiese J，Jost G，et al. 2003. Wide geographic distribution of bacteriophages that lyse the same indigenous freshwater isolate. Applied And Environmental Microbiology，69(4)：2395-2398.

Xiong H C，Kakei Y，Kobayashi T，et al. 2013. Molecular evidence for phytosiderophore-induced improvement of iron nutrition of peanut intercropped with maize in calcareous soil. Plant Cell and Environment，36(10)：1888-1902.

Yamagata A，Murata Y，Namba K，et al. 2022. Uptake mechanism of iron-phytosiderophore from the soil based on the structure of yellow stripe transporter. Nature Communications，13(1)：7180.

Yoon G L，Kim B T，Kim B O，et al. 2003. Chemical mechanical characteristics of crushed oyster shell. Waste Management，23(9)：825-834.

Zenda T，Liu S，Dong A，et al. 2021. Revisiting sulphur the once neglected nutrient：It's roles in plant growth，metabolism，stress tolerance and crop production. Agriculture，11：626.

Zhang B，Cakmak I，Feng J，et al. 2020. Magnesium deficiency reduced the yield and seed ger-

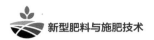
mination in wax gourd by affecting the carbohydrate translocation. Frontiers in Plant Science，11：797.

Zhang X X，Zhang D，Sun W，et al. 2019. The adaptive mechanism of plants to iron deficiency via iron uptake，transport，and homeostasis. International Journal of Molecular Sciences，20(10)：2424.

# ⑥ 典型微生物肥料

　　随着农业技术的不断进步,微生物肥料作为一种新型肥料,逐渐受到广泛关注和应用。微生物肥料利用微生物的生物功能,提升作物生长质量和土壤健康。当前,微生物肥料主要包括根瘤菌剂、菌根真菌剂和固氮菌剂等,它们分别通过共生固氮、提高养分吸收效率和独立固氮等机制,显著提升作物产量和品质,同时减少对化学肥料的依赖,推动农业的可持续发展。微生物肥料的发展经历了从实验室研究到大规模应用的过程。在研究层面,不断探索出微生物与植物的相互作用机制,筛选出高效的微生物菌株,优化肥料制备技术。在应用层面,微生物肥料逐渐在实际农业生产中推广,农户通过使用这些肥料,显著改善了作物的生长环境和产量。本章以典型微生物肥料中的根瘤菌、荧光假单胞菌和木霉菌为例,重点阐述了其产生背景、作用原理、产品性能及应用技术;探讨了它们各自的功能,包括根瘤菌的固氮作用、菌根真菌的养分吸收促进作用以及木霉菌的病原菌抑制和促进植物生长作用。该章在于展示微生物菌肥在提高农作物产量、增强植物抗逆性、改善土壤健康和减少化肥使用方面的潜力,强调微生物肥料在可持续农业中的重要性。

## 6.1　根瘤菌

### 6.1.1　产品产生背景

**1. 产品背景**

　　根瘤菌($Rhizobia$)是多种共生固氮土壤革兰氏阴性细菌的统称,这些细菌可以诱导豆科植物的根结瘤。虽然这个共同的名称来源于根瘤菌属($Rhizobium$),但分布在不同属、科和纲的不同物种中的细菌已被证实是不同豆科植物根瘤的微

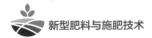 

共生体,因此"根瘤菌"一词已失去其分类学意义,而是指与豆科植物根瘤相关的共生固氮细菌(图 6-1)。这类细菌定居在植物细胞中形成根瘤,在根瘤中利用固氮酶将大气中的氮转化为氨,氨以有机含氮化合物如谷氨酰胺或酰脲的形式与宿主植物共享;反过来,植物为细菌提供光合作用产生的有机物。这种互利共生的固氮体系,被认为是固氮效率最高的自然固氮系统。此外,根瘤菌也能够与其他植物(非豆科植物)的根形成非特异性关系,而不会产生根瘤,但是已被证明这些关联的相互作用也可以促进植物生长、增加产量和增强抗逆性等(Fahde et al.,2023)。

根瘤菌剂是一种含有活性根瘤菌的菌剂,利用根瘤菌和植物共生原理,通过固氮作用、提高养分吸收等方式促进植物生长的微生物菌剂。目前,根瘤菌已经成为一种非常重要的微生物肥料,广泛用于豆科作物、草坪以及果树等领域,为农业绿色高质量发展做出了巨大贡献。

（a）非功能性结瘤 　　　　　　（b）功能性结瘤，依据豆血红蛋白
　　　　　　　　　　　　　　　　　　判定根瘤成熟及有效

图 6-1　根瘤菌诱导的根瘤

（引自 Lirio-Paredes et al.，2022）

## 2. 发展历史

1888 年,荷兰微生物学家和植物学家第一次从蚕豆根瘤中分离并培养出一种微生物,并将它命名为根状芽孢杆菌(Beijerinck,1888)。这是对豆科植物根瘤中的细菌最早描述,引起了人们对根瘤细菌惊人的分化过程的关注。1988 年,经过 8年枯燥、烦琐的重复性试验,陈文新院士团队发现了一个新属(Chen et al.,1988);这是人类发现的第四个根瘤菌属,也是第一个由中国学者发现并命名的根瘤菌属——"草木樨中华根瘤菌"(*Sinorhizobium meliloti*)。

## 6.1.2 产品作用原理

在高投入的种植系统中,使用化肥为植物提供养分是实现最佳产量的必要条件。然而,肥料的利用效率受到多种条件制约,例如挥发、淋溶和转化为植物无法利用的形式等。此外,长期过量使用化肥会对土壤生态系统产生负面影响,危害环境,降低土壤肥力,并对人体健康产生不利影响。考虑到长期过量使用化肥的局限性和负面影响,近年来,使用生物肥料部分替代化肥的方法引起了人们极大的关注,并且得到了长足的发展。由于自身有益微生物的特性,生物肥料不仅为种植系统的高养分需要提供了更可靠和环保的解决方案,也起到改善土壤健康和肥力的作用。根瘤菌剂的作用机制可分为直接机制和间接机制。

**1. 直接机制**

1) $N_2$ 固定

氮是植物生长发育的限制因素,是许多生物分子的重要组成部分,也是叶绿素的组成部分。即使土壤中氮的有机形式占 90%,也不能被植物吸收。氮的低可利用性使得工业合成氮肥的使用至关重要。根瘤菌的固氮能力主要通过 $nif$(编码固氮酶成分的基因)、$fix$(共生固氮基因)和 $nod$(结瘤基因)通过固氮酶的作用将大气中的氮气转化为氨来实现(图 6-2)。根瘤菌与豆科植物的结合也有利于非豆科植物对氮的吸收,如间作种植中的谷物,可以通过根瘤菌固定氮的转移进行氮的吸收和固定。

具体来说,根瘤菌以豆科植物为宿主并接受其提供的碳源作为能量;反过来,植物接受根瘤菌固定的氮作为养分,以达到互利共生的目的。固氮的作用是通过根系分泌的类黄酮作为启动因子,诱导根瘤菌 $nodD$ 基因的表达,该基因控制其他基因转录,如 $nol$ 和 $noe$ 等(注:$nodD$、$nol$、$noe$ 基因均为编码根瘤菌与宿主植物根部的识别和感染过程,促进结瘤的基因)。最终,一系列的基因簇有助于 $N_2$ 固定。

2) 磷酸盐溶解

除氮元素外,磷被认为是植物生长和发育的第二大限制性常量营养元素。磷元素参与 DNA、RNA 以及 ATP 等大分子的形成,还参与细胞分裂、组织形成和植物的能量转移。尽管磷在土壤中大量存在,但由于土壤中大多数磷以难溶性形式存在(无机结合、固定、不稳定或有机结合),磷的可用性相对有限。植物根系从土壤吸收的磷主要为通过扩散形式达到根系表面的一价($HPO_4^{2-}$)和二价($H_2PO_4^-$)离子。在低磷土壤中,根瘤菌中的基因 $gcd$ 可以编码 PQQGDH(quinoprotein glucose dehydrogenase)酶,从而参与有机阴离子的释放以溶解无机磷(Jaiswal

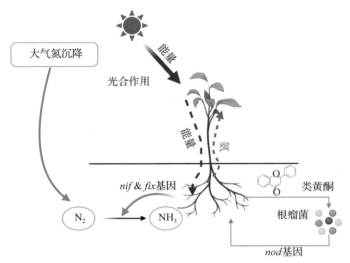

图 6-2　豆科植物根瘤菌共生固氮模型

（改自 Lindström et al.，2020）

et al.，2021）。此外,根瘤菌具有编码碱性磷酸酶的 *phoD* 和 *phoA* 基因、编码植酸酶的 *appA* 基因和编码 C-P 裂解酶的 *phn* 基因的功能,进而帮助将土壤中的有机磷转化为有效磷(Rodríguez et al.，2006)(图 6-3)。因此,考虑到磷在植物生长中的重要作用,筛选具有解磷特性的根瘤菌可以成为一种更经济有效的策略来满足日益增加的磷肥需求。

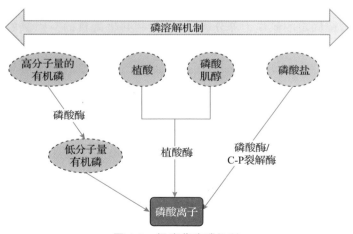

图 6-3　根瘤菌溶磷机制

（改自 Fahde et al.，2023）

3)铁载体分泌

铁是所有生命形式的重要微量营养元素。在植物中,铁参与 DNA 合成、电子传递、氧化还原反应、氧自由基解毒以及其他生化过程,起到了不可或缺的作用。尽管铁的含量非常丰富,但铁在土壤中主要以不溶性氢氧化物[$Fe(OH)_3$]和羟基氧化物[$FeO(OH)$]形式存在。在土壤铁含量低的情况下,一些根瘤菌可以通过分泌铁载体将三价铁离子还原成二价铁离子,供豆科植物吸收和利用(焦健等,2019)。此外,产生铁载体的根瘤菌也可以通过调节铁离子间接抑制真菌病原体生长,被认为是一种有效的生物防治剂(高萍等,2017)。

**2. 间接作用**

根瘤菌和豆科植物宿主可以合成和释放各种植物激素,如赤霉素、乙烯、生长素、核黄素等,可以直接或者间接促进植物生长。此外,根瘤菌的代谢产物还可以通过抑制其他拮抗分子的有害作用来促进植物生长,例如根瘤菌合成 ACC 脱氨酶(乙酰辅酶 A 羧化酶),可减少过量乙烯的有害作用(Jaiswal et al.,2021)。

### 6.1.3　产品性能与用途

生物肥料是使用活的微生物配制的产品,可以改善土壤养分可用性。所选的微生物可以单独使用或与其他微生物组合使用,直接应用于种子、植物表面或土壤,可以在植物根际及土体定殖,从而增加宿主植物必需元素的供应,并且很多有抑制病原菌的作用。根瘤菌肥料常用于豆科植物。1896 年德国科学家 Nobbe 和 Hiltner 获得利用纯根瘤菌培养物相关专利,世界上第一款生物肥料"Nitragin"面世(Nobbe et al.,1896)。根瘤菌制剂(肥料)作为一种天然的微生物肥料,拥有多种独一无二的产品特性,主要具有以下优点。

**1. 纯天然,生态友好**

当人们尚未在土壤上种植豆科作物时,根瘤菌会依靠土壤中本身的有机物作为能量进行代谢活动,一旦种植豆科植物并长出幼苗,根瘤菌会与根系形成共生关系。因此,根瘤菌自身作为一种微生物可以长期存在于绝大多数土壤中。根瘤菌具有固氮能力,能够将空气中的氮气转化为植物可吸收的氨态氮。根瘤菌的固氮作用可以减少对化学氮肥的依赖(图 6-4),以减少过量的化学氮肥对土壤和生态系统的负面影响。此外,根瘤菌固氮则是一种更加环保和可持续的生物肥料生产模式。另外,已有研究表明,氮肥施用与全球变暖密切相关,根瘤菌的固氮作用在一定程度上可以减少矿物氮肥的使用,降低氮肥由于生产、运输以及使用过程中的碳足迹,有助于减少温室气体排放,抑制全球变暖趋势。

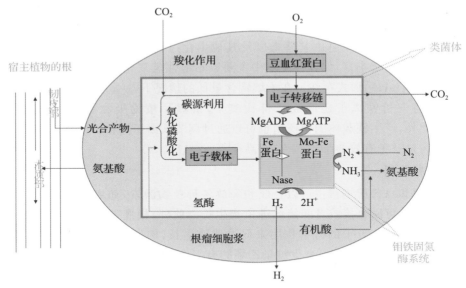

图 6-4　根瘤菌与豆科植物共生,发挥小型"氮肥厂"的作用

（引自 Price et al.，2012；Schwember et al.，2019）

### 2. 供给多种营养元素

正如前文提到的,根瘤菌固氮是豆科植物氮来源的重要途径,同时也可促进多种大量和微量元素供应(图 6-5)。根瘤菌通过与豆科植物相互作用溶解土壤中的磷,提高植物对磷的利用效率,进一步促进生物固氮过程(Elkoca et al.，2007；Igiehon et al.，2019)。钾是植物必需的三大营养元素之一,但是土壤中的钾超过90%被固定在土壤中,不能被植物直接吸收利用,而是以含钾的硅酸盐矿化物形态存在(Bhattacharyya et al.，2016)。根瘤菌通过有机配体、酶、羟基阴离子和生物膜溶解矿物质如云母、伊利石和白云母中的钾,从而有助于植物吸收钾养分(Das et al.，2016)。根据 Htew 等的研究(Htwe et al.，2019),借助 *Bradyrhizobium* sp.(属于根瘤菌属)和 *Streptomyces griseoflavus*(属于链霉菌属)的组合接种大豆,可以增加植物对钾的吸收。据报道,*Sinorhizobium meliloti* 也可以直接溶解不溶性钾从而增加土壤钾元素的供给(Deshwal et al.，2011)。鉴于以上研究,需要进一步探索多样化的溶解钾的根瘤菌和其他微生物,确保农业土壤中钾的可持续和生态友好。

锌是植物必需的微量营养元素之一。在农田土壤中,通过补充合成肥料(如硫酸锌、硝酸锌等)来预防锌的缺乏,以满足作物需求。然而,大量的锌会被固定在不

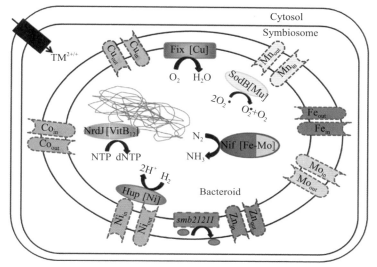

图 6-5　根瘤菌中转运蛋白调节微量营养元素供养

（引自 Abreu et al.，2019）

溶性复合物（锌酸盐）中，尤其是碱性土壤中，这使得它无法被植物吸收利用（Udeigwe et al.，2016）。Sahito 等证明东南景天根瘤菌可以通过外源产生化学物质促进根增殖，改善植物对 Zn 的吸收（Sahito et al.，2022）。然而，关于根瘤菌溶解锌的研究有限，从不同类型的土壤分离出具有固氮和溶锌双重目的的根瘤菌对农业土壤中植物对锌的可持续利用至关重要。

　　铁是生物固氮过程中的重要营养元素，是豆血红蛋白、细胞色素和固氮酶的辅助因子。尽管铁在大多数土壤中是足够的，但由于其氧化物的低溶解度，植物无法获得大量的铁（Colombo et al.，2014）。在铁含量不足的土壤中，根瘤菌会产生铁载体，铁载体螯合铁并随后将其溶解成易于植物吸收的复合物（Boiteau et al.，2016）。因此，根瘤菌产生铁载体的能力可以成为缺铁土壤中植物补铁的可持续解决方案。

**3. 多基质共存，混配性优异**

　　目前，主流的微生物的商业接种制剂类型可分为固体制剂、液体制剂、颗粒剂以及其他冻干粉剂和微囊剂。粉剂是将根瘤菌培养物干燥后制成的粉末，适合直接撒在种子或种苗表面。颗粒剂是将根瘤菌培养物与颗粒状载体混合而成，用于固定在种子或种苗表面。液体剂是将根瘤菌培养物直接制成的液体产品，可喷洒在种子或种苗上或与灌溉水混合后用于土壤处理。冻干剂是将根瘤菌培养物冷冻

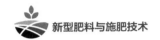

并脱水制成的干燥产品,使用前需要重新悬浮于水中。固体粒剂是将根瘤菌培养物与固体载体混合而成的固体颗粒,通常直接放置在土壤中。这些形式的根瘤菌剂在应用时有不同的方法和用途,具体选择取决于作物种类、土壤条件和种植方式等因素。

**4. 有机物供给碳源,改善土壤健康**

根瘤菌剂通过与豆科植物形成共生关系,在植物根部形成根瘤,并通过这些根瘤向植物提供固氮物质。固氮物质不仅为植物提供了氮源,也能在一定程度上促进土壤中微生物的多样性和活性;进而促进土壤中的有机质分解,提高土壤肥力,增加土壤肥料的有效性,减少化学农药的使用,从而改善土壤健康状况。此外,根瘤菌剂还能够促进土壤微生物的生长繁殖,增加土壤团聚体的稳定性,改善土壤结构,提高土壤通气性和透水性,为植物提供更好的生长环境。例如,根瘤菌剂可以促进真菌繁殖,产生的菌丝有利于大团聚体形成,有利于土壤物理结构的改善。因此,根瘤菌剂的应用有助于实现有机物供给,改善土壤健康,促进植物生长,增加农作物产量,减少化学肥料和农药的使用,对于可持续农业发展具有重要意义。

**5. 长效作用,释放营养缓慢且持续**

根瘤菌剂实现长效作用的主要机制是通过与植物形成共生关系,在植物根系中形成根瘤,并将空气中的氮气转化为植物可利用的氨态氮,从而提供植物氮素营养。这种共生关系使得植物能够获得稳定且持续的氮素供应,有助于促进植物的生长和发育。根瘤菌剂释放营养缓慢且持续的能力与其生物学特性密切相关。根瘤菌在根瘤中固氮的过程是一个复杂的生物化学过程,需要消耗能量和产生酶等物质,因此释放的氮素相对稳定。此外,根瘤菌的生长和繁殖速度较慢,它们需要与植物根系建立起共生关系才能有效固氮,这也导致了氮素的释放速度相对较缓。这种缓慢而持续的氮素释放方式有助于避免氮素的过量供应和浪费,同时能够满足植物长期生长发育的需求,使得根瘤菌剂具有长效作用。

## 6.1.4　应用技术

根瘤菌剂目前在一些国家和地区得到广泛应用。比如,在阿根廷和巴西等大豆生产大国,大豆根瘤菌接种面积占比达到 $50\%\sim90\%$ ,极大地满足了豆科植物对氮肥的需求,不需要依赖外部氮肥投入;在美国和印度等国家种植花生的地区,根瘤菌接种面积可达到 $50\%$ 。但是目前中国这两种豆科作物的根瘤菌接种面积仅 $1\%$ 。这可能是由于根瘤菌剂生产、运输和储藏成本较高。首先。根瘤菌生产过程需要严格控制微生物的培养环节,确保菌株的质量和活力;其次,根瘤菌剂在运输过程中需要保持一定的温度和湿度条件,增加了运输成本;最后,根瘤菌的储藏也需要特殊的条件,如低温、干燥和无菌环境,增加了储藏成本。

合理的田间菌肥使用方式可以使根瘤菌的效用得到最大化,能够更好地让根瘤菌定殖在豆科植物的根系。菌肥常见施用方式有以下几种方案。

(1)拌种(适合小规模农户种植)　根据播种量,按大豆根瘤菌剂说明书确定用量,在大豆播种前 2 h 进行拌种作业。拌种时选择阴凉处,避免阳光直射,并应避免碰破种皮。

(2)喷施(适合使用带喷施设备播种机具的种植农户)　根据喷施面积和大豆根瘤菌产品说明书确定根瘤菌剂和水的用量,将根瘤菌剂与水搅拌均匀后即可使用,应注意现配现用。使用喷施设备在大豆播种时将根瘤菌喷洒在大豆种子表面及周围土壤。

(3)包衣(种子企业对大豆种子包衣操作)　选用包衣剂应对根瘤菌、植物、环境和人类均无害处,并保证包衣后根瘤菌存活数量在 $1 \times 10^4$ 以上。将包衣溶液与根瘤菌溶液进行配比,充分振荡后制成根瘤菌包衣剂混合液,参考包衣剂的说明,与种子混合均匀,确保包衣种子表面有足够的根瘤菌。将包衣种子置于阴凉处风干,在通风干燥环境下储存。

根瘤菌接种技术虽然并不复杂,但要取得良好效果,关键在于正确认识根瘤菌的生物学特性。有效筛选与豆科作物相匹配的菌株,采用正确的接种技术、规范的种植措施和施肥方式,是发挥豆科作物与根瘤菌共生固氮作用的关键。接种根瘤菌要考虑菌株是否与作物匹配且高效,不加筛选或选用不合适的菌株可能导致效果不如土著根瘤菌,甚至不结瘤或结瘤但固氮效率不高。接种的菌株应在土壤中占据优势,形成稳定群落,固氮活力强。此外,除了与豆科植物物种及品种相匹配外,还须注意根瘤菌的地区适应性,不同地区的土壤条件适宜的根瘤菌种类也会有所不同。在购买及评价根瘤菌剂相关产品时,统一标准是活菌数目,即有效菌数。保证有充足的活菌侵染豆科作物结瘤是实现增产的前提,是菌剂内环境保持稳定、菌种活力得以保障的外在表现,也是菌剂产生经济效益的基本条件,但有效菌数目过低仍是现今商用根瘤菌剂中普遍存在的现象。鉴于此,各国政府相继制定强制性标准来确保菌剂的活菌数,即从 $5 \times 10^7$ 个到 $1 \times 10^9$ 个活菌。中国于 2000 年也颁布了《根瘤菌肥料》(NY 410—2000)(表 6-1),要求每个菌剂中的有效活菌数不低于 $5 \times 10^8$。

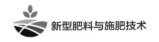

表 6-1　根瘤菌菌剂产品技术指标

| 项目 | 液体 | | 粉剂 | | 颗粒 | |
|---|---|---|---|---|---|---|
| | 快生型 | 慢生型 | 快生型 | 慢生型 | 快生型 | 慢生型 |
| 有效活菌数 $10^8$ CFU/g（mL） | >10 | >5 | >2 | >1 | >2 | >1 |
| 霉菌杂菌数目/g(mL) | 0 | | $<3.0\times10^6$ | | $<3.0\times10^6$ | |
| 杂菌率/% | 0 | | <5 | | <5 | |
| 含水率/% | | | 25～30 | | 25～50 | |
| 吸附剂粒径 | | | 90%颗粒径≤0.18 mm | | | |
| pH | 6.0～7.2 | | 6.0～7.2 | | 6.0～7.2 | |
| 有效期/月 | >6 | | >6 | | >6 | |

注：数据来自《根瘤菌肥料》（NY 410—2000）。

# 6.2　荧光假单胞菌

## 6.2.1　产生背景

**1. 产生背景**

荧光假单胞菌（*Pseudomonas fluorescens*）在分类学上属于变形菌门下的假单胞菌属，透射电镜下观察其菌体呈杆状，其特征是代谢多功能性、有氧呼吸（一些菌株也以硝酸作为末端电子受体或精氨酸发酵（Haas et al.，2005），荧光颜料的产生被认为是所有荧光假单胞菌的显著特征（图 6-6）。革兰氏染色反应为阴性，以单极生鞭毛或数根极生鞭毛运动，罕见不运动，能利用葡萄糖和果糖，有些菌株能由蔗糖合成果聚糖，明胶液化。生长温度范围 4～37 ℃，最适生长温度是 25～30 ℃。DNA 中 G+C 含量较高（59%～68%）。由于其具有分布广、适应能力强、营养需求简单、繁殖快、定殖能力强、易于人工培养、遗传背景清楚、对人和环境无害、能防治多种病原物等特点，荧光假单胞菌越来越受到专家学者的关注，成为近几十年来研究报道最多、最具应用价值的一类生防菌和根际促生菌（梅小飞等，2019）。

荧光假单胞菌是已知植物根际有益微生物中种群数量较多的细菌种类之一。该菌营养需求相对简单，能够利用根系分泌物中大部分营养迅速在植物根际定殖。

其产生的一系列次生代谢物,如抗生素、细菌素、挥发性抑菌物质、毒蛋白等能够有效抑制土壤病原菌的生长繁殖,因而对植物病害的防治研究具有重要作用。

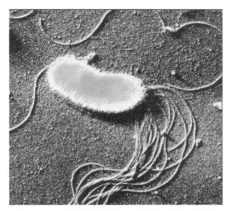

图 6-6  显微镜下荧光假单胞菌的形态

### 2. 发展历史

假单胞菌属是细菌分类学中公认的最古老的属之一。早在 1894 年,Migula 就描述了假单胞菌属。1984 年 Palleroni 在 *Bergey's Manual of Systematic Bacteriology* 首次描述了荧光假单胞菌的性质。假单胞菌属是常用于生物防治的典型菌属(Bach et al.,2016)。假单胞菌属种类繁多,目前已发现 300 多个种,荧光假单胞菌利用有效的铁摄取和运输系统,结合它们的代谢多功能性,使其成为植物相关环境中的活跃参与者。此外,荧光假单胞菌很容易从根际中分离出来,并具有对寄主植物根系有益的特性,因此,荧光假单胞菌是代表性的植物根际促生细菌之一(Xue et al.,2013;Zhang et al.,2023)。

## 6.2.2  作用原理

荧光假单胞菌的生防和促生机制主要包括:产生铁载体、提高营养元素的可得性、产生植物生长调节剂、产 ACC 脱氨酶、产抗生素、诱导产生系统抗性等。

### 1. 产生铁载体

铁元素是植物不可缺少的微量元素,不仅参与电子转移和 DNA、类固醇等化合物的合成,还参与了芳香族化合物的解毒等代谢过程(许彩虹,2013)。尽管土壤中含有丰富的铁元素,但绝大部分都是以难溶于水的 $Fe^{3+}$ 形式存在,不能被根系吸收,有效态含量很低。因此根际微生物进化出了多种吸收铁的途径,其中最主要的途径是铁载体(siderophore)依赖的铁吸收途径(董子阳等,2019)。荧光假单胞菌能够产生一种细胞外扩散色素,称为吡咯维素(Pvd)或假杆菌素。该色素对 $Fe^{3+}$ 离子具有较高的亲和力。铁嘧啶素(即 Pvd 与 $Fe^{3+}$ 复合物)是一类由植物根系分泌的有机化合物,通常是氨基酸衍生物。它们在植物的铁吸收过程中起着重要作用。铁嘧啶素与特定的外膜受体相互作用,提高了 $Fe^{3+}$ 的运输效率。铁载体是铁螯合剂的主要家族,在细菌铁稳态中起关键作用。迄今为止,已经鉴定出的所有荧光假单胞菌都产生噬铁素,荧光假单胞菌细胞分泌的这一类小分子螯合物对 $Fe^{3+}$ 具有强烈亲和能力,在生防作用中它通过与有害病原微生物竞争 $Fe^{3+}$ 的利用,抑制病原菌生长。其生物合成受到 $Fe^{3+}$ 浓度调控,当铁离子浓度很低时,编码生物合成酶的基因基础表达较低,激活发挥作用以实现铁载体的高产(Schalk et al.,2020)。如图 6-7 所示,不同分子量的蛋白协同工作,形成铁载体复合物,用于螯合并运输铁离子,使得细菌能够在铁缺乏的环境中获取所需的铁。

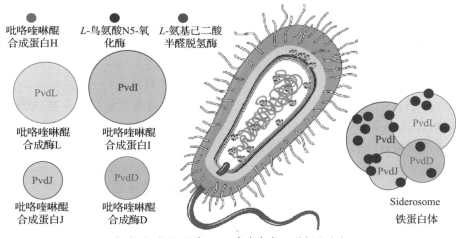

PvdL、PvdI、PvdJ 和 PvdD 负责合成 11 种氨基酸肽

图 6-7　铁蛋白的生物合成

(引自 Schalk et al.,2020)

　　铁载体是一种可以螯合铁的低分子量化合物,可以增加土壤铁的溶解性,从而提高土壤中铁的有效性(图 6-8)(李海碧,2017)。荧光假单胞菌分泌的铁载体主要有荧光脓菌素、非荧光脓菌素和儿茶酚胺类铁载体,并且它们的分泌受到铁离子浓度的调控(赵翔等,2006)。前人研究证明,荧光假单胞菌产生的铁载体可以抑制桉树灰霉菌、油菜菌核病菌和罗氏链球菌,并且可以显著促进水稻、黑豆等作物生长(冉隆贤,2005)。产铁载体的荧光假单胞菌菌剂在修复重金属污染的植物中

发挥重要作用,抑制油麦菜对 $Cd^{2+}$ 的吸收(晋银佳等,2016)。

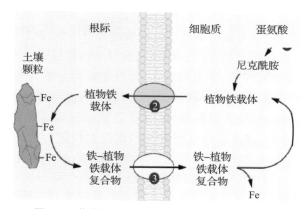

图 6-8　荧光假单胞菌产生铁载体及其运输过程

### 2. 提高营养元素的可得性

磷元素在土壤中含量丰富,但大部分的存在形态是与 $Ca^{2+}$、$Fe^{2+}$、$Fe^{3+}$ 和 $Al^{3+}$ 等结合形成的难溶性磷酸盐,不能被植物吸收利用,只有 0.1% 的土壤总磷可以被植物吸收利用。针对磷来源的不同,溶磷细菌会产生不同的溶磷机制,如产生有机酸、无机酸、质子等来溶解无机磷源,产生磷酸酶、植酸酶等胞外酶来进行有机磷的矿化(Alori et al.,2017)。荧光假单胞菌通过分泌葡萄糖酸、草酸、乳酸、琥珀酸、柠檬酸、甲酸和苹果酸等有机酸溶解无机磷酸盐底物,提高玉米、小麦等植物的磷吸收能力,从而提高植株全磷含量。从番茄根际土壤中分离得到的产葡萄糖酸的荧光假单胞菌具有溶解磷酸钙的能力(彭帅等,2011)。荧光假单胞菌增溶无机磷的主要原因是铵同化质子的排泄和有机酸的生成。接种具有溶磷能力的荧光假单胞菌可以提高杨树的养分吸收能力(刘辉等,2018)(图 6-9)。

图 6-9　荧光假单胞菌的促生效果

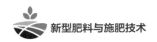

### 3.产植物生长调节剂

植物生长调节剂,也被称为植物外源激素,包括生长素(IAA)、赤霉素、乙烯和细胞分裂素等。这些细菌分泌的植物生长调节剂含量极低,但是对植物的生理、生化和形态建成起着非常重要的作用。吲哚乙酸(IAA)是最早被发现、最常见的一类植物生长素,参与细胞伸长、分裂与分化,可以促进侧根发育与果实成熟。IAA的微生物生物合成可以通过 4 种依赖色氨酸(TRP)的途径进行,根据中间化合物命名为吲哚-3-乙酰胺、吲哚-3-丙酮酸、吲哚-3-乙腈和吲哚-3-色胺途径,根际促生荧光假单胞菌合成 IAA 主要是通过吲哚-3-丙酮酸途径进行的。相比于其他根际促生菌,如枯草芽孢杆菌和固氮菌,荧光假单胞菌的 IAA 分泌能力不及其铁载体分泌及溶磷作用显著。相反,荧光假单胞菌产生的 IAA 可以调控拟南芥、芸豆和根草的根系构型并显著促进根系的生长。荧光假单胞菌产生的 IAA 除了直接调控植物根系生长以外,还可以缓解非生物胁迫对植物造成的伤害。荧光假单胞菌产生 IAA 可以缓解盐胁迫带来的伤害,提高植物的发芽率,促进根系发育,提高植株对水分和养分的吸收。荧光假单胞菌产生的 IAA 不仅可以提高植株叶绿素含量、促进植物生长,还可以提高景天植物对重金属离子镉离子的吸收,增强植物修复能力。

### 4. 产 ACC 脱氨酶

乙烯是植物正常生长和发育的重要调节剂,以 1-氨基环丙烷-1-羧酸盐(ACC)为合成前体,当乙烯过量合成时,不利于植物生长。ACC 脱氨酶可以裂解乙烯前体 ACC 为氨和 $\alpha$-酮丁酸酯,进而降低植物乙烯含量,提高植物抗胁迫能力,促进植物生长(王琪媛等,2021)。荧光假单胞菌含有 ACC 脱氨酶基因,具有高 ACC 脱氨酶活性(Safari et al.,2018),可以显著提高番茄、玉米、花生、小麦、黄瓜等植物抵抗盐胁迫的能力,提高植物的抗逆性。试验发现,接种荧光假单胞菌的番茄植株体内的乙烯水平显著降低,同时抗氧化酶的活性(如超氧化物歧化酶、过氧化物酶)增加,有助于减轻盐胁迫带来的氧化损伤。

### 5. 产抗生素

常见的荧光假单胞菌产生的抗生素有吩嗪-1-羧酸(phenazine-l-carboxylic. acid,PCA)、2,4-二乙酰藤黄酚(2,4-diacetyl dAPG orglucinol,DAPG)、吡咯菌素(pyrrolinitrin,Pm)、藤黄绿脓菌素(pyoluteorin,Plt)和绿脓菌素(pyocyanin)等(杨毅等,2012)。荧光假单胞菌产生的挥发性有机物(VOC)在促进植物生长中起关键作用,包括13-四氢吡啶-1-醇、2-甲基-正-1-癸烯和 2-丁酮等。

**6. 诱导产生系统抗性**

荧光假单胞菌通过影响宿主的次生代谢通路,调节通路中抗病性次生代谢物质合成基因的表达以及提高宿主氧化应激能力,诱导宿主相关防御酶基因的表达,可以提高防御酶的活性,进而提高宿主系统抗性。荧光假单胞菌依赖茉莉酸和乙烯路径,以及通过上调活性氧合成、过氧化物酶及木质素合成相关基因的表达来提高活性氧和木质素含量,进而诱导番茄产生系统抗性(张亮等,2018)。FP7 菌株的应用显著提高了姜黄过氧化物酶(POD)、超氧化物歧化酶(SOD)、多酚氧化酶(PPO)、过氧化氢酶(CAT)和苯丙氨酸解氨酶(PAL)等防御酶活性,减少了根茎腐烂病的发生,进而提高了植株产量。荧光假单胞菌 Y5 能显著增加萎蒿植株叶绿素含量,提高 SOD、POD 和 CAT 活性,显著减少丙二醛(MDA)含量,提高 Cd 胁迫的适应能力。荧光假单胞菌能诱导黄酮类物质生物合成基因大量表达,有效提高蓝莓的品质。具有产 ACC 脱氨酶能力的内生荧光假单胞菌可以通过提高酶抗氧化防御、非酶抗氧化防御、渗透物质、抗氧化酶基因的表达等,显著提高豌豆植株对盐胁迫的抗性(马莹等,2022)。

### 6.2.3　性能与用途

微生物菌剂包括荧光假单胞菌,因其对人类和环境的低毒性、与有机农业的兼容性,以及作为可持续病害管理策略的潜力,被广泛应用于农业。这些菌剂能有效对抗多种植物病原体,如真菌、细菌和线虫,特别是在控制土传病害方面表现出色。在我国设施蔬菜生产中,番茄和黄瓜经常遭受根结线虫和根腐病的侵害。使用荧光假单胞菌作为生物防治剂,可以有效降低病害发生率,并通过其生长促进特性帮助植物恢复生长活力。例如,荧光假单胞菌菌剂可以采用灌根或土壤处理的方式,既控制病害,又促进根系发展,增强植物整体健康和产量。

从植物根际分离的假单胞菌如绿针假单胞菌(*P. chlororaphis*)、荧光假单胞菌(*P. fluorescens*)具有广泛的抑菌谱,对植物病原真菌、细菌和线虫都有拮抗能力。田间试验结果显示,荧光假单胞菌 KBL17 对马铃薯晚疫病的平均防效为67.45%,略低于化学农药嘧菌酯的防效(70.27%)。魏雪研究发现,荧光假单胞菌ZX 生防效果较好,分别对柑橘采后蓝霉病和葡萄采后灰霉病的发病率有显著的降低作用(魏雪等,2021)。荧光假单胞菌对多种病原物都具有很强的生防效力,也可与其他拮抗菌、物理杀菌技术、化学物质处理结合使用。分子生物学技术的广泛渗入使得 *P. fluorescens* 获得更诱人的生防效果。研究表明,接种荧光假单胞菌显著促进了草莓生长,提高了土壤质量(Wang et al.,2024)。荧光假单胞产生

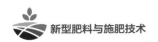

的次级代谢产物能够有效杀死蚜虫等(Paliwal et al.，2024)。

**1. 适应性强，可在土壤中快速定殖**

荧光假单胞菌能够在土壤中长期存活，有效防治青枯病菌、立枯丝核菌、镰刀菌和软腐病菌等多种病害。它能在病原菌菌丝上附着定殖，分泌胞外水解酶(如几丁质酶、$\beta$-1，3-葡聚糖酶、纤维素酶和蛋白酶)，裂解病原菌细胞壁或菌丝体，抑制病原菌孢子发芽和芽管伸长。研究表明，荧光假单胞菌通过接触、识别、分泌水解酶并在病原菌上生长繁殖来抑制寄生病原菌。荧光假单胞菌 1-112、2-28、4-6 均能在 M. piriformis、B. cinerea 和 P. expansum 菌丝上定殖，其中 1-112 能侵袭 M. piriformis 和 P. expansum的孢子。荧光假单胞菌 P-72-10 处理烟草疫霉(Phytophthora nicotianae)菌丝，会导致菌丝分支增多、顶端膨大畸形和原生质渗漏等异常情况。

**2. 可产生生长素类物质，促进作物根系生长**

荧光假单胞菌可产生生长素类物质，进而促进根系生长，有利于植物生长(图6-10)。荧光假单胞菌可利用色氨酸合成吲哚乙酸(indole-3-acetic acid，IAA)。

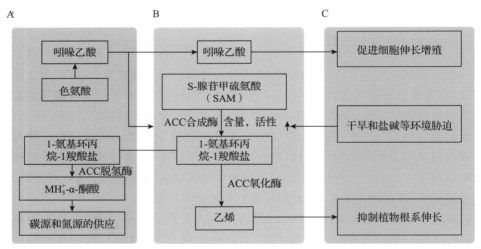

图 6-10　荧光假单胞菌的促生机理

(改自 周益帆等，2023)

一方面，IAA 可吸附在植物或根表面，或与植物本身产生的 IAA 共同作用于植物，直接促进植物的生长发育；另一方面，IAA 也可诱导 1-氨基环丙烷-1-羧酸(1-amino-1-cyclopropanecarboxylic acid，ACC)合成酶的活性，促进 ACC 在植物体内含量的增加。某些微生物可产生 ACC 脱氢酶，在 ACC 脱氨酶的作用下，从植物种子或根系渗出的 ACC 可被分解为能给微生物的生长、繁殖提供碳源和氮源的氨和α-丁酮酸,同时减少ACC的积累,从而导致植物体中乙烯含量的减少,促进植物根的伸长(周益帆 等,2023)。研究表明,荧光假单胞菌等根际促生菌对多种植物(如小麦、玉米、大豆、油菜、番茄等)有显著的生长促进作用。高ACC脱氨酶活性的荧光假单胞菌能提高植物抗盐胁迫和干旱胁迫的能力,促进作物生长,增加产量。这些菌株能有效定殖于根际,提高土壤水分,改善极端缺水环境下的植物生长。

**3.抑制致病源微生物生长,减少病害发生**

荧光假单胞菌大多可通过合成并向胞外分泌某些种类及一定浓度的抗生素来实现其生物防治功能。其所分泌的抗生素种类主要包括吩嗪、脂多肽、藤黄绿脓菌素、氢氧酸、硝吡咯菌素、2,4-二乙酰基间苯三酚以及它们的衍生物等。Jamal 等发现荧光假单胞菌产生的氧氢酸能刺激植物体特定基因的表达,从而对病原菌起到抑制作用。Nagarajkumar 等研究发现荧光假单胞菌能够产生乙二酸等物质,其可以解除水稻纹枯病菌所产生的致病物质对植物体的负面作用。荧光假单胞菌所产的环形脂肽是很强的生物表面活性剂,能够有效抑制植物病原菌的生长。此外,荧光假单胞菌能够改善土壤生态环境,逐渐改变土壤微生态组成,减少病原物,增加作物根际微生物种群多样性。

**4.纯生物发酵,不添加任何化学物质,安全无公害**

采用具有广谱抑菌作用的荧光假单胞杆菌,经先进的发酵工艺加工而成的微生物液体菌剂,具有良好的促根生长效果,并可预防和抑制番茄、茄子、辣椒、烟草等茄科作物的青枯病、姜瘟病等土传病害的发生,且具有促进种子萌发、提高发芽势和出苗率等功能特点,并且是高效、无毒、无公害、无污染的环保微生态制剂。目前,国内登记的含有效成分荧光假单胞杆菌的农药产品相对较少,登记剂型种类相对较少,可研究开发的潜力巨大(表6-2)。

表6-2　荧光假单胞杆菌的国内登记情况

| 登记证号 | 登记名称及含量 | 剂型 | 生产企业 | 防治对象 | 施用方法 |
|---|---|---|---|---|---|
| PD20190069 | 荧光假单胞杆菌 5亿 CFU/g | 颗粒剂 | 成都特普生物科技股份有限公司 | 番茄(大棚)青枯病 | 灌根 |
| PD20184071 | 荧光假单胞杆菌 3000亿个/g | 可湿性粉剂 | 山东惠民中联生物科技有限公司 | 烟草青枯病 | 灌根 |
| PD20151707 | 荧光假单胞杆菌 3000亿个活芽孢/g | 可湿性粉剂 | 广东真格生物科技有限公司 | 烟草青枯病 | 灌根 |
| PD20152199 | 荧光假单胞杆菌 1000亿个活孢子/g | 可湿性粉剂 | 山东海利莱化工科技有限公司 | 黄瓜靶斑病、灰霉病;水稻稻瘟病 | 喷雾 |

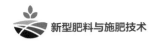
续表 6-2

| 登记证号 | 登记名称及含量 | 剂型 | 生产企业 | 防治对象 | 施用方法 |
|---|---|---|---|---|---|
| PD20140874 | 荧光假单胞杆菌 5 亿个芽孢/g | 可湿性粉剂 | 山东泰诺药业有限公司 | 小麦全蚀病 | 拌种、灌根 |
| PD20090001 | 荧光假单胞杆菌 6000 亿个/g | 母药 | 江苏省常州兰陵制药有限公司 | — | — |
| PD20090002 | 荧光假单胞杆菌 3000 亿个/g | 粉剂 | 江苏省常州兰陵制药有限公司 | 番茄青枯病；烟草青枯病 | 浸种＋泼浇＋灌根 |

### 6.2.4　应用技术

为了改善长期过量施用化学肥料、农药而产生的负面影响,同时提高农作物产量和质量,专家学者们开发了微生物菌剂和微生物肥料。实践证明,微生物菌剂在农业中的应用不仅有利于农作物产量和品质改善,同时也能改善土壤环境,解决长期施用化肥而产生的弊端。

目前,微生物菌剂在农业、污染物质降解、堆肥等领域都得到了普遍应用。研究表明,对小麦施用菌剂后小麦产量和土壤中可用氮含量均显著增加,表明微生物菌剂的施用可以促进作物生长和改善土壤环境。荧光假单胞菌不但可以单独使用,还可与其他拮抗菌或物质混合使用,实现多种抗生菌功能互补、兼防多种病害、作用持久的协同防治效果。

施用方法(防病、促生):①播种时浸种/喷雾;②移栽时作为定根水浇灌;③避免使用毒性化学农药。用量(防病):①重病田、重茬地移栽时要使用上限用量;②无病田可使用说明书中的最低剂量。无病田增产(促生):①与腐熟的有机肥混合使用;②可减少基肥用量;③正常施用基肥＋微生物菌剂,如需收获果实,则开花前不再使用肥料。

注意事项:①要早用,用量也不能太少。微生物菌剂需要与其他微生物竞争营养和位置,而且只有有益菌的数量达到足够多时,才能形成优势群体。因此,微生物菌剂使用时间要早。如果是土壤施用,可以在作物施用底肥的时候开始施用,并在一个生长季至少施用 2～3 次;如果是叶面喷施,要在病害发生前或者病害早期施用,此时效果好,否则防病治病效果差。②营造适宜的微生物生长环境。微生物菌剂施入土壤,切忌土壤太过干旱,最适的土壤相对含水量在 60%～70%;土壤pH 也会影响微生物菌剂的效果,一般最适 pH 在 6.5～7.5。如果土壤有酸化、盐碱化等问题,要先使用土壤调理剂进行调理,然后再施用微生物菌剂。建议与腐熟的或含腐殖酸等具有改良土壤效果的有机肥料搭配施用,因为微生物的增殖需要充足的营养。需要注意的是,微生物菌剂严禁与未腐熟的有机肥混合施用,因为未腐熟的有机肥在土壤中继续腐熟产生的高温会将微生物杀死。微生物菌剂尽量在早上或傍晚施用,避免强光照射,避免紫外线对微生物的伤害。撒施的时候也要及时覆土,不能让其随意暴露在表层。③避免与能够杀死有益菌的物质一同使用。微生物菌剂含有大量的有益活菌,严禁与杀菌剂、杀虫剂、除草剂和含硫的化肥(如硫酸钾等)以及石灰、草木灰等碱性物质混合施用。因为这些农药或者肥料中的物质会很容易造成菌的失活,导致其失去效果。如果要施用的话,应间隔 48 h 后再施用。此外,微生物菌剂不能长期放置,应该随用随买;使用前应该存放于阴凉干燥、通风处,避免受热、受潮以及阳光直射;肥料开口后应一次用完,否则会导致其他菌进入,污染肥料中的菌种。

# 6.3  木霉菌

## 6.3.1  产生背景

木霉菌(*Trichoderma*)(图 6-11)隶属于真菌门、半知菌亚门、丝孢纲、丝孢目、丛梗孢科,其有性阶段则属于子囊菌亚门、肉座目、肉座科的肉座菌属(张广志等,2011)。随着分子生物学研究技术的日益发展,木霉菌鉴定从原来的主要依赖显微镜观察形态转变为通过分子水平上的系统演化分析,极大地促进了木霉菌分类学的发展——从 50 年前仅描述的 9 个物种群,到如今已识别 400 多个(Woo et al.,2023)。木霉菌在自然界中广泛分布,常见于土壤、水体和腐烂植物等环境中。它们拥有独特的生物学特性,能够产生大量酶和其他生物活性物质,在有机废物的降解和转化过程中起着关键作用。早在 20 世纪初,人们就注意到木霉菌在提高土壤肥力和促进作物生长方面的潜力。然而,对木霉菌的深入研究和实际应用发展较慢,直到近几十年,随着微生物肥料研究的兴起,木霉菌作为一种优质微生物资源才逐渐引起了广泛的重视。

木霉菌表现出极强的适应性,在温暖潮湿的环境中能够快速生长繁殖。最适于其生长和产孢的条件是温度 20~28 ℃,空气相对湿度在 90% 以上。木霉菌能在酸性、中性和偏碱性的环境中生长,但在偏酸性条件下(pH 5.0~5.5)其生长和繁殖速度最快。在实验室条件下,木霉菌在马铃薯葡萄糖琼脂培养基上初期形成的菌落较致密,无固定形状,颜色多样;随着孢子的成熟,菌落逐渐变为绿色

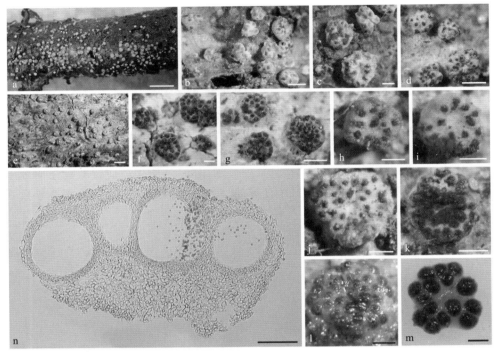

a.天然基质上的木霉菌;b～m.不同发育阶段的木霉菌;n.基质的纵切面

**图 6-11　木霉菌的形态**

（引自 Zhu et al.，2015）

或黄绿色。

在农业生产中,常用的木霉菌种类包括哈茨木霉、康氏木霉、绿色木霉、棘孢木霉和长枝木霉等。其中,哈茨木霉和绿色木霉的研究最多。为了实现木霉菌的商业化应用,通常将其制成菌剂,目前已有 250 余种木霉菌制剂应用于市场。

### 6.3.2　作用原理

天然土壤中包含复杂的微生物群落,包括细菌、真菌、卵菌、原生动物和线虫(Levy et al.，2018),它们提供了多种生态系统服务。例如,在全球碳循环中,腐生真菌通过分解土壤中的有机物质,将必需的营养物质整合到土壤中(Singh et al.，2020)。根际微生物也参与植物的生命活动,在与植物没有直接接触的情况下,通过信号分子与植物进行交流。依据这些代谢物的不同化学性质,它们可以扩散到土壤中或释放到空气中,进一步影响植物的生理生化状态。同时,植物根系也释放关键的代谢产物(如氨基酸、碳水化合物和脂质)作为植物有益微生物的化学引诱剂,促进植物微生物相互作用的发生。因此,一旦它们建立相互作用,微生物会对植物的健康和性能产生深远影响,提供包括抵御病原体和促进生长在内的多种益处(Contreras-Cornejo et al.,2024)。木霉菌作为一种多功能的生物防治剂,不仅能保护植物免受有害微生物和害虫的侵害,还能提高植物的生长和生产力。木霉菌对植物的有益影响可以通过改变土壤微生物群落、与植物互作、调节土壤养分等来实现。

**1. 与土壤微生物群落相互作用**

木霉菌自然栖息在土壤中,与无数微生物共同生活。它可以诱导与其共同居住的微生物群落发生强烈的变化,这种影响可能取决于植物基因型、土壤特征和木霉物种(Bellini et al.,2023)。一方面,木霉菌与其他土壤微生物争夺空间和养分,他们之间的竞争促进了孢子形成,可能有利于真菌在土壤中的分散和随后的孢子萌发。另一方面,木霉菌丝在植物根部的汇合生长,可能导致木霉菌激活其对抗其他微生物的竞争机制。例如,木霉菌通过生产抗生素肽抑制病原体辣椒疫霉、立枯丝核菌、硬核菌和洋葱硬核菌,还可以减少番茄和生菜中根结线虫属植物病原线虫的破坏(Expósito et al.,2022)。此外,木霉菌与其他植物根际促生菌共同生长,当金黄色木霉和根内球菌共同栖息在柑橘的根际时,金黄色木霉菌不会影响菌根真菌的根系定殖过程。相反,这两种真菌对寄主植物的生长具有协同作用。因此,木霉菌可以在土壤中与微生物群落相互作用,对植物发挥有益作用或对病原微生物产生拮抗作用,进一步发挥生态功能(图6-12)。

**2. 释放化学信号引起植物代谢反应**

木霉菌作为一种对植物有益的真菌,其作用效果由宿主植物释放的信号分子所调控(Fiorini et al.,2016)。例如,在木霉菌定殖前,番茄根系释放的葡萄糖量高于真菌消耗的其他碳水化合物,而在定殖过程中,释放低水平的葡萄糖,表明根系分泌的碳水化合物可以作为化学引诱剂,引导木霉菌向根系移动。相反,木霉菌可以在其宿主中诱导重要的代谢变化。在不利的生长条件下,木霉菌诱导的关键代谢产物有助于植物抵抗阻碍植物生存、生长和生产力的生物和非生物胁迫。氨基酸、碳水化合物和植物激素浓度的变化是木霉菌在宿主植物中诱导的最常见影响之一。例如,木霉菌诱导黄瓜植物蛋白质组的变化,调节与能量产生、代谢、蛋白质合成和折叠、防御和应激相关的蛋白质丰度。木霉菌作为最有效的生物防治剂之一,可以诱导叶绿素的生物合成,从而提高光合效率。木霉菌也会导致植株中脱落酸、吲哚-3-乙酸、玉米素、水杨酸、茉莉酸和乙烯等激素的显著积累。通过复杂

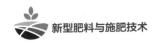

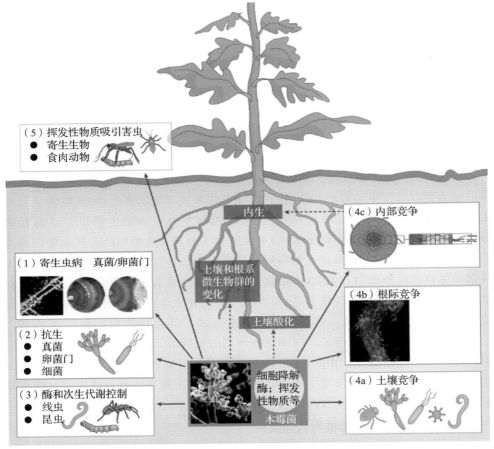

图 6-12　木霉菌作为生防菌剂的直接作用机制

（改自 Woo et al.，2023）

的激素信号机制,真菌化合物作为代谢的一部分参与其中,在相互作用的不同阶段协调植物生长,同时调节防御（图 6-13）。

**3. 活化养分释放**

通常,木霉菌会导致其微环境中的 pH 降低,将不溶性物质转化为可供植物吸收的可同化或可溶性形式,提高植物对微量营养素（如 B、Cl、Cu、Fe、Mn、Mo、Ni 和 Zn）以及大中量营养（如 Ca、Mg、P、N、K 和 S）的吸收来改善植物生长（Romero-Contreras et al.，2019）。例如,木霉菌诱导柠檬酸合成酶和苹果酸合成酶的表达,这很可能产生各自的有机酸,导致土壤 pH 降低,并在缺铁时增加铁的螯

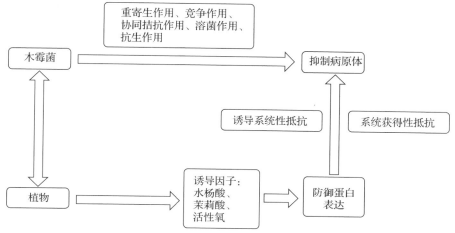

图 6-13　木霉菌-植物互作过程

（引自 马明磊等，2023）

合作用。另外，在铁缺乏的条件下，木霉菌还可以激活植物的耐受机制，诱导根中铁调节转运蛋白的表达。植物中 Fe 吸收的机制也由木霉菌释放的真菌挥发性有机物介导，进一步提高植物对铁的吸收和利用。

木霉菌还可以提高植物的氮素利用效率（Singh et al.，2018）。在氮添加下生长的烟草中，木霉菌引起胞质 $Ca^{2+}$ 的积累、NO 的产生、总氮含量的增加以及编码硝酸盐转运蛋白的表达基因增加。这些效应与木霉菌诱导的植物生长呈正相关，表明木霉菌通过与根的结合刺激烟草对氮素的利用。在玉米根上接种木霉菌株可使地上部氮含量增加 47.1%。此外，从辣椒根际分离的木霉菌能够产生氨，有助于满足植物在内的陆地生物的营养需求。

### 6.3.3　性能与用途

木霉菌具有重要的经济意义和广泛的用途，如土传植物病原体的生物控制、植物生长促进、植物抗性诱导、工业酶和抗生素的生产、生活废水污泥的生物转化和生物修复。在农业应用方面，木霉菌作为植物生物刺激剂、生物保护剂、生物肥料、土壤改良剂、土壤整合剂、生物降解剂和生物调节剂的关键成分，已成为一个受欢迎的主角。

**1. 生防菌剂：无害、无毒、广谱抗性高**

木霉菌菌丝生长速度非常快，并具有一定的抗逆性，有助于其在土壤中的竞争力和群体的形成。木霉菌的优势在于无污染、无残留毒性，不会对土壤中的有益微生物造成损害,也不会影响土壤和生态系统的微生态循环。木霉菌的生物防治机制包括直接作用和间接作用。直接作用包括竞争养分或空间、产生挥发性和非挥发性的抗生素、产生分解酶以及使致病酶失活。例如,木霉菌通过产生抗性物质来控制腐霉菌,并且其独特的溶菌现象可以影响病原菌的菌丝,导致其死亡。木霉菌也可以引起镰刀菌的萎缩和死亡(王强强等,2019)。间接作用主要体现在对寄主植物生理和生化状态的改变,例如增强植物对胁迫的耐受性、增加无机养分的溶解性和隔离病原菌,以及诱导植物增强对病原体的耐受性。部分木霉菌能够在植物根系表面有效定殖,导致植物代谢显著变化,促进植物生长,增加养分利用率,并提高抗病性。木霉菌产生的激发分子可以激活植物防御系统相关基因的表达,促进根系生长和养分利用。这种抗性诱导是一种间接的生物控制机制,通过激活植物潜在的抗性机制来应对病原体的攻击。当植物暴露在生物或非生物诱导剂下时,这一过程会启动,并以相对普遍的方式激活其防御机制。众多的木霉菌菌剂,如哈茨木霉、绿色木霉、棘孢木霉等已被广泛应用于农作物的病害防控(表6-3)(马明磊等,2023)。

表 6-3　木霉菌在农作物上的应用

| 木霉菌名称 | 应用植物 | 用途 | 作用机制 |
|---|---|---|---|
| 哈茨木霉、绿色木霉、长枝木霉、康氏木霉、拟康氏木霉、顶孢木霉、黄绿木霉、深绿木霉 | 小麦 | 抑制病原菌的生长 | 竞争作用 |
| 木霉菌剂 | 大豆 | 与病原菌抢夺营养 | 竞争作用 |
| 木霉菌剂 | 玉米 | 竞争碳氮源营养,也会竞争微量元素,抑制病原菌生长 | 竞争作用 |
| 木霉菌剂 | 玉米 | 防治玉米土传病害 | 诱导植物抗性 |
| 绿色木霉 | 稻草 | 黄孢原毛平革菌与绿色木霉菌混合,降解病原菌的纤维素酶 | 溶菌作用 |
| 棘孢木霉 | 玉米 | 防治玉米根腐病 | 抗生作用、溶菌作用、重寄生作用 |
| 木霉菌剂 | 向日葵 | 抑制黄萎病病菌生长 | 抗生作用 |
| 哈茨木霉 | 水稻 | 防治由立枯丝核菌引起的水稻立枯病,降低发病率,提高出苗率 | 抗生作用 |

(引自　马明磊等,2023)

**2. 生物降解剂：抗性强、安全性高、酶系广**

木霉菌的酶谱广泛，包括纤维素酶、葡聚糖酶、葡萄糖苷酶、木聚糖酶、漆酶和几丁质酶等。这些酶使得木霉属真菌在生物降解方面具有巨大潜力，尤其是其具有强大的纤维素酶生产能力（王恒震等，2019）。与放线菌、细菌和大多数真菌相比，木霉菌在产酶数量、酶活性、纤维素酶系的全面性和酶的分离纯化方面具有显著优势。木霉菌在产生纤维素酶的同时，还能产生果胶酶、漆酶和淀粉酶，这增强了其降解能力和对化学试剂的抗性。在众多木霉菌种中，哈茨木霉、绿色木霉和里氏木霉的产酶研究较为深入，其中里氏木霉的酶谱最为丰富，绿色木霉次之。纤维素酶作为木霉菌的主要产酶，与其他酶协同作用，可以有效降解秸秆、果渣等的果胶、木质素等难降解物质。在纤维素的水解过程中纤维素酶与其他酶组分的协同作用是当前最被认可的降解机制。近年来，有关绿色木霉菌降解功能的研究较多，且多集中在残渣的降解和再利用，如生产蛋白、膳食纤维、产酶等，这为绿色木霉菌应用到实际工业生产中提供了理论基础。

**3. 土壤改良剂：高效、广泛、经济、环保**

除了生物防治特性外，木霉菌还有一个非常独特的土壤生物修复作用（田晔等，2013）。它们能调节土壤的理化性质，改善生态环境，包括减小土壤比重和容重，优化结构，提高 pH，减轻土壤酸化的危害，促进有益微生物群落的形成和维持。此外，木霉菌能增强土壤酶活性，促进植物对氮、磷、钾和微量元素的吸收，提高化肥使用效率。它们还能提高土壤渗透性，增加含氧量，改善土壤的新陈代谢和循环，从而促进植物和微生物的生长。木霉菌对环境适应性强，可以利用多种简单或复合的碳源和氮源生长，具有制备微生物肥料和修复重金属污染土壤的潜力。它们对铜、锌等重金属有较强抗性，能生成吸收或累积重金属的纤维素酶及其他水解酶，非常适合用于强化植物修复重金属污染土壤。例如，利用麦麸发酵物可为木霉菌在植物根际定殖提供充足的养分，促进其生长和繁殖，并产生促使其在培养土中生长繁殖、促进根系生成的生防因子，分解土壤中的主要酚酸盐物质，减少连作障碍和土壤病害的发生概率（张璐等，2017）。

### 6.3.4 应用技术

迄今为止，木霉菌制剂已在全球范围内实现商业化。据统计，木霉生防制剂在防治植物病害的真菌生防制剂中占 60% 以上。近年来，含木霉菌的生物防治产品在全球呈指数增长，目前已有超过 250 种木霉菌商业化制剂登记上市。这些制剂主要分布于亚洲、非洲、欧洲、美洲和大洋洲。印度是木霉菌剂分布最多的国家，占亚洲市场的 90%。在我国,木霉生物菌剂的应用也日益广泛,主要包括木霉菌 D9、绿色木霉 LTR2、哈茨木霉 SH2303 和哈茨木霉 SQRT037,这些菌剂被用于土壤改良和植物病害防治。

随着生物防治技术的不断发展,木霉菌商品化制剂的种类也日益多样化,主要分为 4 类:①可湿性粉剂,由分生孢子粉、粉状载体和湿润剂混合而成;②颗粒剂,由分生孢子与载体混合搅拌制成;③混配剂,将孢子粉和化学杀菌剂按比例混合在适宜的载体上;④悬乳剂,由分生孢子悬浮在植物油、矿物油、乳化剂等组成的乳液中配制而成。木霉菌的应用技术主要包括土壤处理、种子处理、叶面喷施和基质处理等几种方式。

(1)土壤处理　在播种或移栽前将木霉菌制剂与细土或有机肥混合后均匀撒施于土壤表层,然后翻耕使其混入土壤中,或者在作物种植行或穴播时将木霉菌制剂施入播种沟或移栽穴内,然后覆土。

(2)种子处理　通过拌种和浸种的方式进行,前者是将种子浸泡在适量的水中使其表面湿润,然后将木霉菌粉剂均匀拌在种子上,晾干后播种;后者是将种子浸泡在木霉菌悬浮液中一定时间,然后取出晾干后播种。

(3)叶面喷施　将木霉菌制剂按照说明书推荐的浓度配制成悬浮液,使用喷雾器在植株的叶面喷施,通常在早晨或傍晚进行,以避免阳光直射对菌体的杀伤,频率为每 7～10 d 喷施 1 次。

(4)基质处理　在盆栽植物的基质中按一定比例(如每立方米基质混合 100～200 g 木霉菌制剂)混合均匀后使用。

具体施用方法包括撒施法、液体浸渍法、喷洒法、拌种法和穴施法。①撒施法:将木霉菌制剂均匀撒在土壤表面后使用耕地机械或人工将其翻耕到土壤中;②液体浸渍法:将需要处理的种子、苗木根部、土块等浸渍在配制好的木霉菌悬浮液中;③喷洒法:使用喷雾器将悬浮液均匀喷洒在作物叶面或土壤表面;④拌种法:将木霉菌粉剂均匀撒在湿润的种子表面后轻轻搅拌,使种子表面均匀黏附木霉菌;⑤穴施法:将木霉菌制剂撒入作物的种植穴或播种沟中后覆土。

种子包衣是精准农业政策中的一项关键技术,即将杀菌剂、杀虫剂、激素、肥料或有益微生物等有效成分包裹在种子表面,形成具有特定功能和包覆强度的保护层(图 6-14)。这种方法是现代农业中保护种子或幼苗在初始发育阶段的常见策略。微生物包衣剂的配方通常包含 3 个基本要素:微生物、载体和添加剂。用于微生物种子包衣的载体能够轻松黏附于种子上,确保种子发芽、幼苗发育及其在种子上的存活率,并提供足够的保质期。木霉菌是根际最常见的腐生真菌之一,研究表明,它可以帮助植物抵御病原菌侵害并促进植物生长。Dogaru 等的研究发现,添加木霉菌的种子包衣能够使玉米种子的发芽速度和根长分别增加21.3%和14.9 cm（Dogaru et al.，2021）。Swaminathan等发现，通过改变制剂辅料和在低温环境下储存，可以延长木霉孢子的存活率，从而更有利于种子包衣的保存（Swaminathan et al.，2016）。加入木霉菌的种子包衣在未来的农业生产中具有巨大潜力，可以减少化学农药的使用，降低对土壤和作物的污染。

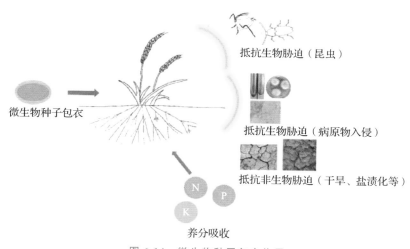

图 6-14  微生物种子包衣作用

（引自 韩雪等，2023）

在施用木霉菌时需要注意环境条件，其在温暖湿润的环境中活性最高，应避免高温干燥的条件。施用时机选择在无雨天气，以避免雨水冲刷影响效果。木霉菌制剂应储存在阴凉干燥处，避免高温和阳光直射。正确施用木霉菌，不仅可以有效防治土传病害，还能促进作物健康生长，提高产量和品质。

# 参考文献

董子阳，胡佳杰，胡宝兰. 2019. 微生物铁载体转运调控机制及其在环境污染修复中的应用. 生物工程学报，35(11)：2189-2200.

高萍，李芳，郭艳娥，等. 2017. 丛枝菌根真菌和根瘤菌防控植物真菌病害的研究进展. 草地学报，25(2)：236-242.

韩雪，高馨竹，龚伟军，等. 2023. 微生物种子包衣的应用与研究进展. 微生物学通报，50(12)：5534-5547.

焦健，刘克寒，田长富. 2019. 根瘤菌铁转运代谢及其调控机制研究进展. 生物技术通报，35

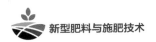

（10）：7-17.

晋银佳，刘文，朱跃，等. 2016. 荧光假单胞菌产铁载体对油麦菜吸收砂基和水基中镉的影响. 环境工程学报，10(1)：415-420.

李海碧. 2017. 甘蔗根际假单胞菌的分离鉴定及其对甘蔗的促生作用. 南宁：广西大学.

刘辉，吴小芹，任嘉红，等. 2018. 荧光假单胞菌与红绒盖牛肝菌共接种对杨树氮代谢和矿质元素含量的影响. 林业科学，54(10)：56-63.

马明磊，马莹莹，金桥，等. 2023. 木霉菌作用机制及其在药用植物上的应用研究进展和展望. 江苏农业科学，51(8)，8-16.

马莹，王玥，石孝均，等. 2022. 植物促生菌在重金属生物修复中的作用机制及应用. 环境科学，43(9)：4911-4922.

梅小飞，王智荣，阚建全. 2019. 荧光假单胞菌防治果蔬病害的研究进展. 微生物学报，59(11)：2069-2082.

彭帅，韩晓日，马晓颖，等. 2011. 产葡萄糖酸荧光假单胞菌的分离鉴定及解磷作用. 生物技术通报(5)：137-141.

冉隆贤，向妙莲，周斌，等. 2005. 荧光假单胞杆菌的嗜铁素是控制桉树灰霉病的主要因子（英文）. 植物病理学报(1)：6-12.

田晔，滕应. 2013. 木霉属真菌在重金属污染土壤生物修复中的应用潜力分析. 科学技术与工程，13(26)：1671-1815.

王恒震，李化强，吴菲菲，等. 2019. 木霉菌降解果渣的研究进展. 食品安全质量检测学报，10(24)：8289-8295.

王琪媛，王甲辰，叶磊，等. 2021. 含 ACC 脱氨酶的根际细菌提高植物抗盐性的研究进展. 生物技术通报，37(2)：174-186.

王强强，窦恺，陈捷，等. 2019. 拮抗性木霉菌株抗逆性筛选评价标准与方法. 中国生物防治学报，35(1)：99-111.

魏雪，江孟遥，钟涛，等. 2021. 荧光假单胞菌 ZX 对葡萄采后灰霉病的防治. 食品工业科技，42(22)：125-132.

许彩虹. 2013. 假单胞菌荧光铁载体 Pvd 性质的体外研究. 太原：山西大学.

杨毅，李治，高玲霞，等. 2012. 荧光假单胞菌抗生性代谢产物合成相关基因的研究现状. 中国生物工程杂志，32(8)：100-106.

张广志，杨合同，文成敬. 2011. 木霉菌形态学分类检索与分子生物学鉴定. 山东农业大学学报，42(2)：309-316.

张亮，盛浩，袁红，等. 2018. 荧光假单胞菌诱导番茄抗枯萎病的 ISR 研究. 土壤，50(5)：1055-1060.

张璐，杨瑞秀，王莹，等. 2017. 甜瓜连作土壤中酚酸类物质测定及降解研究. 北方园艺，9：18-23.

赵翔，陈绍兴，谢志雄，等. 2006. 高产铁载体荧光假单胞菌 Pseudomonas fluorescens sp-f 的筛选鉴定及其铁载体特性研究. 微生物学报(5): 691-695.

周益帆, 白寅霜, 岳童, 等. 2023. 植物根际促生菌促生特性研究进展. 微生物学通报, 50(2): 644-666.

Abreu I, Mihelj P, Raimunda D. 2019. Transition metal transporters in rhizobia: tuning the inorganic micronutrient requirements to different living styles. Metallomics, 11(4): 735-755.

Alori E T, Glick B R, Babalola O O. 2017. Microbial phosphorus solubilization and its potential for use in sustainable agriculture. Frontiers in Microbiology, 8: 971.

Bach E, dos Santos Seger G D, de Carvalho Fernandes G, et al. 2016. Evaluation of biological control and rhizosphere competence of plant growth promoting bacteria. Applied Soil Ecology, 99: 141-149.

Beijerinck M W. 1888. Die bacterien der papilionaceenknöllchen. Botanische Zeitung, 46, 725.

Bellini A, Gilardi G, Idbella M, et al. 2023. Trichoderma enriched compost, BCAs and potassium phosphite control Fusarium wilt of lettuce without affecting soil microbiome at genus level. Applied Soil Ecology, 182: 104678.

Bhattacharyya P, Goswami M, Bhattacharyya L. 2016. Perspective of beneficial microbes in agriculture under changing climatic scenario: A review. Journal of Phytology, 8: 26-41.

Boiteau R M, Mende D R, Hawco N J, et al. 2016. Siderophore-based microbial adaptations to iron scarcity across the eastern Pacific Ocean. Proceedings of the National Academy of Sciences, 113(50): 14237-14242.

Chen W, Yan G, Li J. 1988. Numerical taxonomic study of fast-growing soybean rhizobia and a proposal that Rhizobium fredii be assigned to Sinorhizobium gen. nov. International Journal of Systematic Evolutionary Microbiology, 38(4): 392-397.

Colombo C, Palumbo G, He J-Z, et al. 2014. Review on iron availability in soil: interaction of Fe minerals, plants, and microbes. Journal of Soils Sediments, 14: 538-548.

Contreras-Cornejo H A, Schmoll M, Esquivel-Ayala B A, et al. 2024. Mechanisms for plant growth promotion activated by Trichoderma in natural and managed terrestrial ecosystems. Microbiological Research, 281: 127621.

Das I, Pradhan M. 2016. Potassium-solubilizing microorganisms and their role in enhancing soil fertility and health. Potassium Solubilizing Microorganisms for Sustainable Agriculture, 281-291.

Deshwal V, Vig K, Singh S, et al. 2011. Influence of the Co-inoculation Rhizobium SR-9 and Pseudomonas SP-8 on growth of soybean crop. Developmental Microbiology and Molecular Biology, 2(1): 67-74.

Dogaru B-I, Stoleru V, Mihalache G, et al. 2021. Gelatin reinforced with CNCs as nanocomposite matrix for Trichoderma harzianum KUEN 1585 Spores in Seed Coatings. Molecules, 26 (19): 5755.

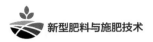

Elkoca E，Kantar F，Sahin F. 2007. Influence of nitrogen fixing and phosphorus solubilizing bacteria on the nodulation，plant growth，and yield of chickpea. Journal of Plant Nutrition，31(1)：157-171.

Expósito A，García S，Giné A，et al. 2022. Effect of molasses application alone or combined with Trichoderma asperellum T-34 on *Meloidogyne* spp. management and soil microbial activity in organic production systems. Agronomy，12(7)：1508.

Fahde S，Boughribil S，Sijilmassi B，et al. 2023. Rhizobia：a promising source of plant growth-promoting molecules and their non-legume interactions：examining applications and mechanisms. Agriculture，13(7)：1279.

Fiorini L，Guglielminetti L，Mariotti L，et al. 2016. Trichoderma harzianum T6776 modulates a complex metabolic network to stimulate tomato cv. Micro-Tom growth. Plant and Soil，400：351-366.

Haas D，Défago G. 2005. Biological control of soil-borne pathogens by fluorescent pseudomonads. Nature Reviews Microbiology，3(4)：307-319.

Htwe A Z，Moh S M，Soe K M，et al. 2019. Effects of biofertilizer produced from Bradyrhizobium and *Streptomyces griseoflavus* on plant growth，nodulation，nitrogen fixation，nutrient uptake，and seed yield of mung bean，cowpea，and soybean. Agronomy，9(2)：77.

Igiehon N O，Babalola O O，Aremu B R. 2019. Genomic insights into plant growth promoting rhizobia capable of enhancing soybean germination under drought stress. BMC Microbiology，19：1-22.

Jaiswal S K，Mohammed M，Ibny F Y，et al. 2021. Rhizobia as a source of plant growth-promoting molecules：potential applications and possible operational mechanisms. Frontiers in Sustainable Food Systems，4：619676.

Levy A，Conway J M，Dangl J L，et al. 2018. Elucidating bacterial gene functions in the plant microbiome. Cell Host，24(4)：475-485.

Lindström K，Mousavi S A. 2020. Effectiveness of nitrogen fixation in rhizobia. Microbial Biotechnology，13(5)：1314-1335.

Lirio-Paredes J，Ogata-Gutiérrez K，Zúñiga-Dávila D. 2022. Effects of rhizobia isolated from coffee fields in the high jungle peruvian region，Tested on *phaseolus vulgaris* L. var. Red Kidney. Microorganisms，10(4)：823.

Nobbe F，Hiltner L. 1896. Inoculation of the soil for cultivating leguminous plants. US Patent，570：813.

Paliwal D，Rabiey M，Mauchline T H，et al. 2024. Multiple toxins and a protease contribute to the aphid-killing ability of Pseudomonas fluorescens PpR24. Environmental Microbiology，26(4)：e16604.

Price A J，Kelton J，Mosjidis J，et al. 2012. Utilization of sunn hemp for cover crops and weed control in temperate climates.

Rodríguez H, Fraga R, Gonzalez T, et al. 2006. Genetics of phosphate solubilization and its potential applications for improving plant growth-promoting bacteria. Plant, 287: 15-21.

Romero-Contreras Y J, Ramírez-Valdespino C A, Guzmán-Guzmán P, et al. 2019. Tal6 from Trichoderma atroviride is a LysM effector involved in mycoparasitism and plant association. Frontiers in Microbiology, 10: 479815.

Safari D, Jamali F, Nooryazdan H-r, et al. 2018. Evaluation of ACC deaminase producing 'Pseudomonas fluorescens' strains for their effects on seed germination and early growth of wheat under salt stress. Australian Journal of Crop Science, 12(3): 413-421.

Sahito Z A, Zehra A, Chen S, et al. 2022. Rhizobium rhizogenes-mediated root proliferation in Cd/Zn hyperaccumulator Sedum alfredii and its effects on plant growth promotion, root exudates and metal uptake efficiency. Journal of Hazardous Materials, 424: 127442.

Schalk I J, Rigouin C, Godet J. 2020. An overview of siderophore biosynthesis among fluorescent Pseudomonads and new insights into their complex cellular organization. Environmental Microbiology, 22(4): 1447-1466.

Schwember A R, Schulze J, Del Pozo A, et al. 2019. Regulation of symbiotic nitrogen fixation in legume root nodules. Plants, 8: 333.

Singh B N, Dwivedi P, Sarma B K, et al. 2018. Trichoderma asperellum T42 reprograms tobacco for enhanced nitrogen utilization efficiency and plant growth when fed with N nutrients. Frontiers in Plant Science, 9: 323876.

Singh D P, Singh V, Shukla R, et al. 2020. Stage-dependent concomitant microbial fortification improves soil nutrient status, plant growth, antioxidative defense system and gene expression in rice. Microbiological research, 239: 126538.

Swaminathan J, Van Koten C, Henderson H, et al. 2016. Formulations for delivering trichoderma atroviridae spores as seed coatings, effects of temperature and relative humidity on storage stability. Journal of Applied Microbiology, 120(2): 425-431.

Udeigwe T K, Eichmann M, Menkiti M C. 2016. Fixation kinetics of chelated and non-chelated zinc in semi-arid alkaline soils: application to zinc management. Solid Earth, 7(4): 1023-1031.

Wang Q, Chu C, Zhao Z, et al. 2024. Pseudomonas fluorescens enriched by Bacillus velezensis containing agricultural waste promotes strawberry growth by microbial interaction in plant rhizosphere. Land Degradation Development, 35(7): 2476-2488.

Woo S L, Hermosa R, Lorito M, et al. 2023. Trichoderma: a multipurpose, plant-beneficial microorganism for eco-sustainable agriculture. Nature Reviews Microbiology, 21(5): 312-326.

XueMei S, HongBo H, HuaSong P, et al. 2013. Comparative genomic analysis of four repre-

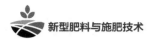

sentative plant growth-promoting rhizobacteria in Pseudomonas. BMC Genomics，14（1）：271.

Zhang W，Mao G，Zhuang J，et al. 2023. The co-inoculation of *Pseudomonas chlororaphis* H1 and *Bacillus altitudinis* Y1 promoted soybean ［*Glycine max* （L.） Merrill］ growth and increased the relative abundance of beneficial microorganisms in rhizosphere and root. Frontiers in Microbiology，13：1079348.

Zhu Z X，Zhuang W Y. 2015. Trichoderma （Hypocrea） species with green ascospores from China. Persoonia，34：113-129.

# ⑦ 作物专用复合肥料

复合肥料(compound fertilizer)是指在氮、磷、钾三种养分中，至少有两种养分由化学方法和(或)掺混方法制成的肥料。由于复合肥料能够提高肥效、简化施肥技术、减少施肥次数，提高作物产量和品质，避免单质肥料不合理施用造成的资源浪费等问题，其生产和使用受到人们的重视，已经成为中国用量最大的肥料品种。《复混肥料(复合肥料)》(GB/T 15063—2009)于2009年正式实施。

自21世纪以来，复合肥料进入进一步提高复合化和高效化的发展阶段，硫、镁、钙、锌、铁、锰、铜和硼等中微量元素开始被广泛加入复合肥料中，以满足作物对中微量元素的需求。随着农业绿色发展，生物刺激素、抑制剂、微生物材料等增效物质相继加入复合肥中，这些新型复合肥料不仅注重提高作物产量，更强调环保和养分高效利用。但随着农业机械化的深入发展，例如侧深施肥机、无人机等现代农机装备的广泛应用，复合肥料设计还需兼顾施肥机械的操作需求。

《复合肥料》(GB/T 15063—2020)于2020年颁布，与《复混肥料(复合肥料)》(GB/T 15063—2009)相比，技术指标中除增加了硝态氮、中量元素、微量元素指标及测定方法外，着重提高了低浓度产品的粒度要求，这反映出当前复合肥料的农艺、工艺和农业机械进行优化适配的重要性。然而，现有的粒度标准都是建立在人工撒肥的基础上，仍低于机械施肥要求。如只对肥料颗粒的粒径分布及含水率有标准要求，且对粒径分布范围要求较为宽泛，通常在1~4.75 mm或3.35~5.60 mm，大范围的粒径分布导致肥料颗粒分布不均匀，这是机械排肥不均匀的主要因素之一(图7-1)。与此同时，对肥料颗粒的外观要求也极低，如对于颗粒外观的测定方法及要求通常采用目视法和无机械杂质即可，对于颗粒的球形度、光滑度等颗粒表面物理性状并没有标准规定，并且对于肥料的颗粒强度也仅有个别肥料有最低标准规定。这些问题导致复合肥料的发展与机械难以有效适配，阻碍了复合肥料与农业现代化融合发展。

图 7-1　施肥机械中的复合肥颗粒形状(左)及排肥轮中复合肥料破碎情况(右)

因此,本章以作物专用复合肥料产品设计和生产为目标,介绍如何根据土壤、作物、气候确定氮、磷、钾含量,制定农艺配方;如何根据原料和工艺设计工艺配方,如何根据机械施肥的需求进一步调整肥料颗粒并形成作物专用复合肥料,以期让大家了解作物专用复合肥料从配方设计到工艺实施再到施肥适配的全新复合肥料设计和生产思路。

# 7.1　作物专用型复合肥配方设计原理

## 7.1.1　农艺配方确定

农艺配方是作物专用复合肥料设计的核心,不仅要考虑作物的养分需求特征,还需要充分考虑地方土壤-气候条件。一般来说,肥料的农艺配方需要考虑养分类型、养分总量、养分形态、肥料安全性(氯离子、肥料盐指数、肥料 pH)、增效物质添加 5 个主要方面。

(1)养分类型的确定　植物必需营养元素有 17 种,但并不是在复合肥中都需要加入,需要因地因作物需求而选择加入。根据土壤测试结果与作物养分需求特性,明确土壤中含量不足或过量的养分元素,确定作物对不同养分的需求类型。一般复合肥中氮素是必须投入的,即使土壤氮素含量丰富,也必须考虑关键时期供应能力不足。磷和钾的投入须考虑土壤供应能力,在部分作物的有些生育期并不是绝对需要补充。中微量元素的补充则更需要谨慎,不仅要考虑土壤和作物需求,也要考虑肥料制造过程的可实现性,以及过量可能对作物生长带来的负面影响。随着我国土壤中硫和镁的投入减少,目前大部分地区出现了硫、镁缺乏,其补充已经成为一种趋势。而微量元素在部分地区成为必要考虑因素,如东北和西北冷凉地区和盐碱地区补充锌营养,油菜补充硼,华北地区花生补充铁等。

(2)养分总量的确定　养分总量的确定需要综合考虑土壤的养分供应能力、作物的需求以及施肥的效率。一般的方法是通过土壤测试确定土壤中现有的养分含量,同时确定环境中其他来源的养分量,再根据作物的需肥量确定需要补充的养分总量。一般秉承氮素"零盈余"、磷钾衡量监控、中微量元素因缺补缺的原理。氮零盈余指的是作物生产中氮素投入和作物吸收带走持平,尽可能减少在土壤中的盈余。磷钾衡量监控指的是土壤磷、钾水平处于合理水平,不足应及时补充,过量应适当调减。中微量元素依据土壤实测与作物实际需求进行矫正性补给,遵循"缺则补,不缺不施"原则,保障作物苗壮成长,同时规避过量投入的风险与危害。此外,还要考虑肥料产品特点和特定施肥方法的养分利用效率,例如不同肥料的有效性、土壤条件对养分利用的影响等。我国已经开展了大量肥效试验,在主要作物、主要元素投入量上建立了多种指标体系,可查阅农业农村部每年发布的科学施肥指导建议或主要地区的科研论文,根据查阅的推荐施肥量直接设置复合肥配方,或者根据单位产量养分吸收量和目标产量进行计算设置复合肥配方。复合肥中各种养分总量的设计还要考虑不同时期的运筹方式,例如氮素在基肥、追肥中的分配比例,根据比例确定各个时期的氮素投入量。

(3)养分形态的确定　养分形态的确定须考虑养分的可利用性、作物的吸收特性以及土壤条件。以氮肥为例,其形态多样,包括铵态氮、硝态氮及酰胺态氮等,不同形态的氮在土壤中的转化和作物的吸收效率不同。南北方土壤性质的差异导致作物在氮素形态的吸收上存在差异,如水稻偏好吸收铵态氮,而苹果等作物则更倾向于吸收硝态氮。磷肥包括磷酸一铵、磷酸二铵、枸溶性磷、聚磷酸铵等多种形态,不同形态的磷肥在土壤中的移动性和有效性不同,如聚磷酸铵因其对金属离子具有螯合作用,在土壤中不易发生有效磷的退化,可作为微量元素的高效载体,助力作物全面吸收。钾肥可以以氯化钾、硫酸钾等形式存在。不同形态的钾肥对作物和土壤的影响不同,对氯较为敏感的作物如烟草、马铃薯、苹果、柑橘等需要谨慎使用氯化钾作为原料。

(4)肥料安全性确定　肥料安全性是指在选择肥料原料时,要考虑肥料对土壤、作物和环境的潜在影响,以确保肥料施用后不对土壤作物(甚至包括人体)产生负面影响。肥料安全性涉及氯离子含量、肥料盐指数、pH 等指标(重金属等应符合国家要求,不再特别说明)。例如,针对氯离子敏感型作物,需要控制肥料中氯离子含量,选择低氯或者无氯肥料,如采用硫酸钾、硫酸铵等替代氯化钾和氯化铵。肥料盐指数反映了肥料溶解后对土壤溶液渗透压的影响,高盐指数的肥料容易引

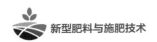

起土壤溶液渗透压过高,阻碍作物根系吸水,出现"烧苗"现象。此外,肥料盐指数如果过高,也可能导致土壤盐渍化水平加剧,影响作物生长和土壤健康。因此,需要根据土壤的盐分状况和作物的耐盐性选择适宜的肥料原料,如尿素、硝酸铵等氮肥的盐指数较高,应控制其用量。肥料 pH 会影响土壤的酸碱度(进而影响部分元素的有效性)从而影响作物生长,应根据土壤的初始 pH 和作物的适应性,选择合适的肥料种类。例如,酸性土壤避免使用酸性较强的肥料,应选用中性或偏碱性肥料,如磷酸二铵、硝酸钙等,以调节土壤 pH,保持土壤酸碱度平衡。

(5)增效物质添加 复合肥中养分总量、形态等的确定还需要考虑生产方式的特殊要求。首先,进行施肥灌溉方式的调查,通过沟施/撒施的不同施用情况,判断养分的损失途径。一般撒施肥料容易导致氮素挥发,可考虑挥发损失较小的肥料,如必须使用尿素则考虑使用脲酶抑制剂。其次,考虑覆膜/不覆膜两种情况,分析烧苗风险,调整用量和养分形态。再次,考虑滴灌/漫灌不同灌溉方式下肥料的溶解性质。最后,进行土壤综合性状的测定分析,根据土壤质地调整养分形态及抑制剂添加,根据土壤盐碱程度确定促根改土物质的添加与否,根据土壤的 pH 调整肥料的酸碱性。通过以上配置完成肥料农艺配方的设计。

### 7.1.2 肥料工艺配方的确定

复合肥农艺配方必须形成可实现的工艺配方才能形成产品进行生产。农艺配方初步确定了养分用量和养分形态,在工艺配方设计中则需要进一步对原料进行选择,进行工艺确定。在该过程中要考虑以下几个重要原则(图 7-2)。

(1)相容性 相容性指的是在肥料配方中,选择的各种原料之间不会发生不利的化学反应,也不会在混合后导致肥料的性质发生显著变化。如含有氨态氮的肥料与碱性物质的混合,硫酸铵中的氨离子与草木灰中的碱性成分接触后,会发生化学反应,氨离子会失去氢变成氨后气化挥发,导致养分损失。

(2)吸湿性 不同原料本身具有临界湿度,两种原料在混合后导致临界湿度大幅度增加,肥料的吸湿性加强,则应避免。如尿素是高度亲水的物质,与过磷酸钙混合后,过磷酸钙中的结晶水会释放出来,增加肥料中的液相比例,导致含水量增加且难以烘干。同时,形成的复盐会使整体溶解度升高,极易从物料和外部空气中吸收水分,导致掺混后的肥料物理性质恶化,混合物变黏稠、结块。这种情况下可以现混现用,但不能储存,尤其在夏天高温、高湿季节,混后应立即施入土壤,不能等过夜。另一种情况是在复合肥加工厂预先将过磷酸钙中的游离酸用铵中和后生成氨化过磷酸钙,那就能够与尿素混配。

(3)拮抗反应 拮抗反应是指两种或多种养分之间发生的相互竞争或抑制作

用,导致其中一个或多个养分的有效性降低。在肥料配方中,需要避免原料之间存在明显的拮抗反应,以确保作物能够充分利用各种养分。如高钙肥料与磷肥混合可能导致磷的有效性降低。在原料选择时,应选择互补性强的原料,避免拮抗反应,确保养分的有效供应。方法是对金属元素进行络合等,络合剂可以与金属离子(如钙、铁、锌等)结合,形成稳定的络合物,从而减少它们与其他养分的直接相互作用,提高养分的有效性。螯合剂则能与某些金属离子形成更稳定的环状结构,进一步减少拮抗反应的发生。

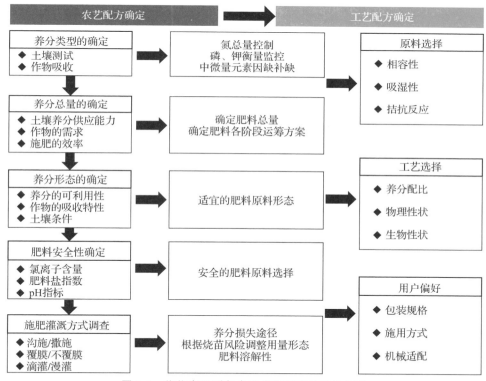

图7-2　作物专用型复合肥农艺配方设计的原理

　　(4)工艺选择　工艺选择是指根据肥料配方和原料特性,选择恰当的水、热、反应时间等。不同的肥料配方和原料可能需要采用不同的生产工艺,以确保产品质量和生产效率。例如,高塔工艺适合生产含高尿素的复合肥,但不适合生产尿素含量低于30%的低氮复合肥。复合肥料不同工艺的成粒机制不同,必须结合作物施肥场景针对性选择合适的工艺。高塔工艺生产的复合肥料表面光滑,硬度较高,水分含量较低,但吸湿性强,机械施肥易堵塞排肥孔;转鼓工艺生产的复合肥料表面

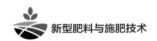

粗糙,为实心颗粒,溶解速度较慢,但颗粒强度较低,在机械施肥过程中可能会造成破碎,影响肥料的施用效果;挤压工艺生产的复合肥料颗粒形状不规则,不同物料之间通过分子间的范德华力结合,硬度受挤压压力决定,通过选择易挤压的原料可以形成硬度较高的颗粒产品,但对原料的粒径要求较高(≥80目)。不同物料的混配性需要提前通过预试验确定。

(5)包装规格 根据肥料的物理特性和用途,确定合适的包装规格。常见的包装规格包括 5 kg、10 kg、25 kg、50 kg 等。包装材料应具有良好的防潮、防尘、防污染性能,确保肥料在运输和储存过程中不受环境影响。包装设计应考虑便于搬运、储存和使用,满足农户的实际需求。含有增效剂的肥料还需考虑其稳定性和有效性的保护,如稳定性肥料还应该考虑包装的颜色,以防止光降解。对于水溶性肥料,包装材料应选用高强度、耐水性的复合膜袋,确保在潮湿环境下也能保持肥料的干燥和纯净。

# 7.2 上海崇明水稻一次性侧深施用专用肥案例

## 7.2.1 养分配比的设计方法

上海崇明区地处长江口,土壤为长江冲积物形成,土壤典型类型为沙土和黄泥土,pH 7.68,有机质 14.40 g/kg,碱解氮 139.90 mg/kg,有效磷 27.64 mg/kg,速效钾 87.77 mg/kg,磷丰富,氮、有机质较低。气候温和湿润,四季分明,夏季湿热,冬季干冷,属典型的亚热带季风气候,年平均气温在 16～17 ℃,≥10 ℃ 积温 2699～2995 ℃,无霜期 236 d,雨量丰沛,年平均降水量 1129～1149 mm,降水呈现明显的季节性,集中在每年 6—7 月的梅雨季。

该区域主要种植品种为生育期 160 d 以上的南粳 46,少量为南粳 9108、银香32 号等,且以直播稻为主。南粳 46 由江苏省农业科学院粮食作物研究所以日本优质粳稻关东 194 为父本,与江苏优质高产粳稻武香粳 14 杂交得来,在江苏南部、上海等地广泛种植,其食味品质极佳,被评为全国"优质食味粳米",在肥料管理上必须考虑其品质提升的需求。

根据水稻籽粒养分需求量(每百千克需 N 1.81 kg,$P_2O_5$ 0.90 kg,$K_2O$ 3.50 kg)(郭晨等,2014),结合南粳 46 在当地的产量潜力约 10500 kg/hm$^2$(张珍等,2021),考虑到产量过高时对稻谷品质的影响,设定目标产量为 9750 kg/hm$^2$,则需要 N 176.45 kg/hm²,P₂O₅ 87.75 kg/hm²,K₂O 341.25 kg/hm²。

同时充分考虑养分多种来源,主要包括土壤矿化供应、大气氮沉降、生物固氮和秸秆还田 4 个部分,其中利用 RCSODS 模型计算崇明稻田土壤养分矿化供应量(陈家金等,2018),分别为 N 23.9 kg/hm²,P₂O₅ 73.3 kg/hm²,K₂O 275.7 kg/hm²。崇明目前秸秆处理办法主要为打捆后资源化利用,根系和秸秆地上部 20～30 cm 还田(随收割机型号等变化),结合秸秆产量、秸秆养分含量(毕于运等,2011),此部分矿化后下季可利用量为 N 3.2 kg/hm²,P₂O₅ 0.9 kg/hm²,K₂O 25.1 kg/hm²。大气干、湿沉降中每年带入稻田中的氮约为 22.5 kg/hm²(周婕成等,2009),稻田萍藻体系单季生物固氮量约为 15 kg/hm²(图 7-3)。

去掉上述土壤和环境养分供应能力,仍需要通过肥料投入的养分为 N 111.8 kg/hm²,P₂O₅ 13.5 kg/hm²,K₂O 40.5 kg/hm²。设定氮、磷、钾的肥料利用率分别为 50%、30%、45%,则需要化肥理论投入量约为 N 225 kg/hm²,P₂O₅ 45 kg/hm²,K₂O 90 kg/hm²。为提升水稻的品质和抗逆性,另补充硅肥 0.3～0.5 kg/hm²(以 SiO₂ 纯量计),锌肥 0.4～0.8 kg/hm²(以 ZnO 纯量计),还可考虑增加镁以提升稻米香气。

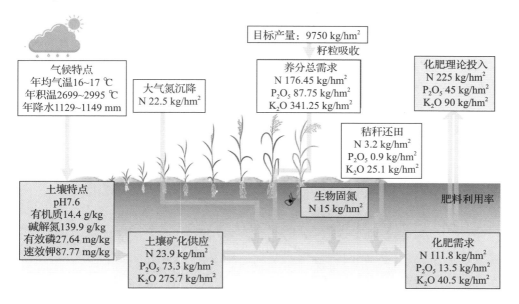

图 7-3　作物专用型复合肥农艺配方设计的原理

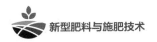

## 7.2.2 释放期控制

根据全国科学施肥技术指导专家组的研究,上海崇明区所处的长江下游单双季稻区氮素在不同时期的分配比例推荐为基肥:分蘖肥:穗粒肥＝4:4:2。考虑到上海崇明地区为直播稻,且南粳 46 生育期较长,从播种到收获一般在 160 d 以上,基于高产需求应将氮肥向穗粒肥再转移一部分。但基于稻米品质的需求,氮肥在后期应控制使用,长三角地区一些研究中直接将穗肥省略(应霄等,2019),只施用基肥和分蘖肥。从高产和优质两个角度考虑,氮素分配比例仍固定为基肥:分蘖肥:穗粒肥＝4:4:2。考虑到当地劳动力老龄化问题,一次性施用全生育所需所有肥料已经成为主要方式,因此专用复合肥设计为基肥施用,但满足全生育期需求,则氮素必须选择不同释放期的原料,而且释放模式需满足 4:4:2 的比例。

为筛选出满足该需求的缓控释氮肥原料,采用静水释放法(李小坤等,2016)在 25 ℃室内环境中进行培养,测定了释放期分别为 60 d、90 d、120 d 的 3 种聚氨酯包膜尿素以及脲甲醛、硫包衣尿素的养分释放速率,每 10 d 测定 1 次,直至全部释放。经测试,释放期为 60 d、90 d、120 d 的聚氨酯包膜尿素实际测得完全释放的释放期约为 70 d、100 d、140 d,而脲甲醛、硫包衣尿素的释放期约为 120 d、60 d。不同原料的释放速率变化也不同,释放期为 60 d、90 d 的聚氨酯包膜尿素和硫包衣尿素的释放较稳定,速率均匀,而释放期为 120 d 的聚氨酯包膜尿素和脲甲醛的释放不均匀,有明显的快速释放期,其中释放期为 120 d 的聚氨酯包膜尿素在 50～70 d 这一阶段累积释放了 40% 的氮,脲甲醛在 0～30 d 内累积释放了 60% 的氮。因此,最终选用了 60 d 与 120 d 的包膜尿素,与速效氮肥混配,满足水稻全生育期养分需求(图 7-4)。

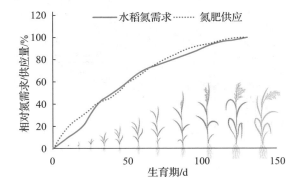

图 7-4 专用肥氮肥供应曲线与水稻氮需求曲线

其他要求:由于崇明土壤 pH 较高,故选用酸溶性磷肥;水稻对铵态氮需求较多,且对氯耐受性较强,氮肥原料可选用氯化铵。

### 7.2.3  满足机械施肥所需的肥料物理性状设计

我国水稻种植过程中施肥作业主要采用固体颗粒肥料,大部分采用人工手撒施肥,人工劳动强度大,施肥均匀性无法控制,直接影响水稻的产量和品质(曾山等,2012)。传统的盲目粗放式施肥不仅浪费了大量资源,而且造成了环境污染。尤其是氮素,在撒施过程中损失大,不仅对水稻产量影响最大,而且氨的挥发已经成为大气质量控制的关键原因(褚光等,2016;林超文等,2015)。化肥深施技术可减少肥料挥发,显著提高肥料中氮、磷、钾等元素的利用率(陈雄飞等,2014)。

研究科学、合理的水稻深施肥技术及装备在提高肥料的利用率,降低成本,提高水稻生产效益等方面发挥着不可替代的作用。稻田肥料深施需要考虑众多因素的影响,如受水田环境的影响,肥料易受潮,而受潮肥料在机械中易出现黏结、结块现象,导致施肥量不均匀;肥料在机械撒施过程中易破碎,容易引起肥料在肥箱和肥管的堵塞,造成排施量逐渐减少,甚至导致肥料无法排出(王金峰等,2018)。因此,固体颗粒肥料的物理特性对水田施肥机械的施肥性能有重要影响(邢绪坡等,2020)。所以,针对水稻专用肥的物理性状,肥料颗粒应具有良好的物理性状,使施肥效率高、施肥效果好。

主要的物理性状要求为:①颗粒硬度≥30 N,避免肥料颗粒破碎。②颗粒直径为 3.35～4.75 mm 的圆粒,利于施肥均匀。③含水率≤3%,不易吸湿潮解黏结。④肥料比重适中,提高作业效率。

### 7.2.4  水稻一次性侧深施肥专用肥产品创制

针对养分总量设计(表 7-1),每亩养分投入量为:N 15 kg、$P_2O_5$ 3 kg、$K_2O$ 6 kg、ZnO 1～2 kg、$SiO_2$ 1～2 kg。按照每亩施用 50 kg 计算,最终水稻专用配方为30-6-12-0.8Zn-0.46$SiO_2$,因为这个复合肥中还需要考虑不同释放期的包膜控释肥,所以由 3 个颗粒组成。其中,在总氮含量30%中,释放期为 60 d 的包膜尿素提供 7.1%的氮,这个肥料单独成粒;释放期为 120 d 的包膜尿素提供 10.9%的氮,也单独成粒;而剩余 12.0%的速效氮需要与所有磷、钾及锌和硅共同形成另一个粒,则这个粒的配方是 20-10-20＋Zn＋$SiO_2$。最终,这个粒子与 60 d 包膜控释尿素和 120 d 包膜控释尿素掺混,形成一个 3 种颗粒共存的混合肥料。根据施肥机械对物理形状控制的要求,3 个颗粒的工艺设计上,都应该达到颗粒硬度≥30 N,

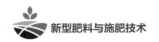

粒径3.35～4.75 mm,含水率≤3%,比例适中,颗粒圆润。只有3个颗粒上述性能统一,才能满足一次性侧深施肥在作业效率上、施肥均匀度上以及养分释放规律上满足水稻全生育期需求,达到养分科学合理,轻简化、机械化(图7-5)。

表 7-1　水稻一次性侧深施肥专用肥原料配伍　　　　　　　　　kg/t

| 原料 | 实物量 | N | $P_2O_5$ | $K_2O$ | ZnO | $SiO_2$ |
|---|---|---|---|---|---|---|
| 20-10-20＋Zn＋$SiO_2$复合肥 | 600 | 120 | 60 | 120 | 8 | 4.6 |
| 60 d 包膜尿素 | 160 | 71 | | | | |
| 120 d 包膜尿素 | 240 | 109.2 | | | | |
| 总量/kg | 1000 | 300.2 | 60.0 | 120 | 8 | 4.6 |

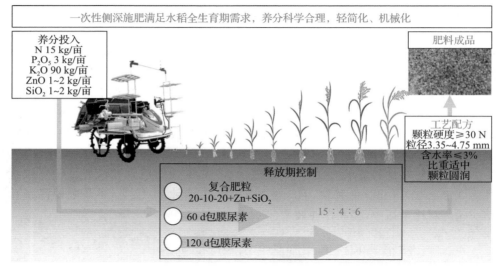

图 7-5　水稻一次性侧深施肥专用肥产品创制流程

# 7.3　新型复合肥制备工艺

## 7.3.1　高塔造粒

高塔造粒复合肥是我国最近几十年快速发展的一种新型肥料(黄杰等,2024)。其自成粒特征体现在表面光滑、有针孔、溶化快、产品水分低和高氮型。高塔复合肥的原理及核心部件是造粒机,工作原理为在液体表面张力作用下,熔融尿素与磷和钾等物料形成液相,通过喷头喷出,并在75 m以上的高度自由落体过程中自然凝固转化为固相。高塔工艺对肥料原料也有严格要求,包括需要提供足够的液相量(肥料配方中氮含量超过20%),原料细度一般要求在1.5 mm以下,配料水分要求在1.0%以下,配料时要保证原料间不能有强烈化学反应,并严格控制反应温度(尿素熔点133.3 ℃,缩二脲产生温度为127 ℃)。在崇明专用水稻肥料中,应用高塔造粒技术生产20-10-20+Zn+SiO$_2$复合肥。需要说明的是,针对水稻肥料,高塔造粒复合肥尽管硬度够高,但其水溶性或吸湿性强,在机械施肥中仍存在吸湿、结块以及流动性较差的问题。

### 7.3.2　转鼓涂布

随着我国化肥生产技术和品种的不断发展,特别是固体尿素熔融技术的显著进步,尿液浆法尿基复合肥、硫基复合肥尿素喷涂补氮等技术也取得了进一步的发展和完善,尿素在这些生产技术中得到了更广泛的运用(李玉华,2009)。转鼓涂布肥料产品的特征表现为表面粗糙、实心颗粒、溶化略慢、水分略高和强度较低。转鼓工艺对原料有以下要求:需要提供足够的黏性物料或化学反应物料,例如尿素是中性,氯化铵、硫酸铵是沙性,磷铵是黏性,并需要添加凹凸棒土或膨润土;原料的细度要求一般在2 mm以下;原料的配料水分要与烘干装置的能力匹配。在崇明专用水稻肥料中,60 d包膜尿素和120 d包膜尿素的制备采用工艺是以转鼓装置为主进行改造升级的。

### 7.3.3　挤压造粒

对辊挤压造粒机是目前粉体造粒的主要方法,随着环保需求和生产过程自动化程度的提高,其重要性日益彰显。挤压造粒肥料产品具有颗粒形状不规则、硬度可以很高、水分含量低等特征,主要用于原材料产品的制备。挤压工艺对原料有以下要求:原料的水分不宜过高,细度要求一般在80目以上,并且在配料时需要验证物料间的混配性。

### 7.3.4　掺混肥料

掺混肥料产品具有颜色不一、颗粒外形不一、溶化速度不一和产品含量波动大的特征。掺混工艺对原料有以下要求:混合原料的水分必须达到相关标准要求,原料的粒度要求符合相关标准,并且在配料时需要验证物料间的混配性。崇明水稻

专用肥料最终是通过掺混方式，将 20-10-20＋Zn＋SiO$_2$复合肥粒子与缓释肥 60 d 包膜尿素和 120 d 包膜尿素进行掺混。

## 7.4　上海崇明实际生产效果

2021 年，侧深施肥与缓释肥料技术模式、一次性侧深施肥技术模式的推广，使绿华镇水稻产业有了显著变化。相较于农户常规，侧深施肥＋缓释肥料模式在不影响产量的情况下减少氮肥投入 12.0%，降低施肥次数 1.2 次，使氮肥利用率提升至 37.2%。而一次性侧深施肥技术模式在不影响产量的情况下只施 1 次底肥，同时减氮 35.9%，氮肥利用率达到 48.3%，且品质更优（表 7-2）。

表 7-2　侧深施肥示范田提质增效效果

| 模式 | 养分投入/(kg/亩) | | | 施肥次数 | 氮肥利用率/% | 精米率/% | 稻谷产量/(kg/亩) |
| --- | --- | --- | --- | --- | --- | --- | --- |
| | N | P$_2$O$_5$ | K$_2$O | | | | |
| 农户常规 | 23.4 | 6 | 6 | 4.2 | 32.6 | 68.8 | 615.2 |
| 一次性侧深施肥 | 15 | 3 | 6 | 1 | 48.3 | 72.1 | 608.7 |

针对上海崇明地区南粳 46 品种的水稻一次性侧深施肥专用肥最优氮用量为 225 kg/hm$^2$（即 15 kg/亩），可提升稻谷的精米率、垩白度、粗蛋白含量、直链淀粉含量等品质指标，实现提质增收，氮素表观盈余量仅 23.35 kg/hm$^2$，土壤中氮素残留较少，对生态环境更友好。氮投入量过低可导致产量不足，过高则导致品质下降、肥料利用率下降、表观氮素盈余过量。

在 2100 亩的侧深施肥＋缓释肥料技术示范田块上，可实现减少氮肥投入 5.88 t，节约施肥成本 6.93 万元，若全部以优质稻米进行销售，农户可增加纯利 49.38 万元。

在 84.7 亩的一次性侧深施肥技术模式示范田上，共可实现减少氮肥投入 711.5 kg，节约施肥成本 5505.5 元，农户增加纯利共 24393 元。2022 年该技术模式在绿华镇推广 700 亩以上，进一步提高各方面效益。

图 7-6 为上海崇明农户多次施肥和侧深一次施肥实际生产效果对比。

图7-6　上海崇明农户多次施肥和侧深一次施肥实际生产效果对比

## 参考文献

毕于运．王红彦，王道龙，等．2011．中国稻草资源量估算及其开发利用．中国农学通报，27
　　(15)：137-143.

陈家金，林晶，徐宗焕，等．2008．基于RCSODS模型的东南沿海双季稻生长发育及产量模拟
　　和验证．中国农学通报，24(4)：455-459.

陈雄飞，罗锡文，王在满，等．2014．水稻穴播同步侧位深施肥技术试验研究．农业工程学报，
　　30(16)：1-7.

褚光．2016．不同水分、养分利用效率水稻品种的根系特征及其调控技术．扬州：扬州大学．

郭晨，徐正伟，李小坤，等．2014．不同施氮处理对水稻产量、氮素吸收及利用率的影响．土壤，
　　46(4)：618-622.

黄杰，蒋羽，刘琪，等．2024．可控生物基高塔造粒功能肥生产工艺的创新发展．山西化工，44
　　(1)：142-144,154.

林超文，罗付香，朱波，等．2015．四川盆地稻田氨挥发通量及影响因素．西南农业学报，28
　　(1)：226-231.

李小坤．2016．水稻营养特性及科学施肥．北京：中国农业出版社．

李玉华．2009．尿素熔融喷涂在S-NPK复合肥生产中的运用．硫磷设计与粉体工程(5)：33-35.

王金峰，高观保，翁武雄，等．2018．水田侧深施肥装置关键部件设计与试验．农业机械学报，

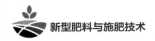
49(6):92-104.

邢绪坡，马旭，陈林涛，等. 2020. 固体颗粒肥料物理特性的试验研究. 农机化研究，42(9)：125-130.

应霄，陈伟，姚桂华，等. 2019. 水稻缓控肥"一基一追"的新型施肥方式探索. 南方农业，13 (21)：21-23.

张珍，王依明，李逸龙，等. 2021. 不同施氮量对优质稻南粳 46 产量的影响. 现代农业科技 (17)：11-13.

曾山，汤海涛，罗锡文，等. 2012. 同步开沟起垄施肥水稻精量旱穴直播机设计与试验. 农业工程学报，28(20)：12-19.

周婕成，史贵涛，陈振楼，等. 2009. 上海大气氮湿沉降的污染特征. 环境污染与防治，31 (11)：30-34.

# ⑧ 新型施肥技术

在可预见的未来,粮食-资源-环境的矛盾将在全球范围内影响社会的发展。化学肥料的发明极大地提升了粮食生产,促进了人类文明的进步,但同时也消耗了大量的资源,对人类赖以生存的环境形成威胁。为了实现粮食、资源和环境的内在统一,推动农业绿色发展,科学、高效施用肥料成为最为有效的方法。随着新型肥料产品的创新与发展,诸多新型施肥技术应运而生,同时施肥技术的应用与发展又要求肥料产品持续性创新,二者相伴而生、相辅相成。本章以水稻侧深一次性施肥技术、无人机施肥技术、华北小麦玉米浅埋滴灌施肥技术和蔬菜果园水肥一体化技术为核心,详细讲述了各项新型施肥技术的技术背景、技术原理,并搭配典型技术实施案例剖析应用效果。期望学生能够充分理解、掌握新型施肥技术理论知识,并将其与农业生产实践相结合,探索肥料产品创新,形成理论与实践相融合的思维体系,培养知农爱农情怀。

## 8.1 水稻侧深一次性施肥技术

### 8.1.1 技术背景

水稻是我国主要粮食作物,而肥料作为水稻的粮食,在保证水稻高产优质方面显得尤为重要。目前,在我国水稻生产中,农户多以撒施肥料为主,且在播种/移栽前、分蘖期、抽穗期多次撒施。播种前撒施的肥料可以在整地时翻入土壤,后期撒施的肥料只能在水层,不仅造成了肥料资源的浪费,同时还产生了一系列环境问题,阻碍了农业绿色发展(吴建富等,2012;黄春祥等,2011)。例如,目前我国稻谷平均单位面积氮肥用量为 215 kg/hm²(黄晶等,2020),而日本施肥量约为

63 kg/hm²（怀燕等，2018），在水稻单产略高于日本的情况下，我国施肥量是日本的 2 倍以上。大量的化肥投入不仅导致肥料利用率不高，也导致水稻产量和品质下降（张永泽等，2024）。因此，亟须创新施肥技术，实现增产增效。

自 20 世纪 90 年代开始，日本从单纯追求高产转为关注水稻品质和绿色生产。日本水稻单产一直稳定在 350 kg/亩左右（王亚梁等，2016），但稻米品质高，加上农民的灵活销售模式和政府各部门的支持，稻米价格一直非常高。与此同时，日本开始了机械化的精耕细作，水稻生产机械化率超过 80%。相对而言，中国水稻在耕作、收获两方面的机械化率也接近 80%，但机插率仅 30% 左右，施肥的机械化率更低。日本普遍采用水稻机插施肥一体化方式，不仅可以提高工作效率，也可以显著提高肥料利用率。研究表明，普通肥料采用机插侧深施肥可以提高氮肥利用率 10 个百分点左右。近年来，随着缓（控）释肥技术的发展，日本开始应用控释肥料，以达到减少施肥量和施肥次数的效果。我国也开始试用侧深施肥技术。

本节以上海崇明水稻一次性侧深施肥技术为案例详细介绍侧深施肥技术特点与应用方法，为大家提供一种新型施肥技术范例。上海市崇明区绿华镇水稻种植品种以南粳 46 为主，种植模式主要为单季稻＋冬翻。播种方式以机直播为主，行距 20 cm，用种量 5～7.5 kg/亩，单季稻平均亩产 500 kg，有一定提升空间。调查显示，全镇水稻化肥使用强度（养分折纯量）高达 30.6 kg/亩，明显高于水稻绿色生产的指标（农业农村部科学施肥专家组建议氮用量不超过 12 kg，磷不超过 3 kg，钾不超过 7 kg）；施肥次数分为基肥、返青肥、分蘖肥、穗肥 4 次，人工成本较高；施肥以人工撒施为主，深施比例较低；氮素利用率不足 40%，距离绿色发展指标仍有较大差距（农业农村部科学施肥专家组建议目标为 60%）；且农户用肥差异性较大，没有统一的用肥标准。

## 8.1.2 水稻侧深一次性施肥技术概述

### 1. 技术原理

水稻侧深一次性施肥技术是在水稻机械插秧/播种的同时，用专用施肥机械将肥料（基肥和蘖肥）按照农艺要求一次性定位、定量、均匀施在稻苗根侧下方泥土中，距离植株根系 3.0 cm、距离土壤表面 5.0 cm（或者侧 3.0 cm，深 5.0 cm）（图 8-1）（Wang et al.，2022；张莲洁等，2023）。这一技术的核心是侧深施用，根据作物根系趋肥性原理，在种子或根系侧下方施肥可诱导根系生长，提高根系获取养分的能力，通过肥料养分形态和浓度的调控，还可以进一步扩大根系对养分的获取能力（张福锁等，2009）。将肥料侧深施用 5.0 cm，使肥料进入土壤还原层，肥料养分形态发生变化,有利于作物对养分的吸收。在稻田中一般存在水层、氧化层和还原层,氮素在水层中容易以氨挥发形式损失,而在氧化层中会迅速发生硝化作用生成硝态氮,硝态氮会在水体中发生淋洗和径流,这些都容易导致氮素损失。而将肥料施入稻田土壤还原层,有以下三个特点:①可避免氨挥发和硝化作用,降低氮损失,有助于延长肥效;②可集中施用,肥料集中施用到条沟中,不但养分浓度可以保证,而且肥料与土壤接触面降低,肥料无效化降低,尤其是磷素在沟施的情况下比撒施大幅度提高利用率;③可一次性施用,避免追肥,一次性施用不仅可以降低劳动力投入,还可以避免水稻生长后期因为秧苗和水层的影响而导致肥料无法进入土层的问题。

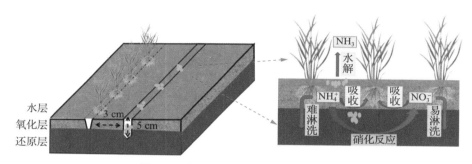

图 8-1　水稻侧深一次性施肥技术原理

**2. 技术优势**

1)实现精准施肥

水稻侧深一次性施肥技术利用机械对施肥量精准控制,将肥料施于距水稻根部 3～5 cm、深 4～5 cm 的土壤中,可以确保水稻在不同生长阶段获得均匀、适量的养分供应。

2)提高肥料利用率

水稻侧深一次性施肥技术将肥料施于土壤还原层,使得肥料呈条状集中分布在水稻根系附近,利于根系吸收利用,减少肥料在水体中的流失和浪费,从而提高肥料利用率。有研究表明,利用侧深一次性施肥技术,氮利用率可以提升 15% 以上(胡洋等,2024)。

3)满足水稻全生育期养分需求

水稻侧深一次性施肥技术配合侧深施专用肥(多数为速效、缓效肥料结合),可以满足水稻全生育期养分供应。速效肥料供给稻种/秧苗生长发育所需的养分,保证分蘖前期秧苗分蘖快速,分蘖前期无效分蘖快速死亡,确保了有效茎数。缓效肥料满足水稻生长后期的养分需求,保证水稻健康生长。

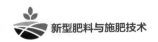

4）提高水稻产量和稻米品质

水稻侧深一次性施肥技术将肥料施于水稻根系的侧部,肥料养分能更快地被作物吸收利用;肥料作用于水稻根系,根系直接吸收养分,有利于作物根系的生长和发育,促进根系对养分的吸收。此外,侧深施肥机械在作业过程中会在作物右侧形成宽 5 cm、深 5 cm 的施肥沟,在灌溉过程中,水分流入施肥沟更有利于作物根系对水分的吸收。总之,水稻侧深一次性施肥技术能够使肥料精准地在水稻根系释放,有利于根系对养分和水分的吸收,减少肥料的损失,提高肥料利用率,从而显著提高水稻的产量和品质。

5）节省人力成本、降低劳动强度

水稻侧深一次性施肥技术中所用到的肥料为速效和缓效相结合的肥料产品,在保证水稻生长的前提下,把多次施肥简化成两次或一次施肥,实现了多生育期肥料同施,减少了作业次数,节约了劳动成本。

6）减轻面源环境污染

侧深一次性施肥技术精准控制施肥量和位置,肥料流失较少,所以在采用侧深施肥的稻田中,藻类等杂草所获得的氮、磷营养元素明显减少,为害明显减轻,同时随排水流入江、河的肥料也减少,这有助于保护农田生态环境,降低农业面源污染的风险。

7）适应现代化农业发展需求

侧深一次性施肥技术作为一种新型的施肥方式,能够满足现代农业高效、环保、可持续的发展需求。该技术的应用不仅可以提高农业生产效率,还可以为农业发展提供新的思路和途径,推动农业的绿色和可持续发展。

### 8.1.3  技术实施关键环节

**1. 肥料选择**

不同肥料产品的肥料物理性质存在差异(表 8-1)。水稻侧深一次性施肥技术对于肥料的物理性质有较高的要求,肥料硬度、形状、尺寸、吸湿性和比重等通过影响肥料的流动性、均匀度、完整性进而影响机械排肥效果。

肥料硬度影响肥料破碎、粉化等问题,硬度过低会导致肥料在传输过程中被部件挤碎,造成堵塞。虽然目前没有硬度国标,但多种侧深施肥专用肥硬度均在 30 N 以上,如中化集团设计的多种侧深施肥专用肥硬度均为 30 N 以上,中盐红四方集团为黑龙江农垦区设计的侧深施肥专用肥硬度为 45 N,因此选择肥料颗粒硬度要≥30 N。

表 8-1　水稻常用肥料理化性质参数

| 肥料种类 | 颗粒强度 N | 粒径/mm | 球形率/% | 含水率/% | 吸湿率/% | 堆密度/(g/m³) | 休止度/(°) |
|---|---|---|---|---|---|---|---|
| 专用缓释掺混肥(30-6-6) | 49.29±7.73b | 3.99±1.11d | 93±5a | 3.2±1.1d | 2.6±0.7c | 0.829±0.003c | 26.65±2.82b |
| 普通复合肥(15-15-15) | 61.08±13.81a | 4.77±0.64c | 90±8c | 12.0±2.0a | 1.9±0.6d | 0.868±0.009b | 31.68±1.43a |
| 芯聚天复合肥(20-8-15) | 41.41±7.25c | 4.85±0.13b | 84±6d | 4.8±1.1c | 4.5±1b | 0.818±0.006c | 32.05±2.55a |
| 大颗粒尿素(46-0-0) | 34.03±9.28d | 5.14±0.65a | 95±4a | 0.0±0.1de | 6.2±0.7a | 0.653±0.006f | 32.39±3.37a |
| 小颗粒尿素(46-0-0) | 6.55±2.97e | 3.08±0.47f | 89±7c | 4.0±0.9e | 4.6±1b | 0.759±0.004d | 22.11±3.00c |
| 脲铵氮肥(28-0-0) | 50.78±12.37b | 3.69±0.61e | 90±69c | 1.6±0.9e | 4.0±0.6b | 0.907±0.004a | 24.74±2.26b |
| 脲铵氮肥(30-0-0) | 6.65±1.81e | 3.55±0.44e | 92±37b | 8.8±1.1b | 6.2±0.6a | 0.735±0.007e | 13.49±1.38d |
| 脲铵氮肥(31-0-0) | 11.26±3.72e | 5.40±0.53a | 91±29b | 12.4±1.7a | 2.9±0.4c | 0.572±0.168g | 16.08±1.45d |

注：不同小写字母表示在 $P \leq 0.05$ 水平下差异显著，下同。

肥料的形状和尺寸与机械排肥机结构的适配性会影响排肥量,肥料形状越规则、尺寸越统一,机械排肥效果越好。为保证侧深施肥机施肥的均匀性与流畅性,应选择颗粒粒度均匀的肥料产品。如中国农业大学安徽红四方绿色智能复合肥研究院创制的肥包肥产品颗粒范围在 3.35～4.75 mm,粒度均匀,施肥作业中堵塞少,效率高。

肥料的吸湿性影响肥料在机械内的流动情况。吸湿性过强,容易导致肥料在存储、运输及施肥过程中吸湿结块,降低肥料的流动性,增加施肥机械堵塞的风险,影响施肥效果。肥料吸湿性也会影响肥料硬度,肥料湿度过高,硬度降低,导致肥料易破碎,容易在施肥过程中黏结在机械排肥轮、排肥管道内壁中和排肥口,造成机械堵塞,严重时甚至需要停机清理,极大地影响了施肥的效率和设备的正常运行。此外,肥料湿度过高也会对肥料养分产生影响。肥料吸湿性主要受肥料含水率和养分形态影响,含水率越高,吸湿性越强。因此,在肥料选择时应选择低含水率的肥料产品。

肥料的比重影响肥料运输、储存、装载的效率。对于侧深一次性施肥技术而言,提高肥料比重理论上可减小肥料体积,从而提高机械载肥量,但过高则会加重机械负担,应控制在合理范围内,且侧深施肥机的施肥速率参数需配套进行调整。

肥料与肥料和肥料与机体间的静摩擦因素也会影响排肥量,静摩擦越大,则排肥阻力大,不易排肥。因此,需要根据侧深一次性施肥机械的特性和作业环境,选择合适类型的肥料,以降低对机械施肥的影响。

因此,在选择肥料时,应该考虑肥料硬度、粒径和吸湿性等肥料参数。选择合适的肥料产品,充分发挥侧深一次性施肥机械的优势,提高农业生产的效益和可持续性。

**2. 机械选择**

近几年,一些新兴的侧深施肥机械类型也开始崭露头角,包括在播种机上加挂侧深施肥装置和自带侧深施肥装置的侧深施肥机械。目前主流的侧深施肥机类型为风送气吹式(图 8-2 左)。该机械利用鼓风机将肥料经管道从排肥口施入土壤中,日本三大水稻机械厂家(洋马、久保田、井关)均采用此技术。国家农业智能装备工程技术研究中心团队在风送气吹式侧深施肥机的排肥口后方加入了覆土装置,并设计了施肥控制系统,使施肥量误差不超过 5%,提高了作业效果。另一种常见的侧深施肥机类型为螺旋挤压式(图 8-2 右),通过螺杆将管道内的肥料推挤入土壤中,相较于气吹式,该类型的肥量控制部位在排肥口而非肥箱下的排肥轮,且肥料直到进入土壤都受到螺杆稳定的作用力,因此施肥量和施肥位置更精准。许春林等设计的螺旋挤压式侧深施肥机在田间试验中施肥量准确性可达 98.3%,

相较于传统施肥可节肥 20.0%。

左图为风送气吹式侧深施肥机;右图为螺旋挤压式侧深施肥机

图 8-2 侧深施肥机

### 3.施肥作业要求

在机械作业前需要稻田耕作,整地深度最少在 12 cm 以上。若耕层较浅,中期以后易脱肥。整地精细平整,泥浆沉降时间以 3～5 d 为宜,稻田土壤软硬适度,以用手划沟分开,随后能自动合拢为标准。泥浆过软易推苗,过硬则行走阻力大。播种前 3 d,控制田面水量使部分土壤露出水面、部分土壤处于水下,一般为"七分水三分田",然后进行刮田平地,直至土壤高度平齐。此步骤必须尽量平整,高低落差不超过 3 cm,以便后续灌水、排水通畅。平地后保持田面水分,以免被晒干。在作业时需要调整好排肥量,保证各条间排肥量均匀一致,否则以后无法补正。在田间作业时,施肥器、肥料种类、转数、速度、泥浆深度、天气等都可影响排肥量,为此,要及时检查调整。

1)精准监测防堵塞

肥料智能监测不仅能够实现精准施肥、保证产量,同时能够减少劳动力的投入,实现肥料智能化管理。操作中要及时发现机械堵塞问题,实时监测缺肥漏肥位置,实时监测排肥量,确保每一位置肥量一致。

2)农机升级-肥料载重能力提升

肥料载重能力是衡量机械性能的重要指标。随着农业规模化和集约化的发展,对机械载肥量的要求也越来越高。较高的载肥量有利于提高农业生产效率,降低生产成本。

3)施肥位置的精准调控

侧深施肥位置的精准调控对于提高肥料利用率和促进水稻生长发育具有重要作用。水稻侧深施肥的位置要求距水稻秧苗根部 3～5 cm 且深度为 5 cm,在实际

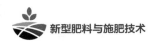

操作过程中,对机械作业的精度要求极高,尤其是开沟器的位置调试,同时配以位置智能监测装置对实现精准控制至关重要。

**4.肥料用量均匀性的调控**

肥料用量的均匀性直接影响水稻的生长和产量,施肥不均会导致肥料养分分布不均衡,进而影响作物正常生长和发育。行驶速度、施肥深度和施肥量均会对肥料均匀性产生影响。侧深施肥机的行驶速度是影响机械作业的关键,一般情况下应根据田间状况进行调整;施肥深度关系到肥料是否能准确到达作物根部,在作业时需要根据土壤情况和当地作物生长情况设定适宜的施肥深度;施肥量是决定作物能否得到充足营养的关键,应根据当地作物的生育时期、土壤的养分含量和肥料的释放周期进行调整。

### 8.1.4 水稻侧深一次性施肥技术效果案例

**1.水稻各生育期获得适量、均匀的氮素供应**

针对上海崇明地区水稻设计的一次性侧深施肥专用肥,肥料配方为 30-6-12-0.8Zn-0.46SiO$_2$,总氮含量占 30%,其中缓释氮占 18.0%,由释放期为 60 d 的包膜尿素提供 7.1%,释放期为 120 d 的包膜尿素提供 10.9%,速效氮占 12.0%,由常规尿素与磷酸一铵提供。

**2.氮肥利用率提升至 50%**

利用产量、籽粒氮含量、氮肥投入量计算氮肥利用率,对肥料效率和环境代价进行评价。氮肥利用率=(稻谷籽粒吸氮量-无氮区稻谷籽粒吸氮量)/氮肥投入量。

根据测产结果计算,不同施肥处理对水稻氮肥利用率有重要影响(表 8-2),水稻专用肥与侧深一次性施肥技术搭配(T1)显著高于其他所有处理,达到了 50.4%。

表 8-2 不同处理氮肥利用率(2023 年)

| 处理 | 氮肥投入量/(kg/hm²) | 氮肥利用率/% |
|---|---|---|
| CK | 0.0 | — |
| CF | 262.5 | 31.3±3.08b |
| T1 | 225.0 | 50.4±3.51a |

注:CK 为不施肥处理;CF 为当地农户常规施肥方案,基施 15-15-15 复混肥 450 kg/hm²,分蘖期撒施常规尿素 225 kg/hm² 2 次,穗期分别撒施常规尿素 150 kg/hm²、15-15-15 复混肥 150 kg/hm²;T1 为上海崇明水稻专用肥,基施 750 kg/hm²,不追肥。

### 3. 与农户常规相比,提高稻米品质

侧深水稻一次性施肥处理(T1)在出米率、垩白度、粗蛋白含量、直链淀粉含量 4 个品质指标上均有明显优势,相较于农户常规施肥方案,可使精米率提升 3.3%、垩白度降低 1.2%、粗蛋白含量提高 0.7 g/100 g,与其他肥料方案相比也有优势(表 8-3)。

表 8-3  不同处理对稻米品质的影响

| 处理 | 精米率/% | 垩白度/% | 粗蛋白/(g/100g) | 直链淀粉/% |
|---|---|---|---|---|
| CK | 70.0±3.6ab | 4.5±0.6a | 5.6±0.7c | 11.5±0.8b |
| CF | 68.8±2.4b | 4.6±0.4a | 6.2±0.5b | 14.1±0.6a |
| T1 | 72.1±1.5a | 3.4±0.2b | 6.9±0.8a | 14.6±0.3a |

\* 表中小写字母表示差异显著。

### 4. 与农户常规水平相比,节肥 37.5%,省工 2 h/亩,经济利润增加 288 元/亩

水稻侧深一次性施肥技术的采用可有效促进水稻生长发育(图 8-3),并利于节肥增收。当地农户常规施肥方案:基施 15-15-15 复混肥 450 kg/hm$^2$,分蘖期撒施尿素 225 kg/hm$^2$ 2 次,穗肥分别撒施尿素 150 kg/hm$^2$、15-15-15 复混肥 150 kg/hm$^2$;侧深一次性施肥技术:缓释掺混肥 30-6-12,基施 750 kg/hm$^2$,不追肥;节肥率＝(450＋225＋225＋150＋150－750)/(450＋225＋225＋150＋150)×100%＝37.5%。

图 8-3  左图为分蘖期田间效果图,右图为拔节期田间效果图

一台 6 行的插秧机,1 h 可以同步侧深施肥 5 亩,换算为 12 min/亩。人工播种 1 亩地需 20 min,基肥 30 min,基蘖肥每次约 30 min,穗肥每次 20 min,共 100 min/亩。由于试验田前期进行封地,有效抑制了田间杂草生长,减少人工拔草及喷施农药时间 1 h/亩。与农户常规施肥水平相比,试验地省工约 2.5 h/亩。

成本是肥料和相关技术推广的一个重要影响因素。各处理的施肥成本如表8-4所示,CF(农户常规肥料方案)需要投入肥料约3000元/hm²,另需作业费用约1050元/hm²。相较于农户常规,采用侧深一次性施肥(T1),只有基肥一步的施肥费用(450元/hm²),因此作业成本最低。

表8-4　不同处理下的施肥成本　　　　　　　　　　　　　　　　元/hm²

| 处理 | 肥料成本 | 作业成本 | 总成本 |
|---|---|---|---|
| CF | 3000 | 1050 | 4050 |
| T1 | 2625 | 450 | 3075 |

不同处理对于稻米品质的影响结果为:T1品质较好,可以采取精加工,以5.2元/kg以上的价格进行销售,比常规以稻谷形式进行大批量销售(约2.9元/kg)效益更高。如表8-5所示,T1可以使农户的收益提高3344.9元/hm²,提升了24.6%。结合施肥成本的降低,T1在一次性施肥的情况下可以增加利润4319.9元/hm²,约288元/亩。

表8-5　不同处理的经济效益变化

| 处理 | 施肥次数/次 | 成本降低/(元/hm²) | 销售产品 | 收益提升/(元/hm²) | 利润提升/(元/hm²) |
|---|---|---|---|---|---|
| CF | 5 | — | 稻谷 | — | — |
| T1 | 1 | 975 | 大米 | 3344.9 | 4319.9 |

# 8.2　无人机施肥技术

## 8.2.1　技术背景

在传统的农业施肥方式中,农民往往依靠人工或拖拉机进行施肥操作。这种方式虽然简单易行,但存在诸多局限性。首先,人工施肥成本较高,费时费力,作业效率低,难以满足现代农业对高效绿色生产的需求;施肥均匀性差、用肥量不精准、施肥位置难以直达作物根系,影响作物产量。其次,拖拉机施肥虽然提高了效率,但在复杂地形和作物密集区域,机械操作难度大;机械在施肥过程中容易对作物造成机械损伤,难以实现精准施肥。此外,上述施肥方式往往受制于土壤湿度的影响,土壤湿度过大难以操作,不能做到即时施肥。

近年来,随着现代农业技术的不断进步,植保无人机在多地已经普及开来。无人机具有飞行速度快、操作灵活、覆盖范围广等优点,可以满足大面积种植施肥需求,也可以降低农业生产人员的工作负担。而随着无人机载重能力的提升,固体肥和液体肥均可以施用,无人机施肥快速普及。本节详细介绍无人机施肥技术原理、技术实施关键和未来发展趋势,并以上海崇明水稻无人机施肥技术为例介绍无人机施肥技术优势。

## 8.2.2  无人机施肥技术概述

### 1.技术原理

无人机施肥技术是利用无人机平台搭载施肥装置,通过无人机施肥控制系统将肥料施用于农田,在田间进行精准施肥作业的一种现代农业技术(冯江等,2014)。无人机施肥系统包括以下 5 个方面。

1)无人机平台

无人机平台是无人机施肥技术的动力系统,负责搭载施肥装置完成田间作业。无人机平台可以分为固定翼无人机和多旋翼无人机 2 种类型。固定翼无人机是指具有固定机翼的无人机,具有载荷大、飞行速度快和续航时间长等优点,能够在短时间内完成施肥任务,但由于缺乏垂直起降的能力,所以对飞行环境要求较高,需要借助跑道和发射器来完成起飞和降落;多旋翼无人机是指具有多个旋翼,通过控制各个旋翼的转速和方向,完成垂直起降、空中悬停、前后左右移动等飞行动作的无人机,具有结构简单、操作灵活、飞行稳定等优点,可以适应多种复杂的作业环境。目前主流的无人机施肥设备,如大疆、极飞、拓攻等均为多旋翼无人机平台。

2)施肥装置

施肥装置是无人机施肥技术的施肥系统,负责装载肥料并均匀地喷洒/播撒到田间。施肥装置分为 2 种类型:喷洒施肥装置和播撒施肥装置(图 8-4)。喷洒施肥装置将叶面肥溶于药箱,利用喷洒系统将肥料洒于作物表面,以微量元素肥料为主。播撒施肥装置将颗粒肥装于料箱,利用播撒系统将肥料撒于土壤表面。目前主要的播撒施肥装置包括撒播盘式施肥装置和气力式(也称气流式)施肥装置。撒播盘式施肥装置利用旋转的撒播盘将肥料抛撒到田间,具有播撒范围大、施肥均匀性好、作业效率高等优点;气力式施肥装置利用气流将肥料吹到田间,通过调节气流大小将肥料吹进土层,对肥料的颗粒要求较小。

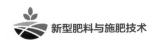
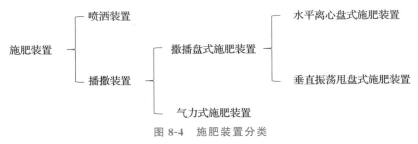

图 8-4　施肥装置分类

3）数据采集系统

数据采集装置是无人机施肥技术的数据采集系统,负责采集无人机平台的飞行数据、施肥装置的施肥数据和施肥地块的田间数据。这些数据可以为无人机施肥系统规划合适的航线、选择合适的施肥参数,从而提高无人机施肥效率。

4）控制系统

控制系统是无人机施肥技术的核心控制部分,负责无人机平台的飞行控制、施肥装置的施肥参数控制。目前,无人机施肥过程中的控制系统装置包括双手遥控器、单手遥控器和手机 App,大大提高了无人机施肥技术的自动化水平和作业效率。

5）雷达系统

雷达系统是无人机施肥(图 8-5)技术的感知系统,负责躲避无人机飞行过程中的障碍物。雷达系统通过发射电磁波并接收反射信号,测量电磁波的往返时间,计算出飞行过程中障碍物的距离,通过自主控制系统躲避障碍物,避免在飞行过程中因障碍物造成机械受损。

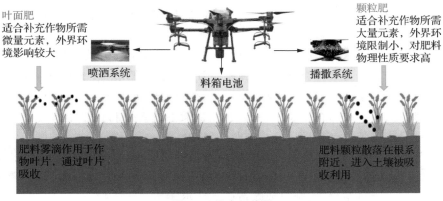

图 8-5　无人机施肥

(引自 李文宗,2021;高志政,2019)

**2. 技术优势**

1）灵活高效、适应性强

无人机施肥系统具有很强的机动性和灵活性,可以应对各种复杂的田间情况,不受地形、作物高度和作物覆盖度等因素的限制,快速实现不同区域、不同作物的施肥作业,作业效率远高于传统施肥方式,每小时施肥面积可达 40 亩,是人工施肥的 40 倍。如水稻后期追肥若以人工施肥为主,在田间作业时会踩踏作物,影响作物的生长发育,无人机施肥可以避免这种情况的发生。

2）精准定位、精确调控、均匀覆盖

无人机施肥系统配备了先进的雷达传感器和 GPS 全球定位系统,精准感应附近障碍物并自主避障,减少施肥过程中对机械的损害。利用先进的重力传感系统和撒肥控制设备,实现精准施肥,确保肥料在农田均匀分布,减少肥料浪费,提高作物产量。

3）提高肥料利用率、降低施肥成本

传统人工施肥容易造成局部肥料集中或者无肥,影响作物对肥料的吸收利用,导致肥料利用率降低,无人机施肥可以避免这种情况(张敬义等,2021;朱从桦等,2022)。成本包括肥料成本和施肥成本(人工施肥成本或机械施肥成本),无人机施肥成本为 8～12 元/亩,人工施肥成本为 15～20 元/亩,无人机施肥成本低于人工施肥成本,地块面积越大无人机施肥成本越低。

4）保护环境、促进农业现代化发展

无人机施肥通过先进的施肥装置实现精准施肥,可以减少肥料过量施用造成的环境污染,提高农业生产效率、降低农业生产成本,促进农业现代化发展(吴雄杰等,2023)。

## 8.2.3　技术实施关键环节

**1. 肥料选择**

无人机施肥技术对于叶面肥的要求不严格,叶面喷施时应选择水溶性好的肥料,如磷酸二氢钾、硫酸镁、硫酸锌、硼酸、硅酸等,或大量元素水溶肥料、中量元素水溶肥料、微量元素水溶肥料、含氨基酸水溶肥料、含腐殖酸水溶肥料、有机水溶肥料等,将肥料溶于水,设置好飞行参数开始作业即可。对于颗粒肥的物理性质有严格的要求,例如,肥料颗粒形状和尺寸影响施肥装置的排肥效果;硬度大小影响肥料粉化和破碎的问题,如果肥料破碎,会导致无人机撒肥过程中设定的播撒范围与实际播撒范围不符,影响施肥效果。肥料与肥料之间以及肥料与施肥装置之间的静摩擦因素也会影响排肥量,静摩擦因素越大,则排肥阻力越大,不易排肥;此外,

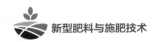

为避免因重力作用引起的肥料在料箱内分布不均,导致肥料养分施用不均匀,所以不宜选择掺混肥。

**2. 机械选择**

目前,主流的植保无人机类型以深圳市大疆创新科技有限公司生产的 T 系列植保无人机和广州极飞科技股份有限公司生产的 P 系列植保无人机为主。这两款无人机的区别在于播撒装置的不同。T 系列植保无人机颗粒肥撒播方式是水平离心盘式施肥装置,P 系列植保无人机颗粒肥撒播方式是垂直震荡甩盘式施肥装置,两款施肥装置在施肥均匀性方面无明显差异。

**3. 施肥作业要求**

使用无人机追施肥前,需要先利用遥控器或手机 App 记录作业田块边界,设置好飞行航线;校正肥料流速,建立肥料作业参数数据库,并根据肥料种类设置无人机的飞行高度、速度、亩用量和撒播盘转速或喷洒流量等参数并试飞,试飞正常后方可进行飞行作业。叶面肥喷肥作业前,按照建议的浓度用清水溶解肥料,待全部溶解后,静置 3~5 min,进行喷施作业。叶面喷肥作业应在风力小于 3 级的阴天或晴天傍晚进行,以降低肥料飘浮距离,提高肥料利用效率,确保肥效。颗粒肥撒播作业前,按照建议的亩用量设置好飞行参数,进行撒播作业。作业后,应记录无人机作业情况并清洗无人机施肥部件。

**4. 肥料用量均匀性的调控**

无人机作业参数的设置直接影响肥料撒施均匀性,若不选择合适的飞行参数,会导致施肥不均匀,进而影响作物正常生长和发育。对于叶面肥来说,无人机飞行参数包括飞行高度和飞行速度,均会对叶面肥的效果产生影响。在相同飞行速度条件下,飞行高度越低,作业范围越小,浓度越高;在相同飞行高度条件下,飞行速度越快,浓度越低。对于颗粒肥来说,无人机飞行参数包括飞行高度、飞行速度和离心盘转速,均会对颗粒肥的效果产生影响(任万军等,2021)。飞行高度影响肥料的播撒范围,飞行高度越低,播撒范围越小;飞行速度影响肥料的播撒重量,飞行速度越快,播撒重量越大;离心盘转速影响肥料的均匀性,离心盘转速越快,肥料均匀性越高。因此在实际作业过程中,应根据不同肥料选择合适的无人机作业参数,提高施肥均匀性。

### 8.2.4 发展趋势

无人机施肥技术作为一种现代化的农业技术,具有广阔的发展前景。随着无人机技术的不断发展,无人机施肥技术也将不断改进和完善。未来无人机施肥技术的智能化程度将不断提高,一方面,无人机飞行平台更加成熟,能够适应更加复杂的作业环境;高精度传感器技术结合更加精确的算法提高无人机施肥的精准度,可以根据农田的实际情况自动实时调整施肥量和施肥位置,实现精准变量施肥作业(王柱等,2023);另一方面,无人机施肥技术将与农业物联网、人工智能等现代信息技术结合在一起,形成智慧农业管理系统,实时监测农田环境参数、作物病虫草害情况、作物生长情况等数据信息,形成作物全天候监测预警干预响应机制,建立一体化的农业智能化管理平台(图 8-6)。

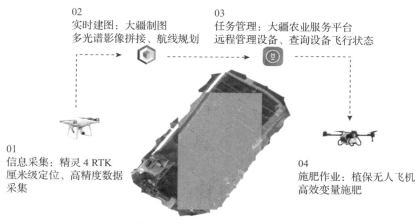

02
实时建图:大疆制图
多光谱影像拼接、航线规划

03
任务管理:大疆农业服务平台
远程管理设备、查询设备飞行状态

01
信息采集:精灵 4 RTK
厘米级定位、高精度数据
采集

04
施肥作业:植保无人飞机
高效变量施肥

图 8-6　无人机自主变量施肥

## 8.2.5　无人机施肥技术效果案例

### 1. 累计推广无人机施肥技术 2000 亩

上海崇明区在水稻追肥过程中积极推动无人机施肥技术,截至 2023 年,在绿华镇、庙镇等地累计推广无人机施肥技术 2000 余亩。无人机施肥作业见图 8-7。

图 8-7　无人机施肥作业图

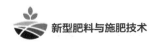

**2. 水稻产量提高 24.9%～31.4%**

无人机专用肥搭配无人机施肥技术(T3)的产量显著高于其他处理,与人工撒施相比,南粳 46 和崇尚 2022 产量分别提高了 31.4% 和 24.9%(表 8-6)。对于南粳 46 而言,无人机施肥技术(T3)在有效穗数、穗粒数和千粒重方面显著高于其他处理;有效穗数和千粒重分别比人工撒施(T1)提高了 9.0% 和 13.3%;对于崇尚 2022 而言,无人机施肥技术(T3)在有效穗数和千粒重方面显著高于其他处理;有效穗数和千粒重分别比人工撒施提高了 7.5% 和 13.2%。

表 8-6 不同处理水稻产量及产量构成因素

| 水稻品种 | 处理 | 有效穗数/($10^4$/hm²) | 穗粒数/粒 | 结实率/% | 千粒重/g | 产量/(kg/hm²) |
|---|---|---|---|---|---|---|
| 南粳 46 | T1 | 241.00±6.56b | 119.00±2.00b | 91.07±1.18a | 26.97±0.15c | 7041.42±154.7b |
| | T2 | 245.67±4.93b | 114.89±3.60b | 87.42±2.76a | 29.48±0.35b | 7271.95±340.69b |
| | T3 | 262.67±2.08a | 126.89±2.78a | 90.79±0.75a | 30.57±0.47a | 9252.76±341.17a |
| 崇尚 2022 | T1 | 244.33±7.09a | 119.00±1.00a | 87.85±3.59a | 27.88±0.86b | 7114.68±231.43c |
| | T2 | 251.67±5.51b | 114.22±3.88a | 89.20±1.45a | 30.74±0.77a | 7875.43±119.96b |
| | T3 | 262.67±2.08a | 116.82±2.74a | 91.77±0.26a | 31.57±0.56a | 8888.34±123.05a |

注:T1 为人工撒施,肥料种类为常规尿素,亩用量 6.5 kg;T2 为无人机施肥,肥料种类为复混肥(15-15-15),亩用量 20 kg;T3 为无人机施肥,肥料种类为无人机专用穗肥(24-0-27),亩用量 10 kg。

表中小写字母表示差异显著。

**3. 与农户常规施肥水平相比,节肥 50%,省工 1 h/亩,经济利润增加 5 元/亩**

当地农户穗肥分别撒施尿素 150 kg/hm²、15-15-15 复混肥 150 kg/hm²;本研究设计的专用穗肥(24-0-27)施用 150 kg/hm²;节肥=(150+150−150)/(150+150)×100%=50%。

无人机施肥效率为 0.083 h/亩,人工撒肥 1 h/亩。与农户常规水平相比,无人机施肥省工约 1 h/亩。成本是肥料和相关技术推广的一个重要影响因素。人工撒施成本为 15 元/亩,无人机施肥成本为 10 元/亩,每亩经济利润增加 5 元。

# 8.3 华北小麦玉米浅埋滴灌施肥技术

## 8.3.1 技术背景

华北地区是中国主要的粮食产区,冬小麦-夏玉米一年两熟制是该地区的主要种植制度,冬小麦和夏玉米产量分别占全国的 68% 和 28% 左右(中国统计年鉴 2021),该地区小麦玉米的绿色稳定增产对保障国家粮食安全具有重要意义。当前小麦施肥方式以撒施为主,通常将基肥撒施后深翻旋耕入土,玉米采用种肥同播的方式进行一次性施肥,灌溉则以大水漫灌为主要方式。这种施肥灌溉方式无法实现资源的充分利用,既造成了肥料、水资源的损失浪费,也加剧了环境污染的风险。2003 年施肥调研发现,华北平原小麦平均施氮 325 kg/hm²,远超过其平均产量 5.7 t/hm² 对应的 160 kg/hm² 的需氮量,75% 的小麦种植户施肥过量。为此,2015 年农业部制定了《到 2020 年化肥使用量零增长行动方案》,2019 年发布的中央一号文件更是强调"加大农业面源污染治理力度,开展农业节肥节药行动,实现化肥农药使用量负增长"。

微灌水肥一体化技术能够大幅度提高水肥利用效率,增加产量(Lu et al., 2021)。早期应用于大田生产的节水灌溉技术,如滴灌、微喷等,虽然改善了水肥高效利用问题,但是设备铺设及维护人工成本高、效率低,田间管道难以精确均匀铺设,影响水肥分布并且容易受其他机械作业影响,进而限制了微灌技术在粮食作物生产中大规模应用。近几年,华北地区开始探索浅埋滴灌施肥技术,能够在一定程度上解决上述问题(Geng et al., 2021;要家威等,2021),成为提高氮素吸收利用效率、增加小麦产量,保障粮食安全的重要技术途径。研究表明,应用小麦浅埋滴灌水肥一体化技术能够取得"三节""三抗"和"三增"(节水节肥节种子、抗寒抗旱抗倒伏、增产增收增效益)的良好效果(葛承暄等,2024)。同时,滴灌能够分次施肥,从而实现氮肥的合理分配;根据作物不同需肥时期精确施肥,保证玉米生育后期能够保持较高的氮素积累能力及光合能力,进而提高产量和氮肥利用效率。如今,浅埋滴灌已经成为华北地区快速推广的一种先进的节水灌溉施肥方式(康猛,2022)。

### 8.3.2 浅埋滴灌技术概述

**1. 技术概述**

浅埋滴灌技术是一种将滴灌带或滴头埋在地表下 2~5 cm 处的新型节水灌溉方式。其主要特点是在作物根系附近提供水分,减少蒸发和径流损失,提高水肥利用效率(赵蕾,2020)。其技术核心是将水以滴灌形式输送到植物根部,通过浅埋覆土,实现节水和高效用水的目的(郑梅锋,2016)。详细来说,小麦玉米浅埋滴灌技术主要是指在小麦玉米种植的宽窄行栽培技术模式的基础上在窄行开沟,在小麦/玉米播种过程中将滴管带埋到沟内部,而后覆土处理,覆盖土层的厚度控制在

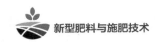

2～5 cm,再将地下滴灌带和上部支管连接在一起之后实现水肥一体化管理。从实际生产应用情况来看,小麦玉米浅埋滴灌施肥技术在使用的过程中能够达到理想的节水灌溉效果,对植物的生长发挥出了十分重要的作用。不仅如此,使用浅埋滴灌后可以实现分次施肥,而且施肥相对集中,作物吸收利用率高,较常规追施化肥可减少一半以上,且施肥效果优于常规追肥。

此外,浅埋滴灌技术与"四密一稀"条带种植技术(吴洲,2021;叶松林,2021)、卫星导航技术等有机融合,理论上可实现冬小麦播种时一次铺设、两季使用的目标。形成的"冬小麦-夏玉米周年'四密一稀'浅埋滴灌水肥药一体化绿色生产技术",有利于实现冬小麦-夏玉米周年高产与光温水肥资源的高效利用(郝展宏等,2024a)。

**2. 浅埋滴灌施肥技术优势**

1)节约成本,省时省力

浅埋滴灌虽然初期投资较高,但由于具有节水和增产效果,能够在较短时间内收回成本,随着系统的稳定运行,农业长期生产效益和经济效益都能保持在较高水平,较农民传统浇灌方式年均每亩增加 200 元左右。滴灌带在设置过程中主要在浅层埋设,整个操作环节相对简单,目前已有成熟的铺设装备,可对现有小麦播种机进行改造,实现在播种的同时浅埋铺设滴灌带的目的(郝展宏,2023),不需要投入过多的设备和人力成本。在对农作物进行灌溉时,每个成年人能够独自控制200 亩以上的耕作面积,省工省时,有利于该项技术的进一步推广应用。华北地区应用此项技术时应特别注意地下害虫对滴灌带的损坏,可适当滴施杀虫剂和驱虫剂进行防控。

2)节水节肥,提高资源利用效率

浅埋滴灌属于微灌系统,水分直接输送到作物根部区域,减少了蒸发、径流和渗漏损失,水分利用效率可达 90% 以上。与传统灌溉方法相比,浅埋滴灌能显著减少灌溉用水量,特别适用于水资源紧缺地区。结合施肥装置,实现水肥药一体化,减少肥料浪费和环境污染。同时,可根据农作物的实际生长情况和需水需肥规律,将肥料、增效剂、调节剂、农药等与灌溉用水进行适当的混合之后,施入农作物根系活动附近的土壤中,相当于给农作物"打点滴",减少了肥料在追施过程中的损耗,大幅提高了水肥利用效率。大量研究表明,通过应用浅埋滴灌施肥技术,节水量和节肥量分别能够达到 40% 和 20%,肥料利用率可以显著提高 50% 以上(赵蕾,2020)。

3）提高产量和质量、增加效益

浅埋滴灌水肥药一体化技术有利于维持农作物根系持续的水肥供给,后期不会出现早衰,有效提高水肥利用率,使作物充分吸收养分,生长健壮,并可减少病虫害的发生,在提高品质、质量的同时又能够增加产量(靳有,2023)。在平原灌区浅埋滴灌玉米比低压管灌平均亩增产 100 kg 以上,平均增产率 14% 左右,平均亩增纯收益 130 元以上;与无水浇条件地块相比,平均亩增产 300 kg 以上,增产率达 60% 左右,平均增加纯收益 400 元以上(按连续 3 年 14% 含水量的玉米平均收购价格 1.4 元/kg 计算)(李凤芹,2019)。浅埋滴灌技术能够显著提高水资源利用效率、提升作物产量和品质、减少肥料和化学品投入,促进农业的可持续发展。

4）推进生产方式和经营方式转变

浅埋滴灌水肥药一体化系统适用于适度规模化建设的家庭农场或合作社组织,应用面积不低于 15 亩,建设滴灌系统工程时,一家一户小面积单独操作会造成首部设施和主管的重复建设,增加建设成本,也不便于滴灌系统正常工作。因此,浅埋滴灌技术的应用能够促进农户之间的合作经营。同时,促进了土地流转、合作、参股、托管、半托管等组织形式的发展,有利于合作社、种植大户开展规模化、标准化、现代化的统一管理,提升农业生产力,增加农民收入,符合现代化农业发展要求。

5）改善土壤条件与生态环境

浅埋滴灌灌水均匀,可使作物根区土壤水分维持在适宜的含水量和最佳土壤环境,保持土壤团粒结构完整,土壤不板结,减少土壤侵蚀,同时改善了田间小气候和农业生态环境,是一项可持续发展的环保型现代化农业实用技术。

### 8.3.3　华北浅埋滴灌施肥技术案例——曲周

**1. 华北小麦玉米周年生产背景**

曲周是我国重要的粮食产区,冬小麦-夏玉米轮作是该地区主要的种植模式(图 8-8)。作物构成一个生产系统,农作管理要统筹兼顾。小麦播种前有较充足的时间进行整地、施肥和灌水,而夏玉米则主要利用雨水和小麦磷肥后效。因此,两茬作物的施氮量大致相当,而磷肥主要施给冬小麦,钾肥主要施给夏玉米。冬小麦通常 10 月上中旬播种,6 月上中旬收获,夏玉米通常 6 月中下旬播种,10 月上旬收获。

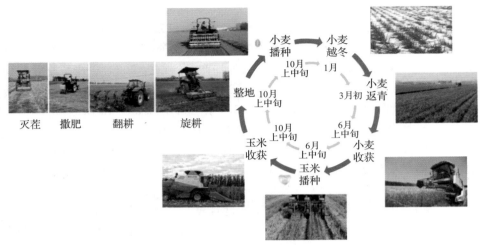

图 8-8　冬小麦-夏玉米种植模式

### 2.华北生产体系下冬小麦-夏玉米周年"四密一稀"条带种植设计

如图 8-9 所示,将传统的小麦均匀行播种模式改为"四密一稀"条带种植模式,即以 4 个小麦播种行为 1 个条带,条带内小麦行距为 10~12 cm,条带间距为 24~30 cm。条带间的空带用于播种下茬夏玉米。利用北斗卫星导航技术进行小麦播种,可使小麦苗带笔直、整齐,也有利于玉米精准对行播种到预留的空白种植带上,确保玉米出苗(图 8-10、图 8-11)。"四密一稀"条带种植模式仅需改变小麦行距,玉米播种行距为 60 cm,与传统行距一致(郝展宏等,2024a)。

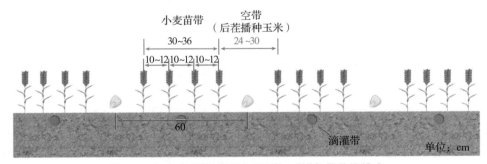

图 8-9　冬小麦-夏玉米周年"四密一稀"条带种植模式

播种小麦时提前为玉米预留空白播种条带,一方面保证玉米播种在无小麦根茬的干净土壤中,提高玉米播种质量和群体均匀度;另一方面有利于小麦条带之间的通风透光,减轻倒伏,减少病害发生。"四密一稀"条带种植模式下的空带行距为

60 cm，与市售多种田间作业农机具轮距配置比例对应，且播种时以卫星导航技术为基础配套技术，播种行笔直，能够极大减少小麦生育期田间机械作业对小麦的碾压损伤（吴洲，2021）。

左图为"四密一稀"卫星导航模式下的小麦出苗情况，右图为农户对照

**图 8-10　小麦播种出苗效果**

左图为"四密一稀"卫星导航模式下的玉米出苗情况，右图为农户对照

**图 8-11　玉米播种出苗效果**

### 3. 冬小麦-夏玉米周年浅埋滴灌水肥药一体化技术

在"四密一稀"种植模式基础上，配套浅埋滴灌技术。具体做法是：小麦播种前精细整地。在小麦播种的同时，将滴灌带铺设到 4 行小麦的中间，并覆土 2～5 cm，以固定滴灌带（图 8-12）。小麦收获时，仅需将主管和支管撤出，滴灌带保留在土中不动。玉米抢时播种，精准将种子播于预留的空白种植带内，播种后及时滴水出苗。夏玉米收获后，将滴灌带取出回收，主管和支管可重复使用。生育期内通过浅埋滴灌，实现水肥药一体化管理。

浅埋滴灌水肥药一体化技术，可以有效地实现全生育期水分和养分供应与植

株生长需求相匹配,在提高作物产量的同时实现水分养分的高效利用。在小麦和玉米播种后及时供应水分,一方面可以保证小麦、玉米早出苗和苗全、苗匀、苗壮(图 8-13),解决播种后土壤干旱导致的光温资源浪费问题,提高全年光温利用效率;另一方面可以创建高质量的小麦、玉米群体结构,为创建高产奠定基础。通过滴灌带将药剂和菌剂等滴施到耕层土壤中,可以实现根际调控,有效防治地下害虫和作物茎基部病害,促进根系健康生长。在上述条带种植技术的基础上配套浅埋滴灌水肥药一体化技术,解决了滴灌带一次铺管、两季应用的问题,不仅大大提高了滴灌带的经济效益,也提升了水肥药的利用效率。

图 8-12 与"四密一稀"种植模式配套的浅埋滴灌技术及浅埋滴灌效果

图 8-13 浅埋滴灌模式下的玉米出苗效果(左图)与群体质量效果(右图)

### 4. 配套农机与信息技术

小麦"四密一稀"条带播种机可直接在原有条播机的基础上进行改装,无须购买新播种设备。通过调整播种器的位置,将均匀行改为窄行条带组,以 4 个播种器为一组,播种器间距为 10～12 cm,条带组间距为 24～30 cm。

在小麦"四密一稀"条带播种机的基础上,进一步加装浅埋滴灌铺设装置(郝展宏等,2023)。以农哈哈小麦播种机(小型机具)为例(图 8-14 左侧),播种机后方焊接一个横梁,并在对应小麦条带的中央位置安装一组浅埋滴灌带铺设装置,包括开沟器、滴灌带引导轮、覆土器。滴灌带铺设装置可向上折叠,方便非作业状态时收纳保存。为防止小型播种机重心后移,可将滴灌带支架前移至下种箱前方。

在雷沃小麦播种机(中大型机具)加装浅埋滴灌设备的方法是:播种机后方焊接一个横梁,并在对应小麦条带的中央位置安装一组浅埋滴灌带铺设装置,包括滴灌带支架、开沟器、滴灌带引导轮、覆土器(图 8-14 右侧)。由于机具体积较大,滴灌带支架安装在后方对中心偏移影响不大,且滴灌带支架前置滴灌带拉伸距离过长,对滴灌带质量要求大大增加,所以中大型播种机具不建议将滴灌带支架前置。滴灌带支架与开沟器之间的连杆采用套管结构连接,可调节长短,适应不同型号机具高度,并采用平行四连杆结构设计,能够适应多种地形,保证滴灌带埋设深度一致。上方滴灌带支架采用卡扣铰接方式,方便装卸滴灌带时降低支架高度(郝展宏,2024b)。

左:农哈哈播种机;右:雷沃播种机

图 8-14　在小麦播种机上加装浅埋滴灌设备

### 8.3.4　浅埋滴灌技术未来发展趋势

**1. 浅埋滴灌技术与北斗卫星导航技术结合**

传统种肥同播由农机手驾驶拖拉机,这对于农机手的驾驶技术要求极高,需经过长时间的培训才能够实现均匀、平直耕种。而随着我国北斗卫星导航、精准定位系统的发展,在农机上加入导航系统能够不依赖农机手,同时实现播种施肥平直、均匀。

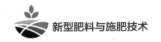

**2. 浅埋滴灌管与种肥同播技术结合**

使用种肥同播仅仅能够解决作物生长初期的问题,而要保证作物优质高产,中期的水肥管理也尤为重要,但中期大水漫灌,撒施肥料不仅存在浪费和使用效率低等问题,还会大大提高人工成本,对农民增收造成困难。而使用种肥同播+浅埋滴灌管相结合的方式则解决了这一难题,在种肥同播过程中铺设滴灌管,将播种、施肥、铺管集为一体,极大地提高了水的使用效率,同时降低了人工成本,达到增收的效果(刁培松等,2022)。

# 8.4  蔬菜水肥一体化技术

## 8.4.1  技术背景

我国是一个水资源紧缺的国家,正常年份农业缺水 300 余亿立方米,600 多万公顷灌溉农田得不到灌溉保障。同时,我国是世界上最大的肥料生产国和消费国,2020 年我国农用化肥施用折纯量为 5250.65 万 t。受人口和耕地的限制,在未来相当长的一段时间内,我国肥料消费量仍将继续维持在一个较高的水平。然而,我国农业水资源和化肥利用率并不高,同时在农业用水用肥中还普遍存在大水漫灌、盲目施肥现象,不仅造成水肥资源浪费,还带来了水环境恶化、水质和土壤污染问题。

水肥一体化技术是一项将灌溉和施肥有机结合的节水节肥新技术,它是利用节水灌溉设备,通过合理计算作物需水量和施肥量,精确控制灌水量、灌水时间、施肥量、施肥时间,使水分与养分空间分布和利用达到较高的精度,可节水 30% 以上、节肥 20% 以上,每公顷减少农业投入成本 3000 元以上,并可显著地提高作物产量和品质。发达国家和地区水肥一体化技术的研究与应用水准较高,从微灌设备的应用转向微灌施肥一体化,并在设备选型、灌溉制度、施肥配比、栽培管理及自动化控制等方面进行综合研究利用,成效显著。同时,为了扩大节水灌溉设备的应用,过去 20 年开展了水肥一体化技术的研究与推广,并形成了主要农作物的灌溉施肥技术方法。

蔬菜作为人们生活的必需品,其种植规模在逐年扩大,由于人们普遍具有蔬菜只有"大水大肥"才能高产的错误观念,过量水肥导致土壤微环境逐渐恶化,使得蔬菜出现减产、降质、病虫害频发等一系列问题。要解决这些问题必须因地制宜对蔬菜的需水、需肥规律和水肥因素之间的耦合机理进行深入研究,以正确充分发挥水肥之间的协同效应,达到保证蔬菜增产增质的同时提高水肥利用效益,减轻农业污染,使农业生态环境良性循环、农业生产和谐可持续发展。

### 8.4.2　蔬菜水肥一体化技术概述

**1. 技术发展**

20 世纪 60 年代,以色列人创造了滴灌技术,并建成了世界上第一个滴灌系统。滴灌使农业灌溉技术发生了根本性变化,标志着农业灌溉由粗放走向高度集约化和科学化,基本实现了按需供水、按需供肥。1970 年后滴灌技术从以色列迅速传入各个国家和地区,在英国、南非等国家和地区逐步得到推广和应用。我国从 20 世纪 70 年代开始引进滴灌技术,通过引进、消化吸收再创新,在灌溉设备和配套技术等方面有了长足的发展,基本形成了国内具有区域特色的滴灌技术体系(安辉,2021)。滴灌施肥技术最初应用于大棚蔬菜,适用于单个大棚中的施肥设施有施肥罐、文丘里施肥器等,大面积滴灌施肥则是应用加压式的泵注施肥系统。一个大中型滴灌系统可以控制 10~50 hm² 的面积。近年来,全国农业技术推广中心在北京、河北、山东等地组织研发了包括番茄、辣椒、黄瓜等 10 余种蔬菜在内的灌溉施肥技术模式。滴灌施肥技术在大棚蔬菜种植中应用,可以改善棚内生态环境,提高棚内温度 2~4 ℃,降低空气湿度 8.5~15 个百分点,水资源利用率 90% 以上,节水 50%。

**2. 技术优势**

1)提高蔬菜产量,改善蔬菜品质

水肥一体化技术能够根据蔬菜长势适时、定量地灌溉施肥,促进蔬菜对水分和养分的吸收,解决土壤水气矛盾,促进蔬菜生长。研究表明,与传统施肥灌溉技术相比,水肥一体化技术能够使设施辣椒、设施黄瓜和设施番茄分别增产 12.7%、17.2%、19.73%(图 8-15)(胡晨曦等,2024;张红梅等,2019;朱保侠等,2020)(图 8-15),显著增加蔬菜的可溶性糖、维生素 C 和可溶性蛋白含量(马志明等,2022)。

2)节水省肥,提高经济效益

水肥一体化直接把作物所需要的肥料随水均匀地输送到植株的根部,使作物"细酌慢饮"。研究表明,水肥一体化技术可节水 30%~50%,在蔬菜产量相同或相近的条件下,通常可节肥 30%~50%,经济效益显著(表 8-7)(马志明等,2022)。

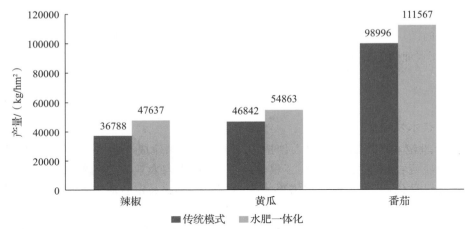

图 8-15　不同技术模式下的蔬菜产量对比

**表 8-7　设施番茄水肥一体化技术应用效果**

|  | 实施前 | 实施后 | 节约率 | 节约成本/元 |
|---|---|---|---|---|
| 节水/m³ | 196～210 | 90 | 54%～57% | — |
| 节肥/kg | 480 | 300 | 37.5% | 432 |
| 病虫害防治投入/元 | 900 | 450 | 50% | 450 |
| 人工投入/元 | 1680 | 320 | 81% | 1700 |
| 合计 |  |  |  | 2582 |

（引自 焦有权等，2020）

3）省工省时

传统的地面灌溉和施肥过程既费时又费工。而采用水肥一体化技术，则只需轻松操作：打开阀门，合上电闸，几乎无须人工干预，极大地简化了农业生产流程。使用水肥一体化技术，一个人可以管理上百亩土地，极大地解放了劳动力。

以黄瓜为例，采用水肥一体化技术平均每亩灌溉施肥可省工 55.6%，全生产过程省工 5 工（表 8-8、表 8-9）（诸海焘等，2021）。

**表 8-8　浇水人工费用核算**

| 处理 | 面积/亩 | 用人数 | 时间/d | 用工数/个 | 工价/元 | 总用工费/元 | 亩用工费/元 |
|---|---|---|---|---|---|---|---|
| 滴灌 | 1500 | 4 | 5 | 20 | 60 | 1200 | 0.8 |
| 常规漫灌 | 1500 | 30 | 10 | 300 | 100 | 30000 | 20.0 |

表 8-9　黄瓜滴灌施肥技术应用效益分析

| 处理 | 节水 | | 节肥 | | 省工 | | 增产增收 | |
|---|---|---|---|---|---|---|---|---|
| | 每亩用水量/t | 金额/元 | 每亩化肥纯量/kg | 金额/元 | 每亩灌溉施肥/工 | 金额/元 | 每亩产量/kg | 金额/元 |
| 等氮磷钾滴灌施肥 | 90 | 135.0 | 28 | 280 | 4 | 240.0 | 4921.8 | 14765.4 |
| 等氮磷钾冲施对照 | 185 | 277.5 | 28 | 168 | 9 | 540.0 | 4604.0 | 13812.0 |
| 两者差值 | −95 | −142.5 | 0 | 112 | −5 | −300.0 | 317.8 | 953.4 |

（引自 诸海焘等，2021）

## 8.4.3　蔬菜水肥一体化技术实施关键

**1. 水肥一体化施肥技术中肥料的选择**

所有可溶性的肥料都可以用于滴灌施肥，选择标准通常基于成本和肥料中的养分元素。在蔬菜的水肥一体化施肥中，可用的氮源有硝酸铵、硝酸钙和硝酸钾，其表现效果相似。尿素也可通过滴灌施入。但有研究表明，尿素的硝化作用在褐土上较慢，尤其在土温较低时，需要追施一些硝态氮。另外，随着氮肥增效剂的发展，在氮肥产品设计中，可考虑适当添加氮肥增效剂。例如，农业生产中，硝化抑制剂能够通过抑制土壤的硝化作用，降低氧化亚氮气体排放，减少氮素损失，提高氮肥利用率；有效控制作物吸收过量的硝态氮，防止积累过量的硝酸盐。尤其是在生菜等蔬菜种植过程中，由于菜地硝化作用强，生菜易积累过量硝酸盐，不利于生菜产量和品质的提升。水肥一体化施肥的钾源包括氯化钾、硫酸钾和硝酸钾，但如果灌溉水含盐量较高、栽培土壤为盐碱土或者施用的养分过量，生产者需要考虑钾肥中的氯元素对作物生长的影响。

要求所使用的肥料不会引起灌溉水 pH 的严重变化，从而降低对作物的负面影响。比如钙离子、硫酸根等，当水的 pH 达到一定程度时会产生沉淀，从而造成喷头堵塞，对作物生长造成不利影响。同时要求肥料对控制中心和灌溉系统的腐蚀性小，这样能够延长相关设施设备的使用寿命，在成本节约上有着重要意义（黄语燕等，2021）。要求可与其他肥料混合使用。举例来说，如果选择可溶性固体单质肥料，常用的氮肥有尿素、硝酸铵等，磷肥有磷酸二铵、磷酸一铵等，钾肥有氯化钾、硝酸钾等；如果选择可溶性固体 NPK 复混肥，常用的养分配比有 18-18-18、15-30-10、16-39-5 等；液体肥料（如果用沼液或腐殖酸液肥，必须经过过滤以免堵塞管道），常用的养分配比有 13-8-21＋2(Mg) 等。但自行配置要特别注意：①含磷酸根的肥料与含钙、镁、铁、锌等金属离子的肥料混合会产生沉淀，堵塞滴灌管。②含钙离子的肥料与含硫酸根的肥料混合会产生沉淀，如硝酸铵钙与硫酸钾不能混合使用。③混合会产生沉淀的肥料要分开使用。

### 2. 水肥一体化施肥系统

田间要设计定量施肥系统，包括蓄水池和混肥桶(池)的位置、容量、出口、施肥管道、分配器阀门、水泵、肥泵等。既有简易的文丘里施肥器、施肥罐、比例施肥泵，也有集成自动灌溉施肥、水泵控制、物联网功能于一体的智能施肥机（表 8-10）。根据作物种类、面积和经济效益，选择合理的施肥设备，是用好水肥一体化系统、提高肥料利用率、实现增产提质的关键。

文丘里施肥器、比例施肥泵、施肥罐都是根据文丘里原理制成的，运行原理是利用流速不同产生压力差的真空吸力，将水肥混合溶液由肥料桶均匀吸入管道系统进行施肥。该类设备价格低廉，操作简单，缺点是压力损耗较多，一般适用于灌溉面积较小的果园和蔬菜大棚（孙晓等，2023）。

表 8-10　不同施肥方法优缺点对比

| 方法 | 优点 | 缺点 |
| --- | --- | --- |
| 重力自压式施肥 | 低成本，低维护费用，操作简单，适合液体和固体肥料，不需要外驱动力，施肥浓度均一 | 肥料要运到最高处施用，不适于自动化 |
| 文丘里施肥器 | 低成本，低维护费用，施肥浓度均一，无须外驱动力，适于自动化 | 水头损失大（达 30%），对压力变化波动大；不能精准控制施肥量；供肥面积有限 |
| 比例配肥泵 | 不需要电，依靠水力驱动工作；控肥精度高，水流速度在一定范围内波动也不会影响施肥精度 | 对水质要求高；要定期检查更换易损件，否则会影响配肥精度 |
| 智能施肥机 | 按比例施肥，计量精确，浓度均一，不受水压变化的影响，没有水头损失，设备可以移动，实现真正的精确施肥，适合自动化 | 费用昂贵，操作复杂，有些型号需要动力驱使 |

智能施肥机一般含多个施肥通道,可同时进行不同肥料种类、含量的精准施用,能极大减少施肥时间,提高施肥效率;可接入物联网控制设备,实现水肥一体化远程控制,适用于面积较大、地形复杂、作物种类较多的园区(孙晓等,2023)。

### 8.4.4 蔬菜水肥一体化技术效果案例

**1.滦南县蔬菜生产背景**

蔬菜产业是滦南县农民增收的主要来源和农村经济的重要支柱产业。到2019年年底,滦南县瓜菜播种总面积达28.33万亩,鲜菜总产达到143.12万t,全县实现瓜菜总产值24.36亿元。滦南县是唐山市农业生产大县,近些年通过狠抓规模化、区域化生产,共建成了六大生产基地。其中,姚王庄镇作为设施蔬菜生产基地,2018年全镇蔬菜面积种植达到2.65万亩,占到了耕地面积的90%以上,年蔬菜总产量40万t,其中辣椒的产量达到了15万t,素有"冀东蔬菜之乡"之称。

1月初,滦南县农民开始进行辣椒的播种工作。3月初,随着气温回暖进行辣椒定植工作。5月下旬至7月为辣椒收获期。7月底进行高温闷棚,以解决土传病害中真菌性病害、细菌性病害、土壤板结和酸化等问题,为后续种植创造适宜环境。9月初进行生菜定植,10月中旬收获生菜,标志着一年中辣椒-生菜轮作体系的循环完成(图8-16)。

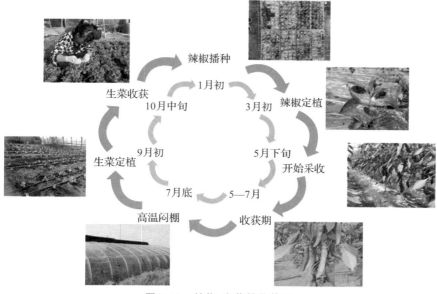

图 8-16 辣椒-生菜轮作体系

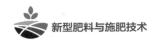
### 2. 滦南县设施蔬菜水肥一体化技术模式

水肥一体化技术集成肥料创新支撑起滦南区域的蔬菜高产高效技术模式。其技术要点如下。

1)滴灌管道铺设符合辣椒—生菜轮作体系生产要求。

滴灌管道两根为一组,间隔 10 cm,每组管道间隔 70 cm。滴灌孔间隔 30 cm。辣椒种植在两根滴灌管道中间,行距 70 cm,株距 30 cm;生菜种植在管道两侧,行距 30 cm,株距 30 cm(图 8-17)。

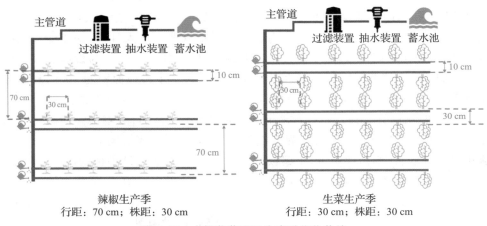

辣椒生产季
行距:70 cm;株距:30 cm

生菜生产季
行距:30 cm;株距:30 cm

图 8-17 大棚蔬菜不同生产季作物栽培

2)修建蓄水池,沉淀泥沙。

研究表明,滴头极容易被灌溉水中的固体颗粒物、微生物和有机质等堵塞,缩短滴灌系统的使用寿命,严重影响作物产量和经济效益。强化水质处理(图 8-18)是解决堵塞的前提。因此,针对滦南县的灌溉水源中含有较多泥沙问题,修建蓄水

图 8-18 强化当地水质处理

池,从蓄水池中层取水,可以保障水质清澈,不堵塞过滤器及滴灌管道。

3)创制设施辣椒专用水溶肥,并根据本地化的养分吸收规律,合理运用 4R 施肥原则,对设施辣椒进行养分管理。

针对河北省滦南地区设施辣椒生产农户所使用的肥料品质不稳定、肥料养分含量与辣椒需求不匹配、肥料施用技术不科学、缺乏与水肥一体化技术相匹配的专用肥等问题,根据在当地进行的 2 年田间定位试验结果,设计配方为 19-6-26-0.15Zn-0.05B 的辣椒专用水溶肥。

依据本地化的养分吸收规律,进行权衡之后得到滦南设施辣椒的优化养分管理技术。试验处理的大量营养元素配比及用量更符合辣椒品种的养分吸收规律,促进了辣椒生长后期养分向果实中的转移。除肥料配比及用量外,对施用时间、产品、施肥方式进行了同步调整,最后形成了一套符合当地条件的农业生产管理措施,实现了农业生产可持续发展。

4)大量元素与中微量元素的综合调控。

相关研究表明,叶面喷施钙肥可以快速为植物补充钙素,能有效提高作物坐果率、产量与品质,防止裂果并延长果实的贮藏期(杨海波等,2012;李石开,2012)。

为此,基于辣椒养分需求、总量控制和钙肥调控原理,在滦南当地通过钙调控,对辣椒植株叶面早施增施钙肥,显著降低了设施大棚内辣椒植株脐腐病的发病率(图 8-11),增强了辣椒植株的抗病能力,从而保障了辣椒的品质,带来了更高的经济效益(鹿子涵,2024)。

表 8-11　不同辣椒处理的产量、单价、产值与脐腐病发病率

| 处理 | 产量/<br>(t/hm²) | 单价/<br>(元/kg) | 成本/<br>(万元/hm²) | 产值/<br>(万元/hm²) | 收益/<br>(万元/hm²) | 脐腐病<br>发病率/% |
|---|---|---|---|---|---|---|
| CK | 92.46c | 3.2 | 1.98 | 29.58c | 27.6c | 18.20a |
| FP | 121.87b | 3.2 | 3.47 | 38.99b | 35.52b | 20.38a |
| OPT1 | 148.10a | 3.2 | 3.67 | 47.39a | 43.72a | 15.42a |
| OPT2 | 145.32a | 3.2 | 4.06 | 46.51a | 42.45a | 4.60b |

注:CK(不施肥)、FP(化肥撒施)、OPT1(肥料减量＋有机替代＋滴灌施肥)、OPT2(肥料减量＋有机替代＋钙肥＋滴灌施肥)。同列数字旁不同小写字母表示 $P \leqslant 0.05$ 水平差异显著,下同

(引自 鹿子涵,2024)

### 3.技术效果

1)产量提高 21.5%,增收 23.1%

如表 8-12 所示,与肥料撒施相比,采用水肥一体化技术后辣椒产量增加了 26.23 t/

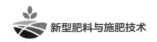

hm²,而成本仅增加了 5.8%,相比之下采用水肥一体化技术可实现增收 23.1%。

表 8-12　不同施肥管理辣椒的产量、单价与产值

| 处理 | 产量/<br>(t/hm²) | 单价/<br>(元/kg) | 成本/<br>(万元/hm²) | 产值<br>(万元/hm²) | 收益<br>(万元/hm²) |
| --- | --- | --- | --- | --- | --- |
| 撒施 | 121.87b | 3.2 | 3.47 | 38.99b | 35.52b |
| 水肥一体化 | 148.10a | 3.2 | 3.67 | 47.39a | 43.72a |

2)提高果实品质

水肥一体化技术的采用能够改善辣椒品质。研究发现,与肥料撒施相比,水肥一体化管理模式下果实维生素 C 含量显著增加,提高了 46.8%;果实叶绿素含量和可溶性固形物含量同样显著提高,例如可溶性固形物提高了 4.3%(表 8-13)。

表 8-13　不同施肥模式下辣椒品质差异

| 处理 | 维生素 C<br>/(mg/kg) | 叶绿素<br>/(mg/kg) | 可溶性固形物<br>/% | 类胡萝卜素<br>/(万元/hm²) |
| --- | --- | --- | --- | --- |
| 撒施 | 806.54b | 72.51b | 4.6b | 0.08a |
| 水肥一体化 | 1184a | 80.81a | 4.8a | 0.09a |

3)水肥效率大幅提高

肥料偏生产力、肥料农学效率经常被用来反映肥料利用效率。与肥料撒施相比,采用水肥一体化技术氮肥偏生产力提高了 75.6%,氮肥农学效率增加了 82.4%。同时,水肥一体化技术的采用显著提高了灌溉水生产效率,与肥料撒施相比提高了 21.5%(表 8-14)。

表 8-14　不同施肥模式下水肥生产效率的差异

| 处理 | 氮肥偏生产力<br>/(kg/kg) | 氮肥农学效率<br>/% | 灌溉水生产效率<br>/(kg/m³) |
| --- | --- | --- | --- |
| 撒施 | 177.91b | 4.29b | 34.06b |
| 水肥一体化 | 312.44a | 11.79a | 41.39a |

### 8.4.5　蔬菜水肥一体化技术未来发展趋势

**1. 水肥一体化技术与 EC 定量养分投入技术结合**

土壤电导率(EC)与土壤含盐量呈正相关,可作为土壤养分的综合性参考指

标。随着信息技术的发展,成本低廉而测试准确度高的土壤电导率监测仪器快速发展,为实现大田生产中的高精度监测提供了可能。同时,市场上也存在带有检测土壤及空气的温湿度变化、EC 值以及 pH 功能,能够按需浇水浇肥的水肥一体机。

因此,在水肥一体化技术的基础上,选择可视化电导率传感器或智能水肥一体机控制施肥量,探究适合作物生长、高产和高品质的土壤 EC 阈值,能够为未来智能化生产提供科学依据。

**2. 水肥一体化技术与土壤水分精准监控技术结合**

水肥一体化技术结合土壤水分精准监控技术,可以更精细地管理农田的水肥供应。

目前已有水肥一体化设备可以通过土壤湿度实时监测土壤中的水分含量,整个过程使用者只需要提前设定好土壤湿度的标准值,系统就能实现自动化控制(图8-19)。同时,结合云计算技术,管理人员能够实时了解灌溉系统的运行情况和作物生长情况,并且提供更加精准的灌溉控制和肥料施用建议,以实现对农作物的精细化管理(杨宝成等,2023)。

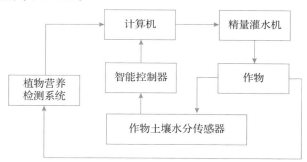

图 8-19　精准灌溉监控系统原理

(引自 张晓文等,2005)

**3. 水肥一体化技术与肥料产品的创新结合**

水肥一体化的未来发展趋势与功能性水溶肥料的创制紧密相关。

在河北滦南的生菜种植中,通过添加含有抑制剂的稳定性肥料,匹配设施生菜水肥一体化技术,既能够满足生菜一次性施肥的养分需求,又可保证作物产量和品质,降低人工成本,提升经济效益(张雪儿,2024);而在河北滦南的辣椒生产中,通过钙镁调控配合水肥一体化技术,相比常规施肥,亩增收 1.176 万元,既增强了作物抗逆性、提高了作物品质,又实现了辣椒 6 茬稳定高产(鹿子涵,2024)。

因此,与传统肥料相比,功能性新型肥料可以解决的问题较多,与水肥一体化相结合优势更大,更容易受到农民的喜欢。

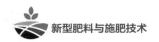

## 8.5  苹果园水肥一体化技术

### 8.5.1  技术背景

苹果是我国重要的经济作物,2021 年我国苹果总产量为 4598.3 万 t,占世界总产量的 58.3%。肥料作为苹果获得优质高产的重要农业生产资料,精准施用对实现苹果产业可持续发展至关重要。在传统的施肥管理中,农户多以沟施、穴施、撒施为主,沟施、穴施需配以大量的劳动力,撒施造成了肥料利用率低下等一系列环境问题,严重制约了产业绿色发展。调查研究发现,近 10 年来我国苹果产区化肥 N 投入量为 950 kg/hm²,化肥 $P_2O_5$ 投入量为 628 kg/hm²,化肥 $K_2O$ 投入量为 700 kg/hm²,是美国、欧洲肥料投入的 3~4 倍(张振兴,2024)。高额的肥料投入不仅导致肥料利用率下降,同时造成产量与品质不高。不仅如此,我国还是一个严重缺水的国家,加上近些年气候变化给果园的水肥管理带来了新的挑战(张利平等,2009)。气温升高和降水不均可能引起水肥需求的变化,但传统管理很难及时调整。果园管理者经常面临如何在水肥调控中应对不同气象条件的困扰(丁素娟,2024)。因此,如何高效使用灌溉用水、优化果园施肥技术一直是果园实现可持续发展的迫切需求。

我国水肥一体化技术发展较晚,直到 20 世纪 70 年代,我国才首次引进滴灌设备,开始研究该项技术并开展水肥一体化的定点试验。直到 1980 年,我国才拥有了第 1 代自主研发的滴灌设备(杨培岭等,2001)。近年来,水肥一体化技术在我国各方面得到了很大的发展,在蔬菜、水果、粮食等作物上都得到了广泛的应用。简单的水肥一体化技术即是水肥的耦合效应,就是将水溶性的肥料按照不同的配比溶解于水中,将肥料随灌溉水的流动送到植物的根系,更有利于植物对营养成分的吸收和对水资源的利用(李咏梅等,2014)。该技术不仅能够提高水肥利用率和劳动效率,还能减少温室气体排放和减轻地下水的污染,有利于促进果树生长,提高产量和品质。为提高水肥一体化技术采纳度,2016 年农业部印发《推进水肥一体化实施方案(2016—2020)》,明确指出加快推进水肥一体化技术建设,以增加技术推广面积,实现节水节肥的目标,逐步促进资源节约的农业可持续发展体系建设。

目前,水肥一体化技术在果园中的应用广泛,特别是在南方香蕉、柑橘、荔枝等经济作物上,已形成较为完善的应用体系。本节从苹果园水肥一体化技术入手,详细介绍果园水肥一体化技术特点与应用方法,为大家提供一种新型施肥技术案例。

### 8.5.2 果园水肥一体化技术概述

**1. 技术原理**

水肥一体化是借助压力系统(或地形自然落差),将可溶性固体或液体肥料,按土壤养分含量和作物的需肥规律和特点,将配兑成的肥液与灌溉水一起,水肥相融后,通过管道和滴头形成喷灌或滴灌,均匀、定时、定量浸润作物根系生长土壤区域,使根系土壤始终保持疏松和适宜的含水量;同时,根据不同果树的需肥特点、土壤环境和养分含量状况,以及果树不同生长期需水需肥规律情况进行设计,把水分、养分定时定量、按比例直接提供给果树(图 8-21)。其主要作用机理是以水为载体使有效养分通过扩散和质流两个过程迁移到作物根系,增强可溶性营养物质的运输,在适宜灌水量的条件下促进根系生长,增强根系吸收能力,加快根系对土壤中有效养分的吸收(Ram et al.,2011)。

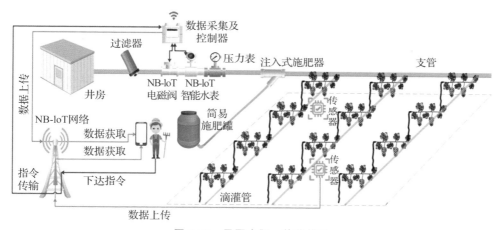

图 8-21 果园水肥一体化模式

氮、磷、钾等主要营养元素在果树营养和生殖阶段发挥着重要作用。一般通过土壤供应将氮、磷、钾营养元素维持在最佳水平,才能获得果树的高产和优质,而水肥一体化技术能根据果树品种按需施肥并直接施于根区,进而减少养分的淋失(Senthilkumar et al.,2017)。目前,水氮平衡管理是水肥一体化技术的难点,关系到生态安全。在相同灌溉条件下,氮素淋洗量随着施氮量的增加而增加,需频繁使用低浓度氮才能最大限度地减少硝态氮的淋溶损失,提高氮素利用率,也能使土壤中氮的残留达到最小化(Shirgure.,2013)。当该技术与缓控释肥配合时,将进一步提高氮素利用率。传统使用的磷肥为可溶性肥,但不适合水肥一体化技术,因

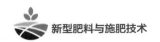

为在溶解过程中会伴有其他反应发生,且不溶性成分很高,易堵塞滴头。目前灌溉施肥常用的磷肥有磷酸二氢钾、聚磷酸铵肥料等。研究发现,将聚磷酸铵与水肥一体化技术结合,速效磷在滴头处含量相对较高,并随土层深度增加逐渐减小(王虎等,2007)。钾肥移动性好,水肥一体化技术施用钾肥有效性较高,钾利用率可超过90%(张承林等,2012)。水肥一体化技术中常用的钾肥有硝酸钾、磷酸二氢钾、氯化钾等。

### 2. 技术优势

1) 节水省肥,实现水肥均衡

采用滴灌水肥一体化技术,可以直接将水分和肥料输送给果树的根系,使水分和肥料的利用率显著提高,同时还能减少水分的蒸发、渗漏,避免肥料的流失。纪军锋等的研究表明,采用膜下滴灌水肥一体化技术生产阳光玫瑰葡萄,较传统畦灌和施肥技术可节水68.2%,节约肥料50.8%(纪军锋等,2019)。采用常规的灌溉和施肥方式对其进行浇水、施肥,易导致果树出现"撑饱"或"饥饿"状况,应用现代水肥一体化技术,能按照果树的生长发育特征以及对水和养分的需求,实施科学有规律的灌溉、施肥,既能保证正常生长发育,又不会造成水土流失。

2) 节省时间和人力资源

与传统的灌溉与施肥相比,采用滴灌水肥一体化技术可以有效地降低劳动强度,因为传统的灌溉与施肥模式需要进行繁杂的体力劳动,才能将肥料施入到果树根系附近的土壤中,特别是山地丘陵地带栽培果树,劳动强度更大。但应用滴灌水肥一体化技术,肥液和灌溉水是通过事先安装好的管道来输送的,机械操作替代了人力劳动,可以有效地节省人力,提高劳动效率(曾华,2023)。

3) 促进果树生长发育

根系是果树吸收水分和养分的重要营养和贮藏器官,其数量的多少、根长及根表面积的大小反映根系吸收能力的强弱(丰光,2017)。研究发现,应用水肥一体化技术使桃树在灌溉器附近的根系密度增加,而非湿润区根系生长受到抑制(张亚飞等,2017)。合理应用水肥一体化技术能显著促进荔枝根系的生长,增加根系与土壤的接触面积(邓兰生等,2007)。除了促进树体根系发育外,运用水肥一体化技术还能够有效改善梨树树体生长,提高新梢春梢和秋梢长度、叶片的含水量(丰光,2017)。路超研究发现水肥耦合能显著提高苹果新梢长度、叶面积和幼果横径(路超,2014)。

4) 提高果树产量、改善品质

水肥一体化技术可以结合当地土壤养分状况和果树需肥特性进行精准施肥,实现增产提质。例如,在陕西省渭北旱塬区果园采用水肥一体化技术可使苹果增产 13.0%，果实商品率提高 9.3%，硬度提高 10.6%，糖酸比提高 19.1%；在关中平原区果园，肥料用量减少 50% 并未降低苹果产量，反而增产 26.2%（路永莉等，2014）。王立飞等报道，在水肥一体化条件下黄冠梨单果质量显著增大；可溶性固形物最高达到 13.7%，比对照高出约 16.2%；可滴定酸含量比对照降低了 7.77%（王立飞，2015）。

5）降低对土壤的压力

果树栽培中应用滴灌水肥一体化技术可以有效降低果树栽培对土壤的压力。按照传统的灌溉与施肥模式，往往是大水漫灌；同时为了追求产量大量施用化肥，这样就会造成土壤板结、土壤盐碱化的发生，使土壤结构遭到破坏，不利于农业的可持续发展。应用滴灌水肥一体化技术，可以实现果树所需营养在根系直接供给，并且通过少量多频次的供给方式来及时满足果树的生长需求，进而实现对土壤压力与负面影响的最小化，同时还能达到调温、增加土壤渗透率的目的。

## 8.5.3  技术实施关键环节

### 1. 设计建设一套滴灌水肥一体化系统设备

设计建设一套滴灌水肥一体化系统设备是在果树栽培中应用滴灌水肥一体化技术的前提。滴灌水肥一体化系统设备包括离心泵、过滤器、主管道、支管道、阀门、配肥桶、搅拌器、抽水泵、加压装置、恒压仪表、耐高压软管、滴灌管线等。在设计建设滴灌水肥一体化系统设备时要充分考虑果园面积、土壤、水源特点等实际情况，以及管道系统埋设的深度、长度、灌区面积等，力求实现最佳性价比。同时选择设备、管线要考虑果树品种以及肥料化学元素等因素，选择如铝合金材、不锈钢等耐腐蚀性强的材质。

河北省滦南县北圈村果树为乔砧类型，树体覆盖面积较大，根系分布较为宽泛，考虑到现有滴灌带可覆盖面积有限，设计铺设"4+4"模式进行试验。所谓"4+4"模式，即以果园南北走向的果树为 1 排，每排果树东西两侧各铺设 4 排滴灌带，增加滴灌有效面积（图 8-22）。水泵额定流量为 75 $m^3/h$，主管道工作压力为 500 kPa。施肥桶容量为 100 L，比例施肥器抽水口配备 12 V 微型抽水泵以增加肥液抽取效率。

图 8-22　果园水肥一体化设备

(河北滦南县北圈村)

**2. 施肥量的控制与水肥配比**

不同果树在不同生长阶段所需要的养分都存在差异化。基于此,水肥管理必须做到科学精准化,这就需要果农切实掌握好不同果树的需肥规律、根系分布等有关因素,针对施肥技术及标准进行合理考量(王家祥等,2018)。水肥一体化过程中,液体肥会与果树根系直接产生接触,如稍有不慎则极有可能造成农作物肥害。因此,掌握精准的施肥量极其重要。在实际使用时应尽量保证少量多次。需要注意的是,不可直接套用理论上所讲的每株果树安全施肥量,毕竟果树的树龄和长势不同,生长发育期不同,根系耐肥力不同,还有各个果园土地的干旱程度也不尽相同。因此,每个果园必须结合实际情况,在逐渐探索中寻找最为合适的施肥量。按照果树不同生长期需求进行配比的水肥管理,可以有效满足果树的水肥需求,保障果树优质丰产。在果树初果期要加大磷肥比重,减低氮肥、钾肥比重;盛果期对各种营养需求都非常大,但以钾肥需求最为旺盛,为此在果树盛果期要适当加大钾肥供给量。

根据农业农村部种植业管理司指导意见,结合目标产量法和果树树龄,设计河北省滦南县北圈村试验果园总体氮磷钾比例为 2∶1∶2.1。年内共计浇水 10 次,萌芽前 1 次,灌溉量为 30 m³/(亩·次),并施用全年氮、磷施用量的 10%。花前至 5 月中下旬共计浇水 4 次,灌溉量为 10 m³/(亩·次),每次投入全年氮、磷、钾用量的 5%。膨果初期 1 次,灌溉量为 15 m³/(亩·次),投入全年氮用量的 10%,磷、钾用量的 20%。夏秋季整个膨果期内共计 4 次,灌溉量为 21.25 m³/(亩·次),每次投入全年氮、钾用量的 15%,磷用量的 12.5%。全年总计投入 N、$P_2O_5$、$K_2O$ 分别为 300 kg/hm²、150 kg/hm²、315 kg/hm²,总体水分投入为 2550 m³/hm²。

### 3. 肥料种类的选择

1)养分搭配需合理、科学

水肥一体化适用的肥料,应该是满足不同生长阶段多营养的有效组合,而不是单一肥效的使用。使用的肥料,应确保为多种营养元素组合。为此,根据作物不同生长阶段的特点,结合作物营养物质缺失情况,严格按比例进行水肥调兑。

2)速溶性、无杂质

适用水肥一体化技术的肥源,在使用过程中应满足的基本要求包括:①速溶性。确保用于该控制系统的肥料,能迅速溶解于水,形成较稳定肥液,长时间在管道中流通。②确保用于该控制系统的肥料,在融入水后,不形成多余杂质,不至于堵塞喷头,不影响整个自控系统的使用(路超等,2020)。

3)对管道等器件的腐蚀作用小

从当前技术来看,国内任何管材都不具备长时间保持浸泡的条件。水肥一体化技术的应用以管材、阀门为基础部件,实现对水肥的兼控。为了保证各应用部件的长久耐用,延长技术应用的寿命,提升水肥一体化控制的有效性,施用的肥料应确保对基础部件腐蚀性要小,进而实现对高成本的控制。

## 8.5.4  果园水肥一体化技术效果案例

### 1. 大幅降低肥料投入,节肥49.1%,节水率达33.3%

滦南县北圈村苹果小农户长期沿用大水大肥的管理模式,氮磷投入量大幅超标,且水分投入常年居高不下。2023年引入水肥一体化综合管理技术,可实现氮肥投入降低56.7%,磷肥投入降低64.5%,钾肥投入降低19.0%,氮、磷、钾总投入降低49.1%,全年灌溉量降低1425 t/hm²(表8-15)。

表8-15  果园水肥一体化技术水肥投入对比

| 处理 | N/(kg/hm²) | P$_2$O$_5$/(kg/hm²) | K$_2$O/(kg/hm²) | 灌溉量/(t/hm²) |
| --- | --- | --- | --- | --- |
| 农户常规 | 693 | 422 | 389 | 4275 |
| 水肥一体化 | 300 | 150 | 315 | 2850 |

### 2. 与农户常规水肥管理相比,每公顷可节省成本达9623元

成本是肥料和相关技术推广的一个重要影响因素。当前耕作劳力缩减,若继续沿用传统的水肥管理方式会造成人工成本提高,增加总体费用。应用水肥一体化技术,可实现自动化、智能化水肥管理,省工省时,大幅度减少水肥成本投入。例

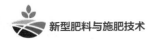

如,人工成本可节省 1350 元/hm²,肥料成本可节省 7700 元/hm²(表 8-16)。

表 8-16 果园水肥一体化技术浇水施肥成本总计

| 处理 | 每公顷成本/元 | | | | | 总计 |
|------|------|------|------|------|------|------|
| | 电费 | 水费 | 设备成本 | 人工成本 | 肥料成本 | |
| 农户常规 | 1582 | 1710 | 0 | 1600 | 15800 | 20692 |
| 水肥一体化 | 1055 | 1140 | 524 | 250 | 8100 | 11069 |

### 3. 促进树体发育

通过树体监测对比可知,水肥一体化处理可促进树体新梢的生长发育,显著提高树体新梢长、梢粗以及叶面积的扩张。与农户常规管理相比,树体新梢长提高了 84.7%,梢粗增加了 35.5%,叶面积增长了 52.7%(图 8-23)。其中叶面积的扩张可有效提高光合作用能力,为果实形成提供良好条件。

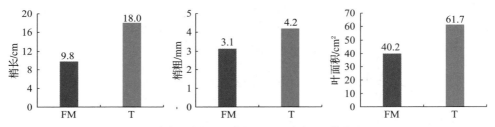

注:FM 为农户常规施肥灌水处理,T 为水肥一体化处理

图 8-23 水肥一体化技术对树体生长发育的影响

### 4. 显著提高果实品质,增产可达 15 t/hm²

精准的水分和肥料供给,可以促进果树生长发育,提高果实产量、改善果实品质。研究发现,与农户常规水肥管理相比,采用水肥一体化技术后果实硬度、可溶性固形物、维生素 C 含量等果实品质指标均有所提升,其中可溶性固形物提高了 1.9 个百分点,果实维生素 C 含量提高了 122.2%。除了改善果实品质外,水肥一体化技术的采用助力苹果产量增加 15 t/hm²(图 8-24,表 8-17)。

表 8-17 果园水肥一体化技术效果

| 处理 | 硬度 /(kg/cm²) | 可溶性固形物 /% | 维生素C含量 /(mg/100g) | 产量 /(t/hm²) |
|------|------|------|------|------|
| 农户常规 | 7.21 | 12.8 | 0.09 | 90 |
| 水肥一体化 | 7.32 | 14.7 | 0.20 | 105 |

水肥一体化技术提质效果见图 8-24。

农户常规 　　　 水肥一体化

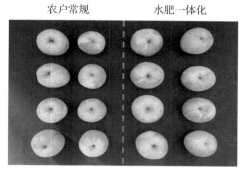

图 8-24 水肥一体化技术提质效果

# 参考文献

安辉. 2022. 浅谈我国水肥一体化技术发展现状及对策. 农村实用技术，4：77-78.

蔡苗，张荣，吕爽，等. 2020. 水肥一体肥料减施对日光温室番茄生长、产量及品质的影响. 北方园艺，3：48-53.

邓兰生，张承林. 2007. 不同灌溉施氮肥方式对香蕉根系生长的影响. 中国土壤与肥料，6：71-73.

刁培松，赵殿报，姚文燕，等. 2022. 玉米播种机滴灌带浅埋铺设装置设计与试验. 农业机械学报，53(2)：88-97.

丁素娟. 2024. 高效水肥一体化技术在果园植株生长中的应用与效果评估. 河北农业(2)：85-86.

冯江. 2014. 无人机技术在现代农业生产中的应用. 农业技术与装备，5：26-28.

丰光. 2017. 不同水肥模式对梨树生长发育及土壤的影响. 泰安：山东农业大学.

葛承暄，郭世乾，贾蕊鸿，等. 2024. 浅埋滴灌水肥一体化技术对小麦产量的影响. 农业科技与信息，1：1-6.

郝展宏，叶松林，蔡东玉，等. 2024a. 冬小麦-夏玉米周年"四密一稀"浅埋滴灌水肥药一体化绿色生产技术. 中国农学通报，24(29)：59-64.

郝展宏，叶松林，蔡东玉，等. 2024b. 冬小麦条带浅埋滴灌播种机. 中国专利，202421181714.2.

郝展宏，叶松林，张丽娟，等. 2023. 冬小麦条带浅埋滴灌播种机. 中国专利，202321835110.0.

胡晨曦，杨剑婷，翟思龙，等. 2024. 水氮一体化模式对设施辣椒产量和土壤理化性质的影响. 扬州大学学报(农业与生命科学版)，45(2)：51-60.

怀燕，陈叶平，毛国娟，等. 2018. 日本水稻化肥减量施用的经验与启示. 中国稻米，24(1)：6-10.

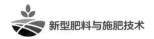
新型肥料与施肥技术

胡洋，肖大康，李炫，等. 2024. 侧深施氮对我国水稻产量和氮利用效率影响的整合分析. 中国土壤与肥料，2:138-145.

黄春祥，徐巡军，顾志权，等. 2011. 江苏省张家港市水稻施肥现状、存在问题及对策. 江苏农业科学，1:90-92.

黄晶，刘立生，张会民，等. 2020. 近30年中国稻区氮素平衡及氮肥偏生产力的时空变化. 植物营养与肥料学报，26(6):987-998.

黄语燕，刘现，王涛，等. 2021. 我国水肥一体化技术应用现状与发展对策. 安徽农业科学，49(9):196-199.

纪军锋，田娟，贾秋霞，等. 2019. 膜下滴灌水肥一体化技术在葡萄生产上的应用试验. 基层农技推广，7(10):40-42.

焦有权，冯吉. 2020. 农业水肥一体化灌溉经济效益分析. 中国农业会计，1:4-5.

靳有. 2023. 无膜浅埋滴灌下苗带配置对玉米水分运移和产量的影响. 呼和浩特:内蒙古农业大学.

康猛. 2022. 河北平原冬小麦滴灌的适应性研究. 保定:河北农业大学.

李凤芹. 2019. 浅埋滴灌水肥一体化技术推广. 农家参谋，22:112.

李石开，陶婧，桂敏，等. 2012, 氯化钙和多效唑浸种对干制辣椒种子发芽及幼苗抗旱性的影响. 西南农业学报，25(5):1786-1789.

李咏梅，任军，刘慧涛，等. 2014. 以色列"水肥一体化"技术简介与启示. 吉林农业科学，39(3):91-93

路超. 2014. 苹果水肥耦合效应及树体生理响应研究. 泰安:山东农业大学.

路超，王金政. 2020. 水肥一体化条件下苹果园的水肥管理. 北方果树(3):35-36.

路永莉，白凤华，杨宪龙，等. 2014. 水肥一体化技术对不同生态区果园苹果生产的影响. 中国生态农业学报，22(11):1281-1288.

鹿子涵. 2024. 养分平衡管理技术对设施辣椒产量、品质和养分吸收规律的影响，北京:中国农业大学.

马志明，武良，陈宏坤，等. 2022. 蔬菜水肥一体化技术研究现状与展望. 河北农业科学，26(5):53-57,65.

任万军，吴振元，李蒙良，等. 2021. 水稻无人机撒肥系统设计与试验. 农业机械学报，52(3):88-98.

孙晓，姚海燕，仲晓琳，等. 2023. 水肥一体化技术应用与系统研究. 农业工程技术，43(13):43-46.

王虎，王旭东. 2007. 滴灌施肥条件下土壤水分和速效磷的分布规律. 西北农林科技大学学报(自然科学版)(5):141-146.

王家祥，付丽春. 2018. 水肥一体化节水灌溉控制系统的研究与应用. 农业与技术，38(12):81.

王立飞. 2015. 水肥耦合方式对土壤营养及梨树生长发育的影响. 保定:河北农业大学.

王亚梁，朱德峰，张玉屏，等. 2016. 日本水稻生产发展变化及对我国的启示. 中国稻米，

280

22(4):1-7.

王柱,谢春梅.2023.无人机遥感技术在农业中的应用.农业工程技术,43(29):44-45.

吴建富,潘晓华,石庆华,等.2012.江西双季水稻施肥中存在的问题及对策.中国稻米,18(5):33-35.

吴雄杰.2023.无人机施肥植保一体化技术的研究与探索.农业开发与装备,6:20-21.

吴洲.2021.机械碾压及"四密一疏"条带种植模式对小麦生长和产量的影响.北京:中国农业大学.

杨宝成.2023.新时期水肥一体化智能灌溉技术分析.河北农机,14:105-107.

杨海波,周鹏程,孟利峰.2012.果树叶面喷钙的研究进展.现代园艺,5:11-12.

杨培岭,任树梅.2001.发展我国设施农业节水灌溉技术的对策研究.节水灌溉,1(2):7-9.

要家威,齐永青,李怀辉,等.2021.地下滴灌技术节水潜力及机理研究进展.中国生态农业学报,29(6):1076-1084.

叶松林.2021.夏玉米免耕播种农机农艺结合解决方案研究.北京:中国农业大学.

曾华.2023.果树栽培中滴灌水肥一体化技术应用探析.现代农村科技,7:67-68.

张承林,邓兰生.2012.水肥一体化技术.北京:中国农业出版社.

张福锁,申建波,冯固,等.2009.根际生态学.北京:中国农业大学出版社.

张红梅,金海军,丁小涛,等.2019.水肥一体化对大棚土壤生态及黄瓜生长、产量和品质的影响.上海农业学报,35(1):1-6.

张敬义,许庆广.2021.作物需肥过程与人工施肥对比分析及优化.新农业,23:8-9.

张利平,夏军,胡志芳.2009.中国水资源状况与水资源安全问题分析.长江流域资源与环境,18(2):116-120.

张莲洁,高嵩,柳春柱,等.2023.高速插秧机水稻变量侧深施肥技术及发展.现代化农业,12:87-90.

张晓文,苏伯平,孙淑彬,等.2005.设施农业精准灌溉监控系统的研究与开发.中国农机化,1:30-32.

张雪儿.2024.生菜专用缓释肥的研发及应用研究.北京:中国农业大学.

张亚飞,罗静静,彭福田,等.2017.肥料袋控缓释对桃树根系生长、氮素吸收利用及产量品质的影响.中国农业科学,50(24):4769-4778.

张永泽,王瑞刚,王艺媚,等.2024.播期和施氮量对中籼杂交稻群体质量、产量及氮素吸收利用的影响.河南农业科学,53(4):37-46.

张振兴.2024.我国苹果施肥现状-环境效应-产业发展分析与思考.杨凌:西北农林科技大学.

赵蕾.2020.玉米无膜浅埋滴灌技术要点与优势分析.新农业,5:13-14.

郑梅锋.2016.干旱地区苏丹草浅埋式滴灌技术.吉林农业,5:112.

中华人民共和国国家统计局.2021.中国统计年鉴2021.北京:中国统计出版社.

朱保侠,王鲁豫.2020.水肥一体化管理对设施番茄产量和经济效益的影响.现代农业科技(14):58-59,62.

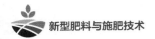

朱从桦，任丹华，欧阳裕元，等. 2022. 水稻无人机施肥技术要点及展望. 四川农业与农机，6：48-49，51.

诸海焘，蔡树美，李建勇，等. 2021. 不同施肥方式对设施黄瓜产量及水肥利用效率的影响. 上海农业学报，37(1)：93-97.

Geng Y，Cao G，Wang L，et al. 2021. Can drip irrigation under mulch be replaced with shallow-buried drip irrigation in spring maize production systems in semiarid areas of northern China? Journal of the Science of Food and Agriculture，101(5)：1926-1934.

Lu J，Xiang Y，Fan J，et al. 2021. Sustainable high grain yield，nitrogen use efficiency and water productivity can be achieved in wheat-maize rotation system by changing irrigation and fertilization strategy. Agricultural Water Management，258：107177.

Ram A J，Suhas P W，Kanwar L S，et al.，2011. Fertigation in vegetable crops for higher productivity and resource use efficiency. Indian Journal of Fertilizer，7(3)：22-37.

Senthilkumar M，Ganesh S，Srinivas K，et al. 2017. Fertigation for effective nutrition and higher productivity in Banana-a review. International Journal of Current Microbiology and Applied Sciences，6(7)：2104-2122.

Shirgure P S. 2013. Yield and fruit quality of Nagpur mandarin（Citrus reticulata Blanco）as influenced by evaporation based drip irrigation schedules. Journal Crop Science，2(2)：28-35.

Wang J，Wang Z，Weng W，et al. 2022. Development status and trends in side-deep fertilization of rice. Renewable Agriculture and Food Systems，37(5)：550-575.